建筑设备工程

（修订版）

主　编　张玉萍
副主编　林　立　张文会

中国建材工业出版社

图书在版编目(CIP)数据

建筑设备工程 / 张玉萍主编 . —2 版（修订版）.
—北京：中国建材工业出版社，2011.8（2017.8 重印）
ISBN 978-7-80227-997-1

Ⅰ.①建… Ⅱ.①张… Ⅲ.①房屋建筑设备—高等职
业教育—教材 Ⅳ.①TU8

中国版本图书馆 CIP 数据核字（2011）第 163290 号

内 容 提 要

本书简明扼要地介绍了流体力学和传热学的基础知识，详细介绍了建筑设备中给水、排水、消防、采暖、热水供应、通风、空调的基本知识，包括建筑设备的组成、分类、规格、材料、作用及原理等。本书还有选择地介绍了建筑设备安装、建筑设备读图、识图的相关知识。

本书既是高职高专土建专业教材，也可作为建筑设备专业技术人员的参考用书。

建筑设备工程（修订版）

主编 张玉萍

出版发行 中国建材工业出版社
地 址：北京市海淀区三里河路 1 号
邮 编：100044
经 销：全国各地新华书店
印 刷：北京雁林吉兆印刷有限公司
开 本：787mm×1092mm 1/16
印 张：18.75
字 数：460 千字
版 次：2011 年 8 月第 2 版
印 次：2017 年 8 月第 8 次
定 价：**43.00 元**

本社网址：www.jccbs.com.cn
本书如出现印装质量问题，由我社营销部负责调换。联系电话：(010) 88386906

修订版前言

进入 21 世纪以来，我国中高等职业教育出现了崭新的局面，办学规模不断扩大，办学质量不断提高。高职教育的任务是培养既有一定的理论知识，又有一定技能的高等技术应用型专门人才。在我国国民经济迅猛发展的今天，高职教育前景广阔。

建筑设备是建筑物的一个必不可少的、重要的组成部分，它的作用是支持实现建筑物的各种功能。没有建筑设备，建筑物也就失去了存在的意义。所以，建筑设备的应用非常广泛。

随着科学技术的进步、国民经济的发展，人民的物质文化生活水平越来越高，对建筑物的使用功能和质量的要求也越来越高。现代建筑中，建筑设备也日趋复杂，种类越来越多，功能越来越完善，建筑设备投资在建筑物总投资中所占的比例也越来越高。也就是说，建筑设备具有很大的发展空间。

本书详细讲述了建筑给排水系统、供暖、通风空调系统等的分类、组成、作用、特点、原理及安装、识图等基本理论和基本技能，内容全面、完整，内容的讲解与图、表紧密结合，主题鲜明、图文并茂，生动、形象、直观、深入浅出、通俗易懂。

第二版在第一版的基础上根据建筑设备的组成和特点，在章节上基本按照基础知识、给排水系统、供暖、通风空调系统、安装等版块排列。为适应时代的发展，满足低碳环保的需求，删去了部分陈旧的内容并增加了有关建筑设备的新技术、新产品、新功能，如建筑中水系统、采暖新技术等内容。同时在部分重点章节增加了一些有深度的问题和习题以突出能力培养模块。

本书既适合大中专学生土建类、建筑设备类、物业管理类及相关专业作为教材使用，也适合用作广大从事建筑设备安装、维护、管理的操作工人、技术人员、管理人员的参考用书。

本书以实用为目的，以必需、够用为度，以掌握基本知识、强化实际应用为原则，注重理论与实际相结合。

本书的编写采用了国家最新标准和规范。

全书共 20 章，第 1 章至第 5 章由河北建材职业技术学院张玉萍老师编写，第 6 章至第 10 章由河北建材职业技术学院张文会老师编写。第 11 章至第 15 章由天津大学建筑学院张颖编写。第 16 章至第 20 章由河北建材职业技术学院林立老师编写。

本书编写过程中参考并引用了有关教材和论著，在此谨对作者表示衷心感谢。

因编者水平有限，书中难免存在欠妥之处，敬请广大读者批评指正。

编　者
2011 年 5 月

前　言

　　进入 21 世纪以来，我国高等职业教育出现了崭新的局面，办学规模不断扩大，办学质量不断提高。高等职业教育正在为我国经济的发展培养着大批既有理论知识，又有职业技能的实用型人才。在我国国民经济迅猛发展的今天，高职教育前景广阔。

　　随着科学技术的发展，社会的不断进步，对各类人才的综合能力要求也越来越高。对于土木建筑工程专业的技术人员来说，不仅要掌握土建设计和施工等方面的理论和技能，还要了解和掌握建筑设备的理论知识和安装技能。

　　流体力学和传热学的基本知识是水、暖、通风、空调工程的理论基础，为了让学生能更好地适应时代发展，掌握一定的理论知识，本书第 1 章、第 8 章全面、概括、简单、浅显地介绍了这两方面的知识。

　　建筑设备是建筑物的重要组成部分，本书详细介绍了建筑设备中给水、排水、消防、采暖、热水供应、通风、空调的基本知识，以便使学生全面地了解、掌握建筑设备的组成、分类、规格、材料、作用及原理等，打下扎实的理论基础。其中，还介绍了给排水管路计算、供暖热负荷计算等内容，为技术人员从事建筑设备的设计工作打好基础。

　　为使学生掌握一定的实际操作技能，本书第 13 章至第 18 章有选择、有重点地介绍了建筑设备安装的相关知识。为了让学生能够更好地掌握实际操作技能，本书还介绍了有关建筑设备读图、识图的知识，以提高学生的读图、识图能力。

　　建筑设备是一门与人们的实际生产和生活密切相关而又直观性很强的学科，有很多内容可谓是"百闻不如一见"。本书文字表述通俗、概括，配以大量的图表，并附加了相关的技术数据，以增强内容的直观性。本教材内容丰富、新颖、生动，易于学生消化和理解。

　　为适应时代的发展，做到与时俱进，本书还介绍了有关建筑设备的新技术、新产品、新功能，以开拓学生眼界，提高学生的学习兴趣，激发学生探索、创新、进取的意识。

　　本书体现了高等职业技术教育以实用为目的，以必需、够用为度，以掌握基本知识、强化应用为原则，注重理论联系实际，减少了繁琐、晦涩的理论推导和论证。

　　本书的编写采用了最新的国家标准和规范。

　　全书共 21 章，其中第 1 章、第 8 章由秦皇岛华洲玻璃有限公司阎国华同志编写；第 7 章、第 10 章由河北建材职业技术学院张文会老师编写；第 11 章、第 12 章由该校林立老师编写，第 17 章由该校张雪琴老师编写；第 2 章至第 6 章、第 9 章、第 13 章至第 16 章、第 18 章至第 21 章由该校张玉萍老师编写。

　　本书编写过程中参考和引用了有关教材的论著，在此谨对其作者表示衷心的感谢。

　　由于编者水平有限，时间仓促，书中难免存在欠妥和错误之处，敬请读者批评指正。

编　者

2004 年 11 月

目　　录

第一篇　基础知识

第二篇　给排水系统

第一篇
基 础 知 识

第1章 流体力学基础知识

1.1 流体的主要力学性质

物质在自然界中有三种存在状态：固体、液体和气体，其中液体和气体因有较大的流动性而被统称为流体。流体具有和固体截然不同的力学性质。研究流体平衡和运动规律及其在工程技术中的应用的学科称为流体力学。

现代生产和生活中会遇到许多流体力学问题，如水在江河中的流动；水、燃气、空气在管道中的输送等。

气体和液体都具有复杂的内部结构，它们都是由大量的分子组成，分子之间存在一定的空隙，并处于不规则的运动状态，所以流体的内部结构是不连续的。但流体力学不是研究个别分子的运动，而是研究集体分子的运动。将整个流体分成许许多多的集团——质点，将质点作为最小单位来研究流体的运动，即流体力学是研究大量分子的统计平均宏观属性。

流体内部质点之间的内聚力极小，当流体承受拉力或剪切力后，会变形流动，因此流体具有较大的流动性，不能形成固定的形状。

液体分子间的内聚力远大于气体，所以液体的形状虽随容器的形状而改变，但其体积不变，而气体的形状和体积都不固定，它总是充满着容器。

流体在密闭状态下能承受较大的压力。

充分认识以上所说的流体的基本特征，深刻研究流体处于静止或运动状态的力学规律，才能很好地把水、空气或其他流体，按人们的意愿进行输送和利用，为人们日常生活和生产服务。

1.1.1 流体的惯性

流体和其他固体一样，都具有惯性，即物体维持其原有运动状态的特性。物质惯性的大小是用质量来度量的，质量大的物体，其惯性也大。对于均质流体，单位体积的质量称为流体的密度，即：

$$\rho = m/V \tag{1-1}$$

式中　m——流体的质量（kg）；

V——流体的体积（m^3）；

ρ——流体的密度（kg/m^3）。

对于均质流体，单位体积的流体所受重力称为流体的重力密度，简称重度，即：

$$\gamma = G/V \tag{1-2}$$

式中　G——流体所受的重力（N）；

V——流体的体积（m^3）；

γ——流体的重度（N/m^3）。

由牛顿第二定律得：$G=mg$。因此：

$$\gamma = G/V = mg/V = \rho g \tag{1-3}$$

式中　g——重力加速度，$g=9.807 m/s^2$。

流体的密度和重度随温度和所受压力的变化而变化，也就是说，同一种流体的密度和重度不是一个固定值。但在实际工程中，液体的密度和重度随温度和压力的变化而变化的数值较小，可视为一个固定值；而气体的密度和重度随温度和压力的变化而变化的数值较大，不能视为一个固定值。常用的流体的密度和重度的数值如下：

水在标准大气压和 4℃时的密度和重度分别为：

$$\rho = 1000 \text{kg/m}^3 \text{，} \gamma = 9.81 \text{kN/m}^3$$

水银在标准大气压和 0℃时的密度和重度是水的 13.6 倍。

干空气在标准大气压和 20℃时的密度和重度分别为：

$$\rho = 1.2 \text{kg/m}^3 \text{，} \gamma = 11.82 \text{kN/m}^3$$

【例 1-1】 求在 1atm（1atm＝101.325kPa）和水温 4℃时，3.5L 淡水的质量和重量。

【解】 已知淡水的体积为 $V = 3.5 \text{L} = 0.0035 \text{m}^3$，密度 $\rho = 1000 \text{kg/m}^3$，重度 $\gamma = 9.8 \text{kN/m}^3$。应用式（1-1）可得：

$$m = \rho \cdot V = 1000 \times 0.0035 = 3.5 \text{kg}$$

应用式（1-2）可得水的重量为：

$$G = \gamma \cdot V = 9.8 \times 0.0035 = 0.0343 \text{kN} = 34.3 \text{N}$$

1.1.2 流体的黏滞性

流体在运动时，由于内摩擦力的作用，使流体具有抵抗相对变形（相对运动）的性质，称为流体的黏滞性。

流体的黏滞性可以用流体在管道中流动的情况来说明。用流速仪测出管道中某一断面的流速分布，如图 1-1 所示。流体沿管道直径方向分成很多层，流速各不同，并按某种曲线规律连续变化，管中心的流速最大，沿着管壁的方向逐渐递减，直到管壁处为零。

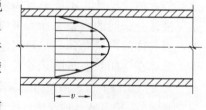

图 1-1 断面流速示意图

流速的这种分布规律就是由于相邻两层流体的接触面上存在阻碍流体相对运动的内摩擦力，即黏滞力。

流体在运动过程中，必须克服内摩擦阻力，因而要不断消耗运动流体所具有的能量，所以流体的黏滞性对流体的运动有很大的影响。在水力计算中，必须考虑黏滞力的重要影响。对于静止流体，由于各流层间没有相对运动，黏滞性不显示。

流体黏滞性的大小，通常用动力黏滞性系数 μ 和运动黏滞性系数 ν 来表示，它们是与流体种类有关的系数，如表 1-1 和表 1-2 所示。

流体的黏滞性还与流体的温度和所受的压力有关。

表 1-1 水的黏滞性系数

t /℃	$\mu \times 10^{-3}$ /Pa·s	$\nu \times 10^{-6}$ /m²·s⁻¹	t /℃	$\mu \times 10^{-3}$ /Pa·s	$\nu \times 10^{-6}$ /m²·s⁻¹
0	1.792	1.792	40	0.656	0.661
5	1.519	1.519	50	0.549	0.556
10	1.308	1.308	60	0.469	0.477
15	1.140	1.140	70	0.406	0.415
20	1.005	1.007	80	0.357	0.367
25	0.894	0.897	90	0.317	0.328
30	0.801	0.804	100	0.284	0.296

表 1-2　1atm 下空气的黏滞性系数

t /℃	$\mu\times10^{-3}$ /Pa·s	$\nu\times10^{-6}$ /m²·s⁻¹	t /℃	$\mu\times10^{-3}$ /Pa·s	$\nu\times10^{-6}$ /m²·s⁻¹
-20	0.0166	11.9	70	0.0204	20.5
0	0.0172	13.7	80	0.0210	21.7
10	0.0178	14.7	90	0.0216	22.9
20	0.0183	15.7	100	0.0218	23.6
30	0.0187	16.6	150	0.0239	29.6
40	0.0192	17.6	200	0.0259	25.8
50	0.0196	18.6	250	0.0280	42.8
60	0.0201	19.6	300	0.0298	49.9

1.1.3　流体的压缩性和膨胀性

流体的压强增大，体积缩小，密度增大的性质，称为流体的压缩性。流体的温度升高，体积增大，密度减小的性质，称为流体的热胀性。

气体和液体的主要差别在于压缩性和膨胀性，液体的体积几乎不随压力和温度的变化而改变，但是气体的体积则随压力和温度的变化而改变。例如：水从 1atm 增加到 100atm 时，每增加 1atm，水的体积只缩小万分之五；温度在 80～100℃ 范围内的水，温度每升高 1℃，体积膨胀万分之七。因此，液体常被称为不可压缩流体，而气体则被称为可压缩流体。

在很多工程技术领域中，可以忽略液体的压缩性和膨胀性。但在研究有压管路中水击现象的热水供热系统时，就要分别考虑水的压缩性和热胀性。

在采暖与通风工程中，气体大多流速较低，压强与温度变化不大，密度变化也小，气体体积的变化也较小，因而也可以把气体看成是不可压缩流体。

1.2　流体静力学基础

流体静力学是研究流体在相对静止状态下的平衡规律及其应用的学科。

1.2.1　流体静压强及其特性

1. 流体的静压强

处于相对静止状态下的流体，由于本身的重力或其他外力的作用，在流体内部及流体与容器壁之间，存在着垂直于接触面的作用力，这种作用力称为流体的静压力。

单位面积上流体的静压力称为流体的静压强，常用 p 表示，单位为 N/m²。

流体的静压强有平均静压强和点压强两种。

在静止的流体内部取一团任何形状的流体，如图 1-2 所示。周围流体对这团流体有压力作用，设作用于这团流体表面某一微小面积 Δw 上的总压力是 ΔP，则 Δw 面积上的平均静压强为：

$$p = \Delta P/\Delta w$$

平均静压强不能说明流体内部压强的真正分布规律。

如果将流体微团无限缩小为一点 a，即 $\Delta w\to0$，则平均压强的极限值为：

$$p = \lim_{\Delta w\to0}\frac{\Delta P}{\Delta w}$$

此极限值称为 a 点处的点压强。

2. 流体静压强的特性

（1）静压强的方向指向受压面，并与受压面垂直。

（2）流体内任一点的静压强在各个方向面上的值均相等。

各种容器中液体静压强的方向，如图 1-3 所示。

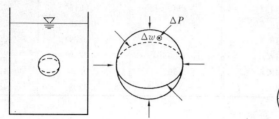
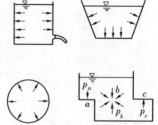

图 1-2　流体的静压强　　　　图 1-3　各种容器中液体静压强的方向

1.2.2　流体静压强的分布规律

1. 流体静力学基本方程式

在静止的流体内部中任取一小圆柱体作为隔离体，研究其底面的静压强，如图 1-4 所示。已知圆柱体的高度为 h，端面面积为 Δw，其上表面与自由表面重合，所受压强为 p_0。圆柱体侧面所受的静压力方向与轴垂直且完全对称，故相互平衡。圆柱体轴向所受的力有：

（1）上表面静压力 $P_0 = p_0 \Delta w$，方向垂直向下；

（2）底面静压力 $P = p \Delta w$，方向垂直向上；

（3）圆柱体自身的重力 $G = \gamma h \Delta w$，方向垂直向下。

圆柱体处于静止状态时，它所受的作用力的合力为 0，则有：

$$p \Delta w - \gamma h \Delta w - p_0 \Delta w = 0$$

整理得

$$p = p_0 + \gamma h \tag{1-4}$$

式（1-4）说明，同一液体内部的静压强只与深度及重度有关。

式中　p——静止流体中任一点的压强（N/m²）；

　　　p_0——液体表面压强（N/m²）；

　　　γ——液体的重度（N/m³）；

　　　h——所研究的点在液面下的深度（m）。

式（1-4）是流体静力学基本方程式，它表达了只有重力作用时流体静压强的分布规律，如图 1-5 所示。

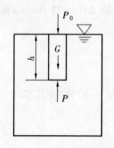
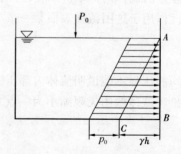

图 1-4　静止液体中的小圆柱体　　　　图 1-5　流体静压强分布图

（1）静止液体内部任意一点的压强 p 等于液面压强 p_0 与液体重度 γ 和深度 h 乘积之和。

（2）在静止液体内，压强与深度的关系按直线规律变化。

（3）在静止液体内，任一深度的所有点的压强相等，构成一个水平的等压面。

（4）液面处的压强可以等值地在静止液体内部传递。

2. 流体静力学方程式的另外一种形式

如图 1-6 所示，设水箱水面压强为 p_0，在箱内的液体中任取两点，在箱底以下任取一基准面 0—0。箱内液面到基准面的高度为 z_0，1 点和 2 点到基准面的高度分别为 z_1 和 z_2，根据流体静压强的基本公式，可列出 1 点和 2 点的压强表达式：

$$p_1 = p_0 + \gamma(z_0 - z_1)$$
$$p_2 = p_0 + \gamma(z_0 - z_2)$$

将上式的两边除以液体的重度并整理得：

$$z_1 + \frac{p_1}{\gamma} = z_0 + \frac{p_0}{\gamma}, \qquad z_2 + \frac{p_2}{\gamma} = z_0 + \frac{p_0}{\gamma}$$

则有

$$z_1 + \frac{p_1}{\gamma} = z_2 + \frac{p_2}{\gamma} = z_0 + \frac{p_0}{\gamma}$$

由于 1 点和 2 点是在箱内液体中任取的，故可推广到整个液体中，得到具有普遍意义的规律，即：

$$z + \frac{p}{\gamma} = 常数 \tag{1-5}$$

式中　z——任一点的位置相对于基准面的高度，称为流体的位置水头，也称为位能、势能、几何压头等；

　　　p/γ——在该点压强作用下，液体在测压管中所能上升的高度，称为压强水头，也称为流体的静压能、静压头等；

　　$z + \dfrac{p}{\gamma}$——测压管水头，图 1-7 表示流体的测压管水头。

式（1-5）就是流体静力学方程的另一种表达形式。该式说明在同一容器的静止液体中，任意一点的测压管水头总是一个常数。常数的值与基准面的位置及液面压强有关。

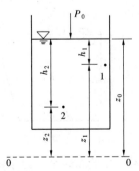

图 1-6　静水压强基本方程的另一形式

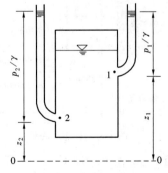

图 1-7　测压管水头

1.2.3　工程计算中压强的表示方法和度量单位

1. 压强的度量制

国际单位制压强的单位为帕斯卡（Pa），1Pa 表示每平方米面积上承受 1N 的压力。

工程上还用毫米水柱（mmH_2O）、毫米汞柱（mmHg）、大气压（atm）、工程大气压（at）等单位来表示压强，它们之间的关系如下：

设一横截面为 $1m^2$ 的容器，里面装了 1m 深的水，则容器底部的压强为 $1m^2$ 底面积所受水的重力，水的重力为 $V\gamma = V\rho g = 1 \times 1000 \times 9.8 = 9800N$；静压强 $p = 9800/1 = 9800Pa$，所以有：

$$1mH_2O = 9800Pa$$
$$1mmH_2O = 9.8Pa = 1kgf/m^2 = 10^{-4}at$$
$$1atm = 760mmHg = 10332mmH_2O = 101325Pa$$
$$1at = 735.6mmHg = 10000mmH_2O = 98067Pa$$

2. 表示方法

按基准点的不同，流体的压强有两种表示方法：

（1）绝对压强

以绝对真空为起点计算的压强称为绝对压强，用 p_j 表示。

（2）相对压强

以周围环境大气压 p_a 为起点计算的压强称为相对压强，用 p 表示，也称为表压强，一般由测压表上直接读得。

在实际工程中，通常采用相对压强。相对压强与绝对压强的关系为：

$$p = p_j - p_a$$

相对压强可能是正值，也可能是负值。当绝对压强大于大气压强时，相对压强为正值，称为正压，可用压力表测出，又称为表压强；当绝对压强小于大气压强时，相对压强为负值，称为负压或真空度，这时该流体处于真空状态，通常用真空度 p_k 来表示流体的真空程度，即：

$$p_k = p_a - p_j = -p$$

真空度可用真空表测出，某点的真空度越大，说明它的绝对压强越小。

绝对压强、相对压强、真空度之间的关系如图 1-8 所示。

【例 1-2】 如图 1-9 所示的储水池，水深 2m，液面压强为 1at。求池内 A、B、C、D 四点的静压强及其作用方向。

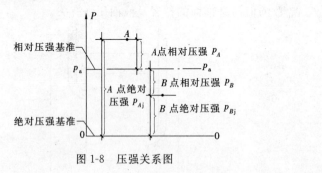

图 1-8 压强关系图

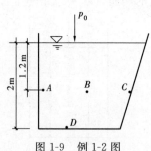

图 1-9 例 1-2 图

【解】 池中 A、B、C 三点处于同一深度，故压强相等。其所在的平面为等压面，有：

$$p_A = p_B = p_C = p_0 + \gamma h$$
$$= 98 + 9.8 \times 1.2 = 109.9kPa$$

D 点压强：

$$p_D = p_0 + \gamma h = 98 + 9.8 \times 2 = 117.6kPa$$

【例1-3】 求出例1-2中 A、B、C、D 四点的绝对压强、相对压强和真空度。

【解】 由流体静压强的不同表示方法可知，例1-2中算得的压强均为绝对压强，即：

$$p_{Aj} = p_{Bj} = p_{Cj} = 109.9\text{kPa}$$

$$p_{Dj} = 117.6\text{kPa}$$

A、B、C 三点之相对压强为（设大气压强为1at）：

$$p_A = p_B = p_C = p_j - p_a = 109.9 - 98 = 11.9\text{kPa}$$

D 点的相对压强为：$p_D = 117.6 - 98 = 19.6\text{kPa}$

由于 A、B、C、D 四点之绝对压强均大于大气压强，未处于真空状态，故而也无真空度。

【例1-4】 如图1-10所示密闭容器，已知：大气压强 $p_a = 98\text{kPa}$，其余数据如图所示。求水箱内水面0及水箱底部 A 处的绝对压强、相对压强和真空度。

【解】 取水箱底部为基准面，由式（1-5）可得 A、B、0三点之测压管水头：

$$z_A + \frac{p_A}{\gamma} = z_B + \frac{p_B}{\gamma} = z_0 + \frac{p_0}{\gamma}$$

图中 B 点为测压管水面，该处压强即大气压强，故有：

$$p_{0j} = p_0 = p_B + (z_B - z_0) \cdot \gamma$$
$$= 98 + (1.5 - 2.5) \times 9.8$$
$$= 88.2\text{kPa}$$

$$p_0 = p_{0j} - p_a = 88.2 - 98 = -9.8\text{kPa}$$

$$p_{0k} = |p_0| = |-9.8| = 9.8\text{kPa}$$

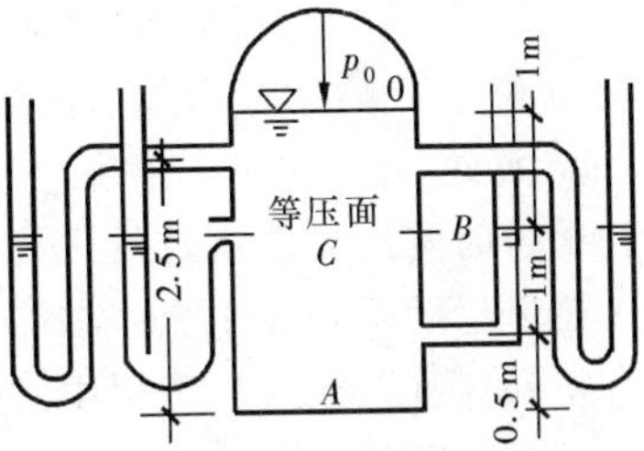

图1-10 容器内各点的相对压强、绝对压强和真空度

同理：

$$p_{Aj} = p_A = p_B + (z_B - z_A) \cdot \gamma = 98 + (1.5 - 0) \times 9.8 = 112.7\text{kPa}$$

$$p_A = p_{Aj} - p_a = 112.7 - 98 = 14.7\text{kPa}$$

1.3 流体动力学基础

流体动力学是研究流体运动的规律及其在工程中的应用的学科。与静止流体不同，运动流体内部任一点的压强不仅与该点所处的空间位置有关，而且与质点的速度、大小及方向也有关。因此，运动流体的基本物理参数除压强、温度、密度之外，还有流速。流速是流体动力学研究的主要对象。

1.3.1 基本概念

1. 元流

流体运动时，为研究方便我们把流体中某一微小面积形成的一股流束称为元流。

2. 总流

流体运动时，无数元流的总和称为总流，如图1-11所示。

3. 过流断面

流体运动时，与流体的运动方向垂直的流体横断面称为过流断面。过流断面可能是平面，也可能是曲面，如图1-12所示。

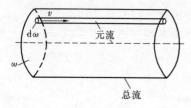

图 1-11　元流与总流

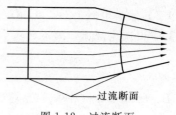

图 1-12　过流断面

4. 流量

单位时间内通过过流断面的流体的体积或质量称为流量。前者为体积流量，用 Q 表示，单位为 m^3/s；后者称为质量流量，用 M 表示，单位为 kg/s。

5. 流速

单位时间内流体流过的距离称为流速。

流体运动时，由于流体黏滞性的影响，过流断面上的流速不相等且一般不易确定，为便于分析和计算，在实际工程中常采用过流断面上各质点流速的平均值，即平均流速。平均流速通过过流断面的流量应等于实际流速通过该断面的流量，这是确定平均流速的假定条件。

流量（Q）、流速（v）、过流断面（w）之间的关系如下：

$$Q = wv$$

或

$$M = \rho Q = \rho w v$$

式中　Q——体积流量（m^3/s）；

　　　　M——质量流量（kg/s）；

　　　　v——平均流速（m/s）；

　　　　w——过流断面的面积（m^2）。

1.3.2　流体运动的类型

1. 压力流与重力流

流体在压差作用下流动时，流体充满管道，整个周界与固体壁接触，无自由表面，这种流动称为压力流，如建筑给水管道中水的流动，如图 1-13a 所示。

流体在重力作用下流动时，液体周界仅部分与固体壁接触，有自由表面，这种流动称为重力流，如天然河流、排水管道中水的流动等，如图 1-13b、c 所示。

2. 恒定流与非恒定流

流体运动时，流体中的任一点的流速、压强等要素不随时间变化的流动称为恒定流，如图 1-14a 所示。

流体运动时，流体中任一点的流速、压强等要素随时间变化的流动称为非恒定流，如图 1-14b 所示。

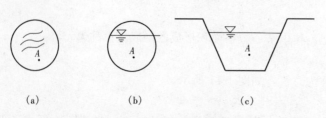

（a）　　　　　　（b）　　　　　　（c）

图 1-13　压力流与重力流

（a）压力流（满流）；（b）重力流（非满流）；（c）重力流（明渠流）

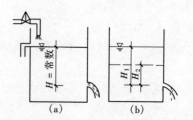

（a）　　　　（b）

图 1-14　恒定流与非恒定流

（a）恒定流；（b）非恒定流

工程上常假设在压头不变的情况下的流动为恒定流。

1.3.3　流体连续性方程

在工程中常假设流体为不可压缩的介质，在恒定流中取某一流段，如图 1-15 所示，流体从 1—1 断面流进，从 2—2 断面流出，其断面积分别为 A_1、A_2，平均流速为 v_1、v_2，因质量守恒，则通过断面 1—1 和通过断面 2—2 的流量必相等，即：

$$Q = A_1 v_1 = A_2 v_2 \tag{1-6}$$

式（1-6）即为恒定流的连续性方程式。

【例 1-5】　如图 1-16 所示为一变断面圆管，已知 1—1 断面直径 $d_1 = 200\text{mm}$，$v_1 = 0.25\text{m/s}$，2—2 断面直径 $d_2 = 100\text{mm}$。求：$v_2 = ?$

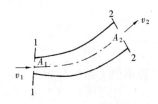
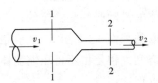

图 1-15　恒定流中某流段　　　　　图 1-16　变断面圆管

【解】　由式（1-6）得：

$$v_2 = \frac{A_1}{A_2} v_1 = \frac{\pi d_1^2 / 4}{\pi d_2^2 / 4} v_1 = \frac{200^2}{100^2} \times 0.25 = 1.00\text{m/s}$$

1.3.4　流体动力学方程

在流体流动系统中，流体的能量主要表现为内能和机械能。内能是物质的属性，在一定状态下，物质的内能是一定的。对于不可压缩流体，其密度、温度不变，系统的内能不变，所以进行能量的衡算时，可以只考虑机械能。

流体力学中，流体的机械能常用"压头"来表示。压头的意义是表示单位体积的流体所具有的能量。

流体的机械能通常分为三种：静压头（又称压强水头）、动压头（又称流速水头）、几何压头（又称位能、位置水头）。

1738 年，瑞士科学家伯努利导出了流体运动的能量方程，又称伯努利方程，它是能量守恒与转化定律在运动流体中的表现形式。由于实际流体具有黏滞性，所以在流动过程中有阻力产生，因而要消耗流体的能量或压头。损失的能量变为热能，其中部分热能被流体吸收，部分通过管壁散失。

如图 1-17 所示，实际流体 1—1 断面和 2—2 断面间的伯努利方程为：

$$z_1 + \frac{p_1}{\gamma} + \frac{\alpha_1 v_1^2}{2g} = z_2 + \frac{p_2}{\gamma} + \frac{\alpha_2 v_2^2}{2g} + h_{\text{w1-2}} \tag{1-7}$$

式中　z_1、z_2——两断面之间相对于基准面的位置高度，即单位重量流体的位能，又称位置水头；

$\dfrac{p_1}{\gamma}$、$\dfrac{p_2}{\gamma}$——两断面处单位重量流体的压能，又称压强水头；

$\dfrac{v_1^2}{2g}$、$\dfrac{v_2^2}{2g}$——两断面处单位重量流体的动能，又称流速水头；

α_1、α_2——动能修正系数，反映断面流速不均匀的程度，工程中一般取 1.0；

h_{w1-2}——两断面间单位重量流体的能量损失，又称水头损失。

此式表明在恒定流中，各过流断面上单位重量流体的位能、压能和动能，加上断面间单位能量损失之总和保持不变，也即总水头保持不变。

伯努利方程还有以下表达形式：

$$p_1 + z_1\rho g + \frac{1}{2}\alpha_1\rho_1 v_1^2 = p_2 + z_2\rho g + \frac{1}{2}\alpha_2\rho_2 v_2^2 + h_{w1-2}$$

伯努利方程说明，不可压缩流体在等温流动过程中，在管道任一截面上，流体的静压头、动压头、几何压头之和守恒，但三者之间可以相互转化。

在应用伯努利方程时应注意：

(1) 流体的流动必须是稳定的；

(2) 所取的截面 1—1 至 2—2 应是渐变流截面；

(3) 伯努利方程是由不可压缩流体导出的，但对工程中的大多数气体，当压强温度变化不大时，也近似适用。

【例 1-6】 如图 1-18 所示水箱，已知：引出管管径 $d = 100\text{mm}$，水头损失 $h_{w1-2} = 2\text{mH}_2\text{O}$。求：水箱引出管中水流的速度与流量。

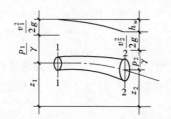
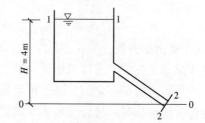

图 1-17 实际流体过流断面总水头   图 1-18 带引出管的水箱

【解】 取水面为 1—1 断面，引出管出口为 2—2 断面，由伯努利方程 $z_1 = H = 4\text{m}$，$z_2 = 0$，若水箱容积很大，取 $v_1 = 0$，则由伯努利方程可得：

$$4 + \frac{p_a}{\gamma} + 0 = 0 + \frac{p_a}{\gamma} + \frac{v_2^2}{2g} + 2$$

$$v_2 = \sqrt{4g} = 6.26\text{m/s}$$

$$Q = Av = \frac{\pi d^2}{4} \cdot v = \frac{\pi \times 0.1^2}{4} \times 6.26 = 0.0491\text{m}^3/\text{s} = 49.1\text{L/s}$$

1.3.5 流态与判定

流体在流动过程中，呈现出两种不同的流动形态——层流和紊流。

如图 1-19a 所示为一玻璃管中水的流动，不断投加红颜色水于液体中。当液体流速较低时，玻璃管内有股红色水流的细流，像一条线一样，如图 1-19b 所示，说明水流是成层成束地流动，各流层之间并无质点的掺混现象，这种水流形态称为层流。如果加大管中水的流速，红颜色水随之开始动荡，呈波浪形，如图 1-19c 所示。继续加大流速，将出现红颜色水向四周扩散，质点或液团相互掺混，流速愈大，掺混程度愈大，这种水流形态称为紊流，如图 1-19d 所示。

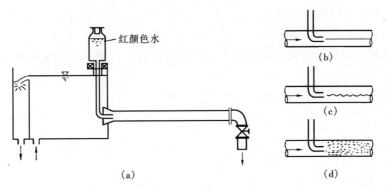

图 1-19　管中液流的流动形态

判断流体的流动形态，常用无因次量纲分析方法得到无因次量——雷诺数 Re 来判别。

$$Re = \frac{vd}{\nu} \tag{1-8}$$

式中　Re——雷诺数；

　　　v——圆管中流体的平均流速（m/s）；

　　　d——圆管的直径（m）；

　　　ν——流体的运动黏滞系数（m^2/s）。

对于圆管的有压管流：$Re<2000$ 时，流体为层流形态；$Re>2000$ 时，流体为紊流形态。

对于明渠流，雷诺数按下式计算：

$$Re = \frac{vR}{\nu} \tag{1-9}$$

式中　R——水力半径，$R=w/x$，其中 w 是过流断面面积，x 是湿周，为流动的流体同固体边壁在过流断面上接触的周边长度。

当 $Re<500$ 时，明渠流为层流形态；

当 $Re>500$ 时，明渠流为紊流形态。

在建筑设备工程中，绝大多数的流体运动都处于紊流形态。只有在流速很小，管径很细或黏滞性很大的流体运动时才可能发生层流运动，如地下水渗流、油管输送等。

1.3.6　沿程水头损失与局部水头损失

流动阻力和水头损失可分为以下两种形式：

1. 沿程阻力和沿程水头损失

流体在长直管（或明渠）中流动所受的摩擦阻力称为沿程阻力。为了克服沿程阻力而消耗的单位重量流体的能量称为沿程水头损失。沿程水头损失按下式计算：

$$h_f = \lambda \cdot \frac{l}{d} \cdot \frac{v^2}{2g} \tag{1-10}$$

式中　h_f——沿程水头损失（mH_2O）；

　　　λ——沿程阻力系数（无量纲）；

　　　l——管道长度（m）；

　　　d——管道内径（m）；

v——管中平均流速（m/s）；

g——重力加速度，取 9.8m/s^2。

式中沿程阻力系数 λ 与流动状态和管壁粗糙度有关，一般可通过实验或按经验公式计算而得。

在工程计算中，沿程水头损失亦可按下式计算：

$$h_\text{f} = il \tag{1-11}$$

式中　i——水力坡度（Pa/m 或 kPa/m），$i = \dfrac{h_\text{w}}{l}$，即单位长度上的水头损失；

　　　l——计算管段的长度（m）。

2. 局部阻力和局部水头损失

当流体通过管道上的阀门、弯头、三通、异径管等附件时，由于固体边界的急剧变化而形成漩涡和流速分布的改变而造成的阻力称为局部阻力，相应的能量损失称为局部水头损失。

局部水头损失可按下式计算：

$$h_\text{j} = \xi \frac{v^2}{2g} \quad (\text{mH}_2\text{O}) \tag{1-12}$$

式中　ξ——局部阻力系数，由实验确定或查有关水力计算手册选定。

式中其他符号意义同前。

在给水管道水力计算中，有时取沿程水头损失的 $25\% \sim 30\%$ 作为局部水头损失。这样流体运动中任意两过流断面间的水头损失可表示为：

$$h_\text{w} = \sum h_\text{f} + \sum h_\text{j} \tag{1-13}$$

习　题

1. 什么是流体的黏滞性？如何表示？
2. 流体静压强基本方程有哪几种表达方式？它说明了什么？
3. 什么是流量、流速和过流断面？它们三者之间的关系怎样？
4. 伯努利方程中各项的意义是什么？伯努力方程说明了什么？
5. 什么是沿程阻力和局部阻力？什么是沿程阻力损失和局部阻力损失？怎样计算？

第2章 传热学基础知识

2.1 传热的基本概念

2.1.1 温度与热量

1. 温度

温度是用来表示物体冷热程度的物理量,它反映了物体内部大量粒子热运动的剧烈程度和粒子热运动平均动能的大小。温度高的物体,其内部粒子热运动剧烈,粒子热运动平均动能大;温度低的物体,其内部粒子热运动程度低,粒子热运动平均动能小。

温度的数值标尺称为温标。任何温标都要规定基本定点和每一度的数值。国际单位制规定热力学温标,又称绝对温标,单位是开尔文(K),表示符号是 T。

生产和生活中常用的温标是摄氏温标,又称百分温标。它是把标准大气压下纯水开始结冰的温度(冰点)定为零度,把纯水沸腾时的温度(沸点)定为 100℃,将 0~100 分出 100 个等份,每一份就是 1℃。表示符号是 t,单位是摄氏度(℃)。

摄氏温标的每 1℃ 与热力学温标的每 1K 相同,两种温标的关系为:

$$T = t + 273.16$$

2. 热量

物体吸收可放出热能的多少,称为热量。热量总是由高温物体自发地传向低温物体,就像水总是从高处流向低处。因此温度差是传热的基本条件,没有温差就不会发生热量的传递。热量通常用字母 Q 表示。在工程单位制中,实用的热量单位是 J/s(焦耳/秒)。

2.1.2 传热的基本方式

传热的方式有三种,即传导、对流、辐射。它们各有不同的传热机理,遵循着不同的规律。但在实际传热过程中,它们往往同时存在,共同起作用。

传导是依靠物体中的微观粒子的热运动而传递热量的。传导的特点是物体各部位之间不发生宏观的相对位移。单纯的传导传热只发生在密实的固体中。

对流传热是依靠流体质点的宏观位移,把热量从高温处传向低温处的过程。它只发生在流体的内部。对流传热的主要特点是传热过程中流体质点发生了相对位移。

热能不以任何物质为媒介,直接以电磁波的方式从高温物体传向低温物体,这种传热方式称为辐射传热。任何物体,只要其温度在绝对零度以上,就会放射辐射能。

2.2 传导传热

导热现象主要在密实的固体内发生,但绝大多数建筑材料内部都有孔隙,并不是密实的固体,在这些固体材料的孔隙内将同时产生其他方式的传热,不过这是极其微弱的。

因此在热工计算中，对固体建筑材料的传热，可以按单纯导热来考虑。

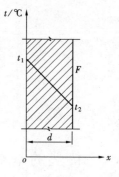

图 2-1　单层平壁导热

若墙壁为单层时，如图 2-1 所示，一建筑物单层外墙壁的一部分，室内温度高于室外温度，且温度不随时间而变化。热能以导热的方式由墙体内表面经墙体传向墙的外表面，这是一个一维稳定导热的问题。大量的实验结果表明，通过墙壁传导的热量与墙壁的传热面积、壁面之间的温度差和导热时间成正比，与墙壁的厚度成反比，并与墙壁材料的导热性能有关。单位时间的导热量可按下式计算：

$$Q_\lambda = \frac{\lambda}{d}(t_1 - t_2)F \tag{2-1}$$

式中　Q_λ——通过单层平壁的导热量（W）；

　　　F——墙壁的传热面积（m²）；

　　　d——墙壁的厚度（m）；

　　　t_1——墙壁内表面的温度（℃）；

　　　t_2——墙壁外表面的温度（℃）；

　　　λ——墙体材料的导热系数 ［W/（m·℃）］。

单位时间内通过单位面积的热量，称为热流强度，用 q_λ 来表示。

$$q_\lambda = \frac{\lambda}{d}(t_1 - t_2) = \frac{t_1 - t_2}{\frac{d}{\lambda}} = \frac{t_1 - t_2}{R_\lambda} \tag{2-2}$$

式中　R_λ——热阻，也就是热流通过墙壁时遇到的阻力，或者说墙壁抵抗热流通过的能力。

材料的导热系数是说明在稳定传热条件下，材料导热性能的一个指标。它的数值等于：当材料单位厚度内的温差为 1℃ 时，在 1h 内通过 1m² 表面积的热量。

不同材料的导热系数不同。气体的导热系数最小，其数值约在 0.006～0.6W/（m·℃）之间，如空气在常温、常压下的导热系数为 0.023W/（m·℃）；液体的导热系数次之，约为 0.07～0.7W/（m·℃），如水在常温下的导热系数为 0.59W/（m·℃），约为空气的 20 倍；金属的导热系数最大，约为 2.2～420W/（m·℃），适合作换热设备的受热面，如散热器就是用金属材料制作的。工程中将 $\lambda < 0.23$W/（m·℃）的材料称作保温隔热材料，如矿棉、蛭石等。

各种材料的导热系数并不是固定不变的，它与材料的温度、湿度等因素有关。在通常情况下，材料的湿度增大，其导热系数也将显著地增大。因此，保温材料一定要注意保持干燥。

表 2-1 为一些材料在常温下的导热系数。

在工程中，常常遇到多层平壁，如图 2-2 所示的由三种不同的材料组成的三层平壁，各层材料之间紧密结合，设各层厚度为 d_1、d_2 和 d_3，导热系数分别为 λ_1、λ_2 和 λ_3，且均为常数。壁的内、外表面温度为 t_1 和 t_4，$t_1 > t_4$ 且均不随时间变化。层间接触面的温度为 t_2 和 t_3。

表 2-1　一些材料在常温下的导热系数

材料类别		导热系数 λ /W·m^{-1}·℃$^{-1}$	材料类别		导热系数 λ /W·m^{-1}·℃$^{-1}$
金属	银	407～419	保温材料	石棉	0.09～0.11
	铜	349～395		硅藻土	0.17
	钢、生铁	47～58		珍珠岩	0.07～0.11
	合金钢	17～35		矿渣棉	0.05～0.06
				泡沫塑料	0.023～0.050
液体、气体	水	59	其他	锅炉水垢	0.6～2.3
	空气	0.023		烟渣	0.06～0.11
建筑材料	耐火砖	1.05～1.40			
	红砖	0.6～0.8			
	混凝土	0.8～1.28			
	松木（顺木纹）	0.35			

把整个平壁看作是由三层平壁组成，则通过每一层的热流强度分别为：

$$q_{\lambda_1} = \frac{\lambda_1}{d_1}(t_1 - t_2)$$

$$q_{\lambda_2} = \frac{\lambda_2}{d_2}(t_2 - t_3)$$

$$q_{\lambda_3} = \frac{\lambda_3}{d_3}(t_3 - t_4)$$

在稳定导热条件下，通过整个平壁的热流强度与通过各层的热流强度应相等，即：

$$q_\lambda = q_{\lambda_1} = q_{\lambda_2} = q_{\lambda_3}$$

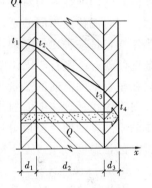

图 2-2　多层平壁导热

并可推得：

$$q_\lambda = \frac{t_1 - t_2}{\dfrac{d_1}{\lambda_1} + \dfrac{d_2}{\lambda_2} + \dfrac{d_3}{\lambda_3}} = \frac{t_1 - t_2}{R_{\lambda_1} + R_{\lambda_2} + R_{\lambda_3}} \tag{2-3}$$

式中　R_{λ_1}、R_{λ_2}、R_{λ_3}——第一层、第二层、第三层的热阻。

中间层温度：

$$t_2 = t_1 - qR_{\lambda_1} \tag{2-4a}$$

$$t_3 = t_2 - q(R_{\lambda_1} + R_{\lambda_2}) \tag{2-4b}$$

【例 2-1】　有一锅炉炉墙由三层组成，内层是 $d_1 = 230$mm 的耐火砖层，导热系数 $\lambda_1 = 1.20$W/（m·℃）；外层是 $d_3 = 240$mm 的普通烧结砖，$\lambda_3 = 0.58$W/（m·℃）；两层中间填以 $d_2 = 60$mm，$\lambda_2 = 0.10$W/（m·℃）的石棉隔热层。已知炉墙内、外两表面温度，$t_1 = 550$℃，$t_4 = 50$℃，试求通过炉墙的热流强度和外层保护层的最高温度。

【解】　（1）求热流强度，先计算各层单位面积的导热热阻：

$$R_{\lambda_1} = \frac{d_1}{\lambda_1} = \frac{0.23}{1.2} = 0.19(\text{m}^2 \cdot \text{℃})/\text{W}$$

$$R_{\lambda_2} = \frac{d_2}{\lambda_2} = \frac{0.06}{0.10} = 0.6(\text{m}^2 \cdot \text{℃})/\text{W}$$

$$R_{\lambda_3} = \frac{d_3}{\lambda_3} = \frac{0.24}{0.58} = 0.41(\text{m}^2 \cdot \text{℃})/\text{W}$$

根据式（2-3）可得：

$$q_\lambda = \frac{t_1 - t_{n+1}}{R_{\lambda_1} + R_{\lambda_2} + R_{\lambda_3}} = \frac{550 - 50}{0.19 + 0.6 + 0.41} = 416.67\text{W}/\text{m}^2$$

（2）求砖保护层的最高温度，保护层最高温度是砖与石棉层之间的接触面温度 t_3。根据式（2-4b），可得：

$$t_3 = t_1 - q(R_{\lambda_1} + R_{\lambda_2}) = 550 - 416.67 \times (0.19 + 0.6) = 220.8\text{℃}$$

2.3 对流换热

1. 对流换热

工程上遇到的实际传热问题，都是流体与固体壁直接接触时的换热，故传热学把流体与固体之间的换热称为对流换热。如房间中的暖气片加热空气的过程。与对流传热不同的是，对流换热过程既有对流作用，又有导热作用，是一种比较复杂的传热过程。由于摩擦力的作用，在紧贴壁面处有一平行于固体壁面流动的流体薄层，称为层流边界层，它在垂直壁面方向的热量传递方式主要是导热，它的温度分布呈倾斜直线状；远离壁面的流体核心部分，流体呈紊流状态，因流体的剧烈运动而使温度分布比较均匀，呈水平线；两者之间称为过渡区，温度分布接近于抛物线（图2-3）。

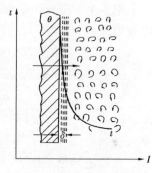

图 2-3 对流换热

2. 对流换热计算

对流换热过程的计算常用下式表示：

$$Q_d = \alpha_d(t_b - t_1)F \tag{2-5}$$

$$q_d = \alpha_d(t_b - t_1) \tag{2-6}$$

式中　Q_d——对流换热量（W）；

　　　t_b——固体壁面温度（℃）；

　　　t_1——流体平均温度（℃）；

　　　F——固体壁面面积（m²）；

　　　α_d——对流换热系数［W/（m² · ℃）］；

　　　q_d——对流换热强度（W/m²）。

对流换热计算，关键是如何确定对流换热系数 α_d。上两式实际上是把一切复杂的影响对流换热的因素都归结到 α_d 中去了。换热系数 α_d 只是从数值上反映了这个复杂换热现象在不同条件下的综合强度。

式（2-6）还可写成热阻的形式：

$$q_d = \frac{t_b - t_1}{\dfrac{1}{\alpha_d}} = \frac{t_b - t_1}{R_d} \tag{2-7}$$

房屋外围护结构的内外表面的对流换热问题，按表2-2计算。

表2-2　对流换热系数的计算公式

空气流动的种类	壁面位置	表面状况	热流方向	计 算 公 式
自然对流	垂直壁			$\alpha_d = 2.0\sqrt[4]{t_b - t}$
	水平壁		由下而上	$\alpha_d = 2.5\sqrt[4]{t_b - t}$
			由上而下	$\alpha_d = 1.3\sqrt[4]{t_b - t}$
受迫对流	内表面	中等粗糙度		$\alpha_d = 2.5 + 4.2v$
	外表面	中等粗糙度		$\alpha_d = (2.5\sim6.0) + 4.2v$

注：v 表示空气运动的速度（m/s）；而常数项是表示自然对流引起的换热作用，因为在强迫对流引起换热的同时总是伴随着自然对流的作用。

2.4　辐射传热

2.4.1　辐射传热的本质与特点

物质是由分子、原子、电子等基本粒子组成的，原子中的电子受激或受振动时，会产生交替变化的电场和磁场，能量以电磁波的形式向外传播。辐射传热是利用电磁波中的热射线进行热量传递的。

电磁波具有各种不同的波长，它们的分类和名称如图2-4所示。

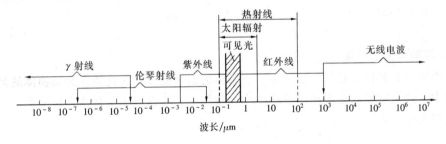

图2-4　电磁波谱

各种电磁波都会产生不同程度的热效应，其中以波长 $0.8\sim1000\mu m$ 的红外线投射到物体表面上时，最易转变为热能，所以，一般又把红外线称为热射线，它是辐射传热的主要对象。

热辐射的本质决定了辐射换热的特点：

1. 热辐射不仅能进行能量的转移，而且还伴随着能量形式的变化，也就是从辐射能转化为热能，又从热能转化为辐射能。

2. 一切物体，只要温度高于绝对零度，就会向外辐射热量。因此，辐射能不仅从高温物体向低温物体放射，同时也从低温物体向高温物体放射。其中高温物体放射得多，吸收得少，所以热量是从高温物体传向低温物体。

3. 辐射换热不依靠物质的直接接触而进行能量传递，也就是说电磁波可以在真空中传播。例如太阳能可以穿越辽阔的太空到达地面。

2.4.2 辐射能的吸收、反射和透过

热射线投射到物体上时，遵循可见光的传播规律。其中部分被物体吸收，部分被物体反射，其余则透过物体，如图 2-5 所示。根据能量守恒定律：

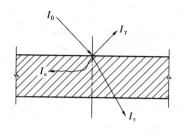

$$I_0 = I_\gamma + I_\alpha + I_\tau \qquad (2\text{-}8)$$

式中　I_0——热辐射的入射能量；

　　　I_γ——物体反射的能量；

　　　I_α——物体吸收的能量；

　　　I_τ——透过物体的能量。

图 2-5　辐射热的吸收、反射与透射

上式还可以写成：

$$1 = \frac{I_\gamma}{I_0} + \frac{I_\alpha}{I_0} + \frac{I_\tau}{I_0} \qquad (2\text{-}9)$$

$$1 = \gamma_h + \rho_h + \tau_h \qquad (2\text{-}10)$$

式中　$\gamma_h = \dfrac{I_\gamma}{I_0}$、$\rho_h = \dfrac{I_\alpha}{I_0}$、$\tau_h = \dfrac{I_\tau}{I_0}$——分别称为物体对辐射热的反射系数、吸收系数和透射系数。

能吸收全部热射线的物体（$\rho_h = 1$）称为绝对黑体，简称黑体。能反射全部热射线的物体（$\gamma_h = 1$）称为绝对白体，简称白体。能透过全部热射线的物体（$\tau_h = 1$）则称为绝对透明体或透热体。自然界中绝对的黑体、白体、透明体是不存在的，它们都是物体热辐射的极限情况。

各种物质的 γ_h、ρ_h、τ_h 值都小于 1，物体的 γ_h、ρ_h、τ_h 值与物体的物理性质、温度、表面粗糙度及热射线波长等因素有关。一般来说，对固体工程材料，热射线是不透过的，即 $\tau_h = 0$，$\gamma_h + \rho_h = 1$。

2.4.3 热辐射的基本定律

实际物体的辐射能力总是小于同温度下黑体的辐射能力，其比值称为该物体的黑度。在实际工程中，将辐射能力小于黑体的物体称为灰体，实际物体不是灰体，但大多数建筑材料都可以近似看作是灰体。

四次方定律是辐射传热的一条基本定律，是辐射传热计算的基础。它的表达式为：

$$E = C\left(\frac{T}{100}\right)^4 \quad (\text{W/m}^2) \qquad (2\text{-}11)$$

式（2-11）说明，物质的辐射能力与物质的表面绝对温度的四次方成正比。

表 2-3 为常用工程材料的黑度。

表 2-3　常用工程材料的黑度 ε

材料名称	温度/℃	ε 值	材料名称	温度/℃	ε 值
精密磨光的纯铜	80~115	0.018~0.023	表面氧化钢件	940~1100	0.80
无光泽黄铜	20~350	0.22	氧化后的铁	125~525	0.78~0.82
磨光的钢件	770~1040	0.52~0.56	铸　铁	500~1200	0.85~0.95
新轧制的钢	20	0.24	玻　璃	22~90	0.94
钢板表层氧化	20	0.82	红　砖	20	0.93

材料名称	温度/℃	ε值	材料名称	温度/℃	ε值
耐火黏土砖	20	0.85	水（厚度＞0.1mm）	0～100	0.95～0.96
耐火黏土砖	1000	0.75	石膏	20	0.8～0.9
耐火黏土砖	1200	0.59	石棉水泥板	20	0.96
抹灰的砖体	20	0.94	石棉粉	—	0.4～0.6
高铝砖、镁砖	—	0.8	煤	100～600	0.79～0.81
碳化硅板	1300～1400	0.9～0.94	雪	0	0.8
硅藻土粉	—	0.25	木材	20	0.8～0.92
水泥板	1000	0.63	硬橡皮	20	0.95
水泥	—	0.54			

2.4.4 辐射传热计算

1. 角系数

两固体表面间的辐射传热，除了与物体的温度、黑度有关外，还与两个物体的表面形状和相对位置有关。

由物体 F_1 表面投射到 F_2 表面上的辐射热与 F_1 表面辐射出去的总热量之比，称为角系数，用符号 φ 表示，则：

F_1 对 F_2 的角系数：

$$\varphi_{12} = \frac{\text{从 } F_1 \text{ 投射到 } F_2 \text{ 上的热量}}{\text{从 } F_1 \text{ 辐射出去的总热量}}$$

F_2 对 F_1 的角系数：

$$\varphi_{21} = \frac{\text{从 } F_2 \text{ 投射到 } F_1 \text{ 上的热量}}{\text{从 } F_2 \text{ 辐射出去的总热量}}$$

以下说明角系数的性质和常见的几种辐射传热情况的角系数值。

（1）角系数的性质

① 互变性。对任意两个表面，有以下关系：

$$F_1 \varphi_{12} = F_2 \varphi_{21}$$

② 对由 $F_1, F_2, F_3, \cdots, F_n$ 组成的封闭体系，F_1 为凹面，可自见其本身时，则有下列关系：

$$\varphi_{11} + \varphi_{12} + \varphi_{13} + \cdots + \varphi_{1n} = 1$$

③ 若 F_1 表面是平面或凸面，不能自见其本身时，则：$\varphi_{11} = 0$

（2）常见的几种角系数值

① 两个无限大的平行平面（当二者间距远小于平面尺寸时，可近似地看作这一情况，见图 2-6a）：

$$\varphi_{12} = \varphi_{21} = 1$$

② 一平面被另一物体包围时（图 2-6b）：

$$\varphi_{12} = 1 \quad \varphi_{21} = \frac{F_1}{F_2}$$

③ 一物体被另一物体包围时（图 2-6c）：

$$\varphi_{12} = 1 \quad \varphi_{21} = \frac{F_1}{F_2}$$

④ 两弧形物体组成一封闭体时（图 2-6d）：

$$\varphi_{12} = \frac{F_2}{F_1 + F_2} \quad \varphi_{21} = \frac{F_1}{F_1 + F_2}$$

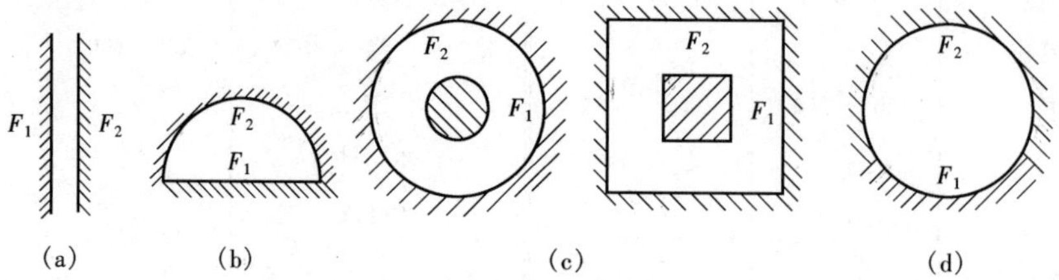

图 2-6　几种形式的传热表面

2. 两固体间辐射传热的计算

在生产实践中常遇到两固体间的相互辐射，一般都把这类固体视为灰体。两固体间辐射传热时，从一个物体放射出的辐射能，一部分到达另一物体表面，部分被吸收，部分被反射；同样从另一物体反射回来的辐射能，也只有一部分回到原表面，而回来的这一部分又部分反射和部分吸收，这种过程称为反复辐射现象。

两固体反复辐射的结果，热量总是由较高温度的物体传给较低温度的物体。目前对固体反复辐射最终净传热量的计算，普遍采用的公式为：

$$Q_{12} = \varepsilon_n C_0 \left[\left(\frac{T_1}{100} \right)^4 - \left(\frac{T_2}{100} \right)^4 \right] F_1 \varphi_{12}$$

$$= \varepsilon_n C_0 \left[\left(\frac{T_1}{100} \right)^4 - \left(\frac{T_2}{100} \right)^4 \right] F_2 \varphi_{21} \qquad (2\text{-}12)$$

式中　Q_{12}——高温物体 1 辐射传给低温物体 2 的净热量（W）；

C_0——黑体的辐射系数 5.67 [W/（$m^2 \cdot K^4$）]；

T_1，T_2——高温物体、低温物体的温度（K）；

F_1，F_2——两物体辐射传热表面积（m^2）；

φ_{12}，φ_{21}——1 物体对 2 物体及 2 物体对 1 物体的角系数；

ε_n——导来黑度，它与两物体的黑度（ε_1，ε_2）及角系数有关，可用下式计算；

$$\varepsilon_n = \frac{1}{\varphi_{12}\left(\dfrac{1}{\varepsilon_1} - 1 \right) + 1 + \varphi_{21}\left(\dfrac{1}{\varepsilon_2} - 1 \right)} \qquad (2\text{-}13)$$

第二篇
给排水系统

第3章 管材、管件及常用材料

3.1 管子及其附件的通用标准

管道一般由管子和附件组成，通常称为通用材料。管材、管件的通用标准主要是指公称直径、公称压力、试验压力、工作压力及管螺纹的标准等。

3.1.1 公称直径

公称直径也称公称通径、公称口径，是为了使管子、管件、阀门等相互连接而规定的标准直径，以字母 *DN* 表示，其后附加公称直径的数值。公称直径的数值近似于管子内径的整数或与内径相等。例如 *DN*50 表示公称直径为 50mm 的管子、管件或阀门等。

表 3-1 所列为《管道元件 *DN*(公称尺寸)的定义和选用》(GB/T 1047—2005) 的技术标准。螺纹连接时，公称直径一般用英制螺纹尺寸（英寸）表示。

表 3-1 优先选用的 DN 数值　　　　　　　单位：mm

6	25	80	250	500	1000	1600	2600	3600
8	32	100	300	600	1100	1800	2800	3800
10	40	125	350	700	1200	2000	3000	4000
15	50	150	400	800	1400	2200	3200	
20	65	200	450	900	1500	2400	3400	

3.1.2 公称压力、试验压力、工作压力

不同的材料在不同温度时所能承受的压力不同。工程上把某种材料在介质温度为标准温度（某一温度范围）时所承受的最大工作压力称为公称压力，用符号 P_N 表示，其后附加公称压力数值。如公称压力为 2.8MPa，可记为 $P_N2.8$。

试验压力为管子与管路附件出厂前进行强度试验的压力，用符号 P_S 表示，其后附加试验压力的数值。如试验压力 5.0MPa，表示为 $P_S5.0$。

工作压力用 *P* 表示，其右下角附加介质最高温度数字，该数字是介质最高温度值除以 10 所得的整数。如介质最高温度为 300℃时工作压力为 3.0MPa，表示为 $P_{30}3.0$。

管道内的介质工作温度大于标准温度时，管道所能承受的最大工作压力将小于其公称压力。

表 3-2 为管子与管路附件的公称压力和试验压力。

表 3-2　管子与管路附件的公称压力和试验压力

公称压力/MPa	试验压力/MPa	公称压力/MPa	试验压力/MPa	公称压力/MPa	试验压力/MPa
0.05	—	4.0	6.0	50.0	70.0
0.1	0.2	6.4	9.6	64.0	90.0
0.25	0.4	10.0	15.0	80.0	110.0
0.4	0.6	16.0	24.0	100.0	130.0
0.6	0.9	20.0	30.0	125.0	160.0
1.0	1.5	25.0	38.0	160.0	200.0
1.6	2.4	32.0	48.0	200.0	250.0
2.5	3.8	40.0	56.0	250.0	320.0

3.2　管材

3.2.1　钢管

1. 钢管

钢管强度高、承受流体的压力大、抗震性能好、自重比铸铁管轻、接头少、加工安装方便，但成本高、抗腐蚀性能差、易造成水质污染。

钢管主要有焊接钢管、无缝钢管两种。

① 焊接钢管按表面质量又分为镀锌钢管（白铁管）和非镀锌钢管（黑铁管）。根据镀锌工艺的不同可分为冷镀锌钢管和热镀锌钢管。生活用水管采用热镀锌钢管（$DN<150mm$）；水质没有要求的生产用水才允许采用非镀锌钢管和冷镀锌钢管；消防给水管道应采用内外壁热镀锌钢管。原建设部已明确规定：自 2000 年 6 月 1 日起，在城镇新建住宅中，禁止使用冷镀锌钢管用于室内给水管道，并根据当地实际情况逐步限时禁止使用热镀锌钢管。

② 无缝钢管是用碳素结构钢或合金结构钢制造，有热轧或冷拔两种生产方法。无缝钢管在同一外径下可以有多种壁厚，与焊接钢管相比，它的强度高，内表面光滑，水力条件好，可在焊接钢管不能满足压力要求的情况下采用，一般在 0.6MPa 以上的管道中均应采用无缝钢管，用于生活给水管道时要专门镀锌。

2. 钢管的连接配件

图 3-1 所示为钢管螺纹连接配件及连接方法。

① 管箍又称管接头、内螺丝、束结，用于直线连接两根公称直径相同的管子。

② 90°弯头又称正弯，用于连接两根公称直径相同的管子，使管路作 90°转弯。

③ 45°弯头又称直弯，用于连接两根公称直径相同的管子，使管路作 45°转弯。

④ 异径弯头又称大小弯，用于连接两根公称直径不同的管子，使管路作 90°转弯。

⑤ 等径三通供由直管中接出垂直支管用，连接的三根管子公称直径相同。

⑥ 异径三通包括中小及中大三通，作用与等径三通相似。当支管的公称直径小于直管

的公称直径时用中小三通，支管的公称直径大于直管的公称直径时用中大三通。

⑦ 等径四通用来连接四根公称直径相同并垂直相交的管子。

⑧ 异径四通与等径四通相似，但管子的公称直径有两种，其中相对的两根管子的公称直径相同。

⑨ 异径管箍又称异径管接头、大小头，用来连接两根公称直径不同的直线管子，使管路的直径放大或缩小。

⑩ 活接头又称油任，作用与管箍相同，但比管箍装拆方便，用于经常装拆或两端已经固定的管路上。

⑪ 内外螺纹管接头又称补心，用于直线管路变径处，与异径管箍不同的是它的一端是外螺纹，另一端是内螺纹。外螺纹一端通过带有内螺纹的管配件与大管径管子连接，内螺纹一端则直接与小管径管子连接。

⑫ 内管箍又称双头外螺纹、短接，用于连接距离很短的两个公称直径相同的内螺纹管件或阀件。

⑬ 外方堵头又称管塞或丝堵，用于堵塞管配件的端头或堵塞管道预留管口。

⑭ 管帽用于堵塞管子端头，管帽带有内螺纹。

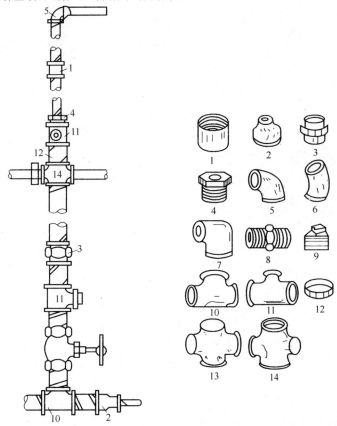

图 3-1 钢管螺纹连接配件及连接方法

1—管箍；2—异径管箍；3—活接头；4—补心；5—90°弯头；6—45°弯头；

7—异径弯头；8—内管箍；9—管塞；10—等径三通；11—异径三通；

12—螺母；13—等径四通；14—异径四通

3.2.2 铸铁管

给水铸铁管与钢管相比，具有不易腐蚀、成本低、耐久性好等优点，主要缺点是质脆、重量大，在管径大于75mm的给水直埋地管中广泛应用。

给水铸铁管常用灰口铸铁或球墨铸铁浇铸而成，出厂前内表面已用防锈沥青防腐。按接口形式分为承插式和法兰式两种；按压力分为低压管（≤0.45MPa）、普压管（≤0.75MPa）、高压管（≤2.0MPa）三种。

排水铸铁管较钢管耐腐蚀，但质脆、自重大，常用于室内生活污水管道、雨水管道及工业厂房中振动不大的生产排水管道。

给水、排水铸铁管的主要区别是：排水铸铁管壁薄，约5～6mm，给水铸铁管壁厚，约9～10mm。

图3-2为给水铸铁管件。图3-3为排水铸铁管件。

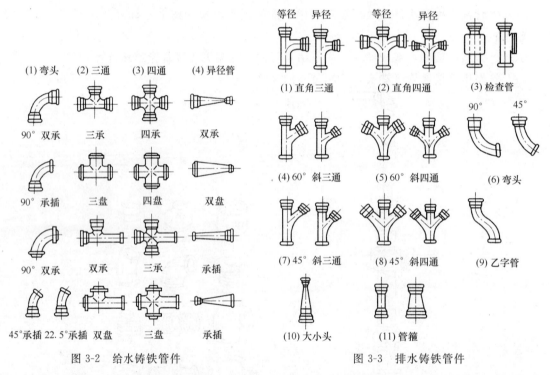

图3-2 给水铸铁管件　　　　　　图3-3 排水铸铁管件

① 45°弯管用于水流呈135°转弯处，或在加大回转半径时用两个45°弯管代替90°弯管使用。如室内排水立管与排出管连接时采用两个45°弯头。

② 90°弯管用于水流呈90°急转弯处。

③ 45°承插三通管用于水流汇集处，可以和45°弯管配合使用，水力条件比90°承插三通管好。

④ 45°承插四通管用于水流呈十字汇集处，其水力条件好于90°承插四通管。

⑤ 90°承插三通管用于水流呈90°汇集处，水力条件比45°承插三通管差。

⑥ P形存水弯两端所接出的管道呈90°角。

⑦ S形存水弯两端所接出的管道互相平行。

⑧ 承插短管（带检查口）装在室内排水立管上，管道呈直线连接，检查口用来疏通

管道。

3.2.3　铜管和不锈钢管

铜管用于输送饮用水、热水和民用天然气、煤气、氧气及对铜无腐蚀作用的介质。常用的有紫铜管（纯铜管）和黄铜管（铜合金管）。按有无包覆材料又分为裸铜管和塑覆铜管。

铜管和不锈钢管的优点是：耐腐蚀、耐高温、使用寿命长、可用于不同的环境；耐高压、柔韧性和延展性好、抗震、抗冲击性能优良；不会造成水质的二次污染；可再回收使用，有利于环保。但其缺点是价格昂贵，线膨胀系数大，保温性差。不锈钢管的性能比铜管更为优良，价格也更为昂贵。

铜管和不锈钢管推广在建筑给水中使用，并应薄壁化。

3.2.4　塑料管

与金属管相比，塑料管的优点是：耐腐蚀、防锈；使用寿命 50 年以上；卫生无毒；表面光滑、不结垢、水流阻力小、流通量大；保温性能好、节能；质轻、安装方便；造价低。缺点是热膨胀系数大；综合机械性能差；耐高温性能差；容易老化。目前在新建建筑中，塑料管得以广泛应用。

常用塑料管有：

① 聚氯乙烯类管（PVC）：硬聚氯乙烯管（UPVC）、氯化聚氯乙烯管（CPVC）等。②聚乙烯类管（PE）：聚乙烯管（PE）、高密度聚乙烯管（HDPE）、交联聚乙烯管（PEX）等。③聚丙烯类管（PP）：聚丙烯管（PP）、共聚聚丙烯管（PP-C）、嵌段共聚聚丙烯管（PP-B）、无规共聚聚丙烯管（PP-R）等。④聚丁烯管（PB）。⑤ABS 工程塑料管。⑥玻璃钢管。

表 3-3 为常用塑料给水管实用性能比较。

表 3-3　常用塑料给水管实用性能比较表

管材种类	UPVC 管	PP-R 管	PE 管	PEX 管	铝塑复合管	PB 管
工作温度/℃	$-5 \leqslant t \leqslant 45$	$-20 \leqslant t \leqslant 95$	$-50 \leqslant t \leqslant 65$	$-50 \leqslant t \leqslant 110$	$-40 \leqslant t \leqslant 95$	$-30 \leqslant t \leqslant 110$
最大使用年限/年	50	50	50	50	50	70
主要连接方式	粘接	热熔电熔（挤压）	热熔电熔	挤压	挤压	挤压（热熔电熔）
接头可靠性	一般	较好	较好	好	好	好
产生二次污染	可能有	无	无	无	无	无
最大管径/mm	400	125	400	110	110	50
综合费用	约电镀锌管的60%左右	高出镀锌管50%左右	高出镀锌管20%左右	高出镀锌管1倍左右	高出镀锌管1倍以上	高出镀锌管2倍以上

图 3-4 为给水用硬聚氯乙烯管件。图 3-5 为排水用硬聚氯乙烯管件。

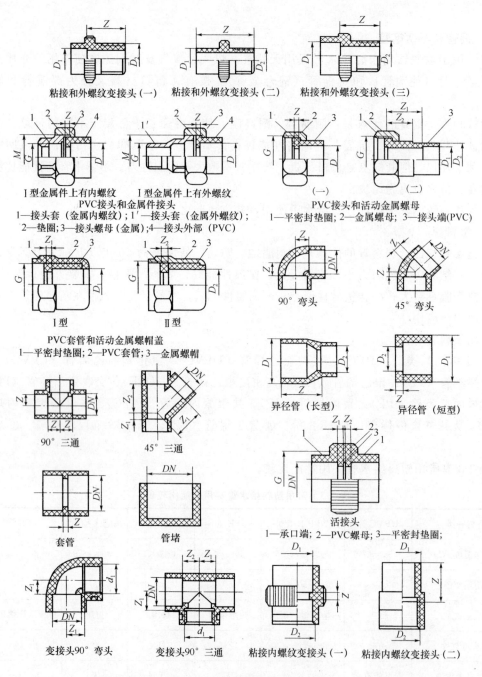

图 3-4　给水用硬聚氯乙烯管件

3.2.5　复合管

1. 铝塑复合管（PAP、XPAP）

铝塑复合管内外层均为特殊聚乙烯材料，中间层是铝合金与聚乙烯连为一体的胶合层。如图 3-6 所示。

铝塑复合管既具有聚乙烯塑料重量轻、无毒、无味、耐腐蚀、抗天候等优点，又具有铝

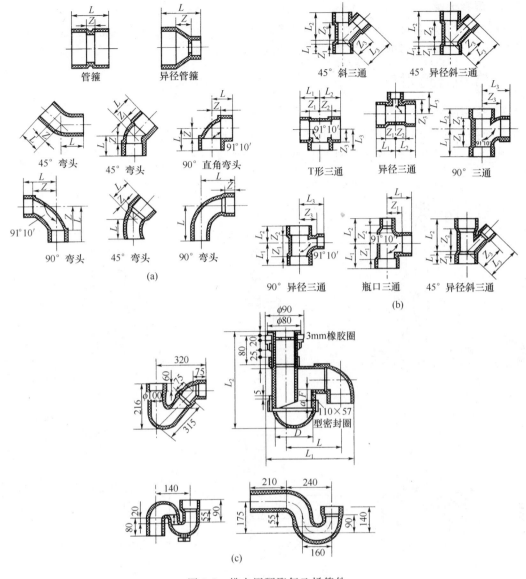

图 3-5 排水用硬聚氯乙烯管件

(a) 管箍、弯头；(b) 三通；(c) 存水弯

合金的高耐压强度和优良的延展性，可以随意弯曲而不反弹。

铝塑管良好的物理化学性能和可靠的安全、实用性，使其成为镀锌管理想的换代产品，可广泛应用于工业与民用建筑领域中的冷水、热水、燃气、压缩空气、食品以及医疗流体介质等的输送管道系统。

2. 钢塑复合管

钢塑复合管具有机械强度高、耐腐蚀性能好等优点，但价格较贵。其管内壁的材质决定了管子的使用温度和耐腐蚀性。

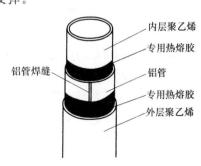

图 3-6 铝塑复合管结构图

3.2.6 混凝土管

混凝土管有素混凝土排水管、轻型钢筋混凝土排水管、预应力钢筋混凝土管、石棉水泥管等，适用于建筑群（小区）室外排水管和雨水排水管网。

3.3 常用管道附件

3.3.1 控制附件

控制附件就是用来控制水流通断和水量的各种阀门。阀门在管道或设备中用来控制水流的通路，其种类有很多，常用的有截止阀、闸阀、止回阀、球阀、蝶阀等，如图3-7所示。

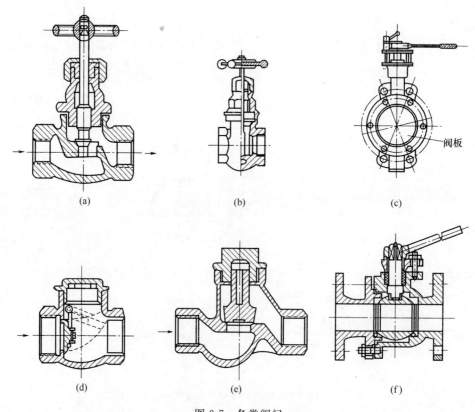

图 3-7　各类阀门

（a）截止阀；（b）闸阀；（c）蝶阀；

（d）旋启式止回阀；（e）升降式止回阀；（f）浮动式球阀

1. 截止阀

截止阀是应用最为广泛的一种阀门，其特点是结构简单，密封性能好，水在通过阀门时要改变方向，流动阻力大，使用时间长，制造与维修方便。安装时应注意水流的方向要低进高出，不能装反，否则开启费力，阻力增大，密封面容易损坏。截止阀有内螺纹及法兰两种安装方式。

给水管道中当管径 $DN \leqslant 50\text{mm}$ 时，宜选用截止阀。

2. 闸阀

闸阀内的闸板与水流方向垂直，利用闸板的升降来控制闸门的启闭。

闸阀密封性能好，水流阻力较小，具有一定的调节流量的性能，介质可从任一方向流动。但阀门结构复杂且易磨损，与截止阀相比成本较高。闸阀有螺纹及法兰两种安装方式。闸阀安装时没有方向性，当管径 $DN>50mm$ 时，宜选用闸阀。

3. 止回阀

止回阀又称逆止阀、单向阀，是一种自动启闭的阀门，用于控制水流方向，只允许水流向一个方向流动，反向流动时则阀门自动关闭，可以有效地防止管道中的介质倒流。

止回阀按形式可分为升降式和旋启式。升降式止回阀的密封性能较好，常用于小口径的管道上；旋启式止回阀的阻力较小，常用于大口径的管道上。

安装止回阀时要注意必须使水流的方向与阀体上箭头的方向一致，不能装反。

4. 蝶阀

蝶阀是一个圆盘形的蝶板，在阀体内绕其自身的轴线旋转，从而达到启闭或调节的目的。

蝶阀的特点是结构简单、外形尺寸小、重量轻，启闭灵活、开启度指示清楚，密闭性较差、不易关闭严密，使用时阀体不易漏水，水流阻力小。

5. 球阀

球阀是利用一个中间开孔的球体阀芯，靠旋转球体来控制阀门的，它只能全开或全关，不能调节流量，常用于管径小的给水管道中。

6. 旋塞阀

旋塞阀又称转心门，其启闭件是一个中间开孔的塞子，绕其轴线作旋转。特点是构造简单、流体阻力小、无介质流向要求、启闭迅速、操作方便。

7. 延时自闭冲洗阀

延时自闭冲洗阀安装在大、小便器的冲洗管上，按下手柄后开启，延时一定的时间后自动关闭，能够节水和防止回流污染，使用便利、安装方便，外表洁净美观。图 3-8 所示为延时自闭冲洗阀。

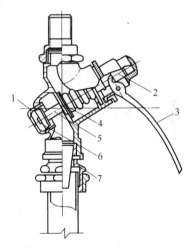

图 3-8　延时自闭冲洗阀

1—缓冲缸；2—阀杆；3—压把；4—波纹管；5—活塞；6—缓冲胶碗；7—防污隔断器

3.3.2　配水附件

配水附件安装在各种用水器具上用于调节和分配水流。

1. 球形阀式配水龙头

水流流过球形阀式配水龙头时，水流改变方向，所以，阻力较大。

2. 旋塞式配水龙头

旋塞式配水龙头安装在压力不大的给水系统上，旋转 $90°$ 即可完全开启，可短时获得较大流量，水流直线流过龙头，阻力小，启闭迅速，易产生水击。

3. 混合龙头

混合龙头是用于调节冷热水的龙头，供盥洗、洗涤、洗浴用。

其他配水龙头还有消防龙头、小便斗龙头、电子自动龙头等。

各种配水龙头如图 3-9 所示。

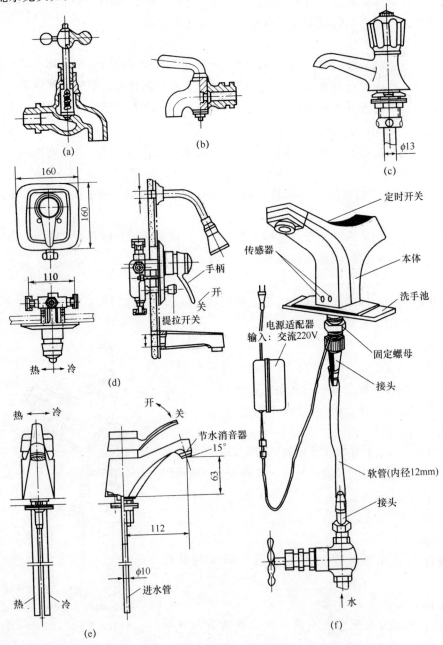

图 3-9　各类配水龙头

(a) 球形阀式配水龙头；(b) 旋塞式配水龙头；(c) 普通洗脸盆配水龙头；

(d) 单手柄浴盆水龙头；(e) 单手柄洗脸盆水龙头；(f) 自助水龙头

表 3-4 所列为混合水龙头的混合方式和附加功能。

表 3-4　混合水龙头的混合方式和附加功能

		型　式	功　能　说　明
混合方式	2 阀型	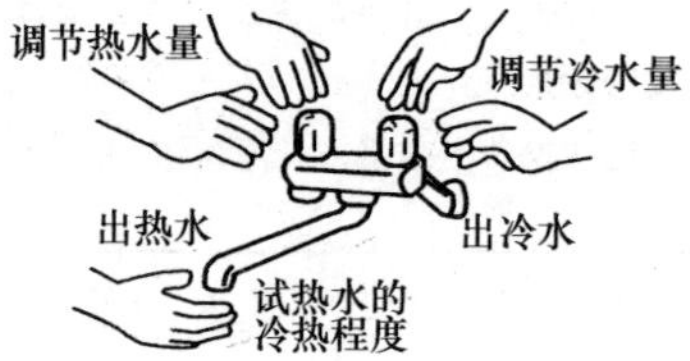 调节热水量　调节冷水量　出热水　出冷水　试热水的冷热程度	靠热水和冷水两个旋钮调节热水温度和热水流量的最简易方式 出水阻力小，出水量丰富 难以进行热水温度的微调
混合方式	1 阀型	混合型　调节温度　出热水　试热水的冷热程度	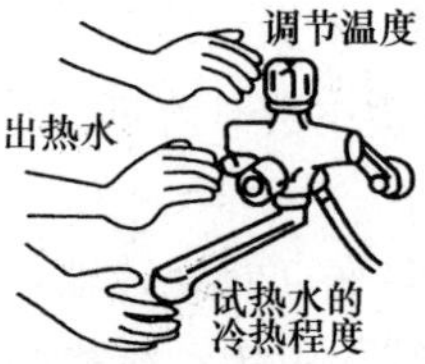 分别设置调节温度的旋钮和调节流量的旋钮 旋转温度调节旋钮，找到满意的温度
		单柄型　出热水　调节温度　试热水的冷热程度	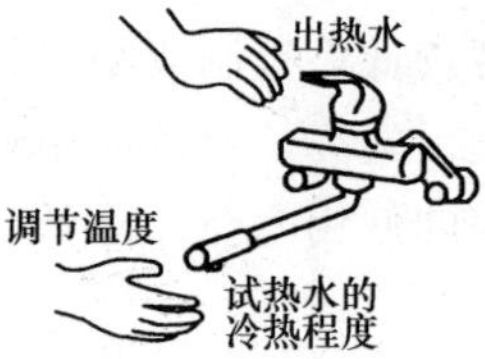 用单柄控制开关，而且热水温度及流量的调节也简单，操作次数少及单手操作的方式，最适于厨房用水龙头
		热混合型　设定热水温度　出热水	 符合温度旋钮的刻度，就能得到希望温度的热水 带有温度调节功能，即使使用中自来水及热水供应的压力及温度发生变化，也能流出一定温度的热水 调节时，水不流出，不浪费水，节水节能 即使同时使用，也能得到设定温度的热水，安全、舒适，特别适用于淋浴和浴缸的充水
附加功能	带有短时止水机构	 短时止水旋钮	具有这种功能的两阀型水龙头，使用中调整至设定的温度后可随时停机，再次使用时无须调节温度，方便使用
	带有定量止水机构	 定量止水旋钮	调节至希望的热水量，一达到此水量，便自动停水；进入浴盆的热水不致过多，节水、节能，可连续出水 也有小容量（洗脸盆 1 盆）自动止水自闭型

35

		型　式	功　能　说　明
附加功能	带有按摩淋浴		大大提高了淋浴的舒适程度，间歇变化出水量，产生按摩效果① 能切换普通淋浴或按摩淋浴

① 自来水及热水供应压力低时，其效果变差，需要注意水龙头一侧水的流动静压须达 $9.81N/cm^2$ 以上。

3.4　水表

室内给水系统广泛采用流速式水表，它的工作原理是依据流体流动的连续性方程。流速式水表只能记录单向水流在管道内流量累计的总和，不能指示瞬时流量。常用的有如下几种：

1. 旋翼式水表

旋翼式水表又称叶轮式水表，水表内有与水流方向垂直的旋转轴，轴上装有平面状的叶片，水流通过时，水流的冲力推动叶片使轴旋转，其转数由传动机构指示于表盘上，从而可知水表累计流量的总和。

旋翼式水表又可分为干式和湿式两种，其中，干式水表的传动机构与计量盘与水隔开，不受水中杂质污染，但水流阻力大，结构复杂，精度较低，宜制成小口径水表。湿式水表的传动机构与计量盘都浸在水中，结构较简单，精度较干式高，所以应用较为广泛。但湿式水表只能用在水中不含杂质的管道上，否则会影响水表的使用寿命，降低精度。

2. 螺翼式水表

螺翼式水表的翼轮轴与水流方向平行，轴上装有螺旋状叶片，水流流过时，水流的冲力推动轴旋转，带动传动机构，将流量指示在计量盘上。

螺翼式水表水流阻力较小，适宜制成大口径水表，用于测量较大的流量。

3. 复式水表

复式水表是旋翼式水表和螺翼式水表的组合，在流量变化较大时采用。如图 3-10、图 3-11、图 3-12 所示分别为旋翼式湿式水表、螺翼式湿式水表和复式水表。

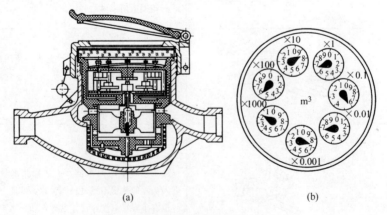

图 3-10　旋翼式水表

（a）旋翼湿式水表；（b）水表读数示意

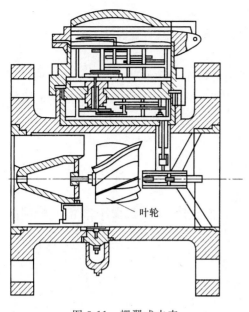

叶轮

图 3-11　螺翼式水表

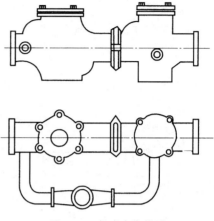

图 3-12　复式水表外形

3.5　管道连接

1. 螺纹连接

螺纹连接又称为丝扣连接，是通过管端加工的外螺纹和管件内螺纹将管子与管子、管子与管件、管子与阀门紧密连接。适用于 $DN \leqslant 100mm$ 的镀锌钢管，管径较小、压力较低的焊接钢管，硬聚氯乙烯管和带螺纹的阀门与管道的连接等。

图 3-13 所示为圆柱形管螺纹和圆锥形管螺纹。

2. 法兰连接

法兰连接就是先将法兰盘焊接或螺纹连接于管端，再通过法兰和紧固件（螺栓、螺母）的连接，压紧两法兰中间的垫片，使管道连接起来。法兰连接拆卸方便，连接强度高，常用于管径较大管道的连接。图 3-14 所示为法兰连接。

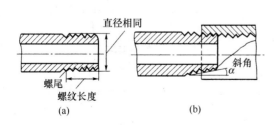

图 3-13　圆柱形管螺纹和圆锥形管螺纹

（a）圆柱形管螺纹；（b）圆锥形管螺纹

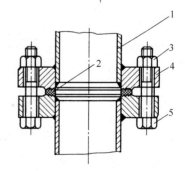

图 3-14　法兰的连接形式

1—管子；2—垫片；3—螺母；4—法兰；5—螺栓

3. 焊接连接

焊接连接是管道安装中应用最为广泛的一种连接方法，适用于 $DN > 32mm$ 的焊接钢管、无缝钢管、铜管、塑料管的连接。

焊接连接接头紧密、不漏水、施工速度快、不需用配件，但不能拆卸。

4. 承插连接

承插连接适用于承插铸铁管、塑料排水管和混凝土管等。承插铸铁管的一端为承口，另一端为插口，插口插入承口内，并用填料填塞在插口与承口间的缝隙内。承插连接的填料有石棉水泥、膨胀水泥、青铅及柔性橡胶圈等。

承插连接如图 3-15 所示。图 3-16 所示为 UPVC 管与铸铁管的承插连接。

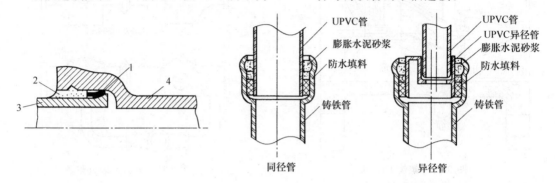

图 3-15　承插连接　　　　　　图 3-16　UPVC 管与铸铁管承插连接

1—油麻或胶圈；2—填料；3—插口；4—承口

5. 承插粘接

承插粘接适用于 UPVC 管和 CPVC 管，就是采用粘合剂将承口和插口粘合在一起的连接方式。图 3-17 所示为承插粘接。

6. 热熔连接

热熔连接就是当相同热塑性塑料制作的管材与管件连接时，采用专用热熔机具将连接部位表面加热，连接接触面处的本体材料互相熔合，冷却后连接为一体。热熔连接分为对接式热熔管连接、承插式热熔连接和电熔连接等。

图 3-18 为管件熔接图。图 3-19 所示为电熔接内部效果图。

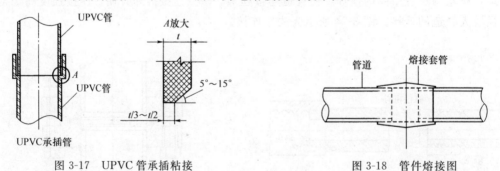

图 3-17　UPVC 管承插粘接　　　　　图 3-18　管件熔接图

7. 挤压夹紧式连接

挤压夹紧式连接有卡套式和卡箍式等。卡套式连接的连接件由带锁紧螺帽和丝扣的管件组成，方法是管道插入管件后，拧动锁紧螺帽，将已经套在管道上的金属管箍压紧，使管材和管件连接并密封。卡箍式连接是管道插入有倒牙的管件后，将套在管道外表面的铜质管箍用专用夹紧钳夹紧，使管材和管件连接并密封。

挤压夹紧式连接适用于铝塑复合管、薄壁铜管和多数塑料管。

不同种类的管材连接时则采用过渡性的接头管件。

图 3-20 所示为铝塑复合管的连接。

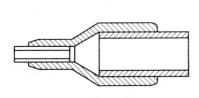

图 3-19 电熔接内部效果图

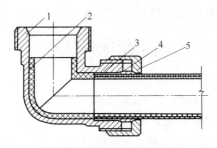

图 3-20 铝塑复合管的连接

1—内丝弯头；2—塑料内衬；3—铝塑管；4—锁紧环；5—螺母

表 3-5、表 3-6 为常用的金属和非金属管的连接方式。

表 3-5 常用的金属管的连接方式

管材	钢管		铸铁管	铜管	薄壁不锈钢管
	镀锌钢管	不镀锌钢管			
连接方式	螺纹、法兰	螺纹、法兰、焊接	承插连接	焊接、法兰、螺纹、挤压夹紧	焊接、螺纹、挤压、压封式连接

表 3-6 常用的几种塑料管及复合管材的连接方式

连接方式	PE	PEX	PP	PB	UPVC	普通 ABS	铝塑复合管
挤压夹紧	可以	可以	可以	可以	不可以	不可以	可以
热熔连接	可以	不可以	可以	可以	不可以	不可以	不可以
承插粘接	不可以	不可以	不可以	不可以	可以	可以	不可以

注：改性 ABS 塑料管、钢塑复合管都采用螺纹、法兰连接。

3.6 管道安装常用填料和垫料

当管道采用丝扣连接时，为了加强管件连接处、阀门连接处的强度和严密性，需在丝扣处缠绕一些填充物，称为填料。填料应无毒、耐蚀、严密、易于拆卸，置于螺纹齿中，在拧紧时不应破坏螺纹齿牙。

1. 麻

在给排水工程中，麻常用作管螺纹的密封辅助材料或作承插接口的阻塞料（防止捻口时水泥滑进管内），一般是用亚麻或线麻经加工浸油后而成的油麻。

2. 橡胶板

橡胶板防水性能好，富有弹性，不易断裂。给排水管道中常用的橡胶板厚度为 2～5mm。

3. 铅油

给排水管道中常用的是白铅油，使用时先将白铅油涂在管螺纹上，然后将少许油麻按顺时针方向（与螺纹拧紧方向一致）缠绕 4～5 周，再将连接件装上拧紧。

4. 聚四氯乙烯生料带

在给水管道系统中，有时卫生洁具的水龙头、旋塞阀等处可采用聚四氟乙烯生料带（俗称生料带）。它是一种白色薄膜，优点是使用方便，接头处干净整洁，不易堵塞管道断面。主要用于管螺纹连接，它的厚度为 0.1mm，宽度不大于 30mm，现已广泛应用。

3.7 通风空调工程常用材料

3.7.1 常用风管材料

1. 金属薄板

金属薄板在安装工程中应用较多，有普通薄钢板、不锈钢板、铝合金板等。规格通常以短边×长边×厚度表示，单位是 mm。

普通薄钢板是用碳素钢冷轧或热轧制造而成，有镀锌钢板（白铁皮）和非镀锌钢板（黑铁皮）两种，它具有良好的加工性能，结构强度高，价格便宜，所以，应用广泛。其中镀锌钢板表面镀锌，一般不再涂刷防锈漆。通常厚度为 0.5～2.5mm 的用来制作风管及部件，厚度为 2～4mm 的用来制作空调机、水箱、气柜等。

不锈钢板又称不锈耐酸钢板，具有良好的耐腐蚀性，多用于输送含有腐蚀性气体的通风系统。

铝合金板是以铝为主，加入铜、镁、锰等制成的合金，强度有明显提高，同时还具有良好的延展性和耐腐蚀性，摩擦时不易产生火花，常用在防尘要求较高或排放有腐蚀气体、有爆炸可能的通风系统中。

表 3-7 为一般送、排风风管钢板最小厚度。

表 3-7　一般送、排风风管钢板最小厚度

矩形风管最长边或圆形风管直径/mm	钢板厚度/mm		
	输送空气		输送烟气
	风道无加强构件	风道有加强构件	
小于 450	0.5	0.5	2.0
450～1000	0.8	0.6	2.5
1000～1500	2.0	0.8	2.0
大于 1500	根据实际情况		

2. 塑料复合钢板

塑料复合钢板是在普通钢板表面喷涂一层 0.2～0.4mm 厚的塑料，强度大，耐腐蚀，常用于防尘要求较高或温度在 −10～70℃ 的有耐腐蚀要求的系统。

3. 非金属管材

硬聚氯乙烯板主要用于输送含腐蚀介质的通风系统。

玻璃钢板常用于输送含有腐蚀性介质和潮湿空气的通风系统。

通风空调系统中还常采用钢筋混凝土、混凝土、砖等材料制成的非金属管道。

3.7.2 常用型钢

在安装工程中，型钢主要用于设备支吊架、风管法兰盘和风管部件。通风空调工程中常用的型钢有角钢、槽钢、圆钢和扁钢等，如图 3-21 所示。

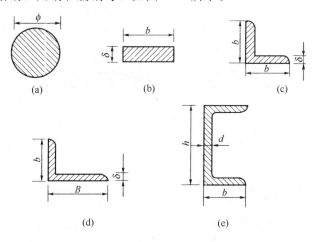

图 3-21　常用型钢

(a) 圆钢；(b) 扁钢；(c) 等边角钢；(d) 不等边角钢；(e) 槽钢

扁钢和角钢用于制作风管法兰及加固圈。扁钢规格以宽度×厚度表示。角钢有等边和不等边两种，规格以边宽×边宽×厚度表示。槽钢主要用于箱体、柜体结构及设备机座，规格以号（高度）表示，单位为 mm，每 10mm 为 1 号，表示时其前加符号"[","号"不写，如 [20，表示槽钢的高度为 200mm。圆钢主要用于吊架拉杆、管道支架卡环及散热器托钩，规格用直径"ϕ"表示，如 ϕ6。

第4章　建筑给水系统

建筑给水系统的任务，就是经济合理地将水由室外给水管网输送到装置在室内的各种配水龙头、生产用水设备或消防设备，满足用户对水质、水量和水压等方面的要求，保证用水安全可靠。

4.1　给水水质和用水定额

水是人们日常生产和生活中不可缺少的物质。随着社会的不断进步，生活水平的不断提高，对用水量及水质的要求必将越来越高。

用户对水质、水量和水压有不同要求。不同的用水户，对这三方面的要求各不相同。

4.1.1　给水水质

1. 生产用水

生产用水是指工业企业生产过程中使用的水，如钢铁厂中高炉、电厂中汽轮发电机的冷却水；纺织、造纸、化工、印染、皮革等生产过程中的生产工艺用水；食品、饮料、酿造、制药过程中的产品用水等。

对水质的要求因生产性质的不同而差异较大，所以应按生产工艺要求来确定。例如冷却用水对浊度要求不高，但要求水温低，不含侵蚀性物质、漂浮物和水生物；纺织、造纸生产对浊度、色度、铁和锰含量等有特殊的要求；酿造、饮料和食品加工用水要求达到饮用水水质标准；电子工业用水要求几乎不含任何杂质的超纯水。

工业用水的水质优劣，对工业生产的发展和产品质量的提高有非常重要的意义。各种工业用水对水质的要求，由有关工业部门制定。

2. 消防用水

消防用水是指建筑物发生火灾时在灭火过程中使用的水。

消防用水对水质一般没有特殊要求。

3. 生活用水

生活用水是饮用、烹饪、洗涤、清洁卫生用水。包括住宅、集体宿舍、旅馆、餐厅、医院、学校、办公楼、影剧院、浴室等居住建筑和公共建筑用水以及工业企业职工厂内的生活饮用水和淋浴用水。

生活用水直接关系到人们的健康，因此，生活饮用水的水质应符合现行的《生活饮用水卫生标准》（GB 5749）要求。

4.1.2　水质标准

水质标准是指用水户所要求的各项水质参数应达到指标的限值，不同的用水对象，对水质的要求不同，水质标准也不相同，其中生活饮用水水质标准是各种水质标准中最基本的标准。随着生产技术的发展，检测技术的不断进步，工业化进程的加剧，水污染日益严重，水质标准也在不断变化。

我国自 1956 年颁发《生活饮用水卫生标准（试行）》至 2007 年实施的《生活饮用水卫生标准》（GB 5749—2006）的 51 年间，该标准先后修订了多次，水质指标项目不断地增加，所增加的基本上是有关化学污染物的项目。其中，主要是有机、无机及农药等有毒、有害物质的项目。

1. 生活饮用水水质标准

某些情况下，对生活饮用水的某些指标会提出更高的要求。如某些医疗单位要求更低的总硬度和浊度；高级宾馆和饮料生产厂家对总硬度、浊度、细菌学指标等有更高的要求。这时，应对生活饮用水进行进一步的处理。

生活饮用水水质标准分为以下五个部分：

（1）感观性状指标

有时又称为物理性状指标，是水中某些对人的视觉、味觉、嗅觉等感觉器官产生刺激作用的杂质量度。

感观性状指标不属于危害人体健康的直接指标，但其存在给使用者以厌恶感和不安全感，同时，色、臭、味严重，也是水中含有致病物质的标志。

（2）化学指标

水中存在某些化学物质，一般情况下对人体健康并不直接构成危害，但会对使用产生不良影响。如水的硬度大，对人体健康并无多大影响，但若超过一定的限度，会使水壶结垢、耗皂量增大等。

（3）毒理学指标

有些化学物质，在饮用水中达到一定浓度时，会对人体健康造成危害，应严加限制，这就是毒理学指标。

（4）细菌学指标

水中含有大量的细菌，这些细菌通过饮用水进行传播，威胁人的健康。为了保证生活饮用水的安全可靠，必须在水质标准中作出严格规定。

（5）放射性指标

当水源受到放射性物质污染时，应与卫生部门联系，及时检测。放射性超过标准的水不宜用作生活饮用水水源。

表 4-1 为生活饮用水水质参考指标及限值，见表 4-1 所示。

表 4-1　生活饮用水水质参考指标及限值

指　　标	限　　值
肠球菌/（CFU/100mL）	0
产气荚膜梭状芽孢杆菌/（CFU/100mL）	0
二（2-乙基己基）己二酸酯/（mg/L）	0.4
二溴乙烯/（mg/L）	0.00005
二噁英（2，3，7，8-TCDD）/（mg/L）	0.00000003
土臭素（二甲基萘烷醇）/（mg/L）	0.00001
五氯丙烷/（mg/L）	0.03
双酚 A/（mg/L）	0.01
丙烯腈/（mg/L）	0.1

指　标	限　值
丙烯酸/(mg/L)	0.5
丙烯醛/(mg/L)	0.1
四乙基铅/(mg/L)	0.0001
戊二醛/(mg/L)	0.07
甲基异莰醇-2/(mg/L)	0.00001
石油类（总量）/(mg/L)	0.3
石棉（>10μm）/(万个/L)	700
亚硝酸盐/(mg/L)	1
多环芳烃（总量）/(mg/L)	0.002
多氯联苯（总量）/(mg/L)	0.0005
邻苯二甲酸二乙酯/(mg/L)	0.3
邻苯二甲酸二丁酯/(mg/L)	0.003
环烷酸/(mg/L)	1.0
苯甲醚/(mg/L)	0.05
总有机碳（TOC）/(mg/L)	5
β-萘酚/(mg/L)	0.4
丁基黄原酸/(mg/L)	0.001
氯化乙基汞/(mg/L)	0.0001
硝基苯/(mg/L)	0.017

2. 工业用水水质标准

工业生产种类繁多，不同的工业对水质的要求各不相同。同一类型的工厂，因材料、设备、生产工艺的不同，对水质的要求也不相同。对同一类工业产品，不同的生产部门所制定的水质标准也不完全相同。因此，不能对各类工业制定统一的水质标准。

工业用水主要有原料用水、生产工艺用水、冷却用水、锅炉动力用水等几类，水质的优劣对于生产的发展和产品质量有着非常重要的意义。

4.1.3　用水定额

建筑物内的生产用水量根据生产工艺过程、设备情况、产品性质、地区条件等确定。计算方法有两种：一是按消耗在单位产品上的水量计算；另一种是按单位时间内消耗在某种生产设备上的水量计算。不论哪种算法，生产用水在整个生产班期间内都比较均匀而且有规律性。

1. 生活用水定额

生活用水定额，在城镇是指每一居民每天的生活用水量，以 L/（d·人）计算。在工业企业是指每一职工每班的生活用水量和淋浴用水量，以 L/（班·人）计算。

建筑物内的生活用水是为满足生活上的各种需要所消耗的水，其用量是根据建筑物内卫生设备的完善程度、气候、使用者的生活习惯、水价等因素确定。生活用水量随季节每日变化，每天的用水量也是不均匀的，而且随气候、生活习惯的不同，各地的差别也很大。一般来说，卫生器具的数量越多，用水的不均匀性越小。

生活用水的计量是根据用水量的标准及用水单位数来决定的。我国根据统计资料提供了按人按日的最高日用水定额及小时变化系数，按以上用水定额就可计算出最高日最大时的用水量。

图 4-1 为建筑物内昼夜用水量的变化曲线。

建筑物内的用水量是随时变化的，要计算管道的管径与水压，就需要用设计秒流量计算公式，室内用水量是通过各种用水设备的配水龙头出水的，因此，测定各种用水设备的额定流量对建立设计秒流量计算公式非常重要。

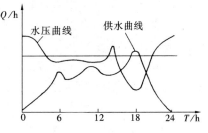

图 4-1　建筑物内昼夜用水量变化曲线

表 4-2 为住宅最高生活用水定额及小时变化系数。

表 4-2　住宅最高日生活用水定额及小时化系数

住宅类别		卫生器具设置标准	用水定额/［L/(d・人)］	小时变化系数 K_h
普通住宅	Ⅰ	有大便器、洗涤盆	85～150	3.0～2.5
	Ⅱ	有大便器、洗脸盆、洗涤盆、洗衣机、热水器和淋浴设备	130～300	2.8～2.3
	Ⅲ	有大便器、洗脸盆、洗涤盆、洗衣机、集中热水供应（或家用热水机组）和淋浴设备	180～320	2.5～2.0
别墅		有大便器、洗脸盆、洗涤盆、洗衣机、洒水栓，家用热水机组和淋浴设备	200～350	2.3～1.8

注：1. 当地主管部门对住宅生活用水定额有具体规定时，应按当地规定执行。

2. 别墅用水定额中含庭院绿化用水和汽车用水。

2. 生产用水定额

工业企业的生产用水定额应根据生产性质、工艺过程、设备类型而定，一般有两种计算方法：

（1）按单位产品计算用水量。如每生产 1t 生铁需 65～220m³ 水，每印染 1000m 布需 15～75m³ 水。

（2）按每台设备每天或每台班的用水量计算。如生产汽车的用水量为 400～700L/（昼夜・台）。

4.2　室内给水系统

建筑给水系统的任务是根据各类用水户对水质、水量、水压的要求，将水由室外供水管网输送到室内的各种配水龙头、生产设备和消防设备。

4.2.1　室内给水系统的分类

1. 生活给水系统

为民用、公共建筑和工业企业建筑内的饮用、烹调、盥洗等生活方面所设的供水系统。该系统除满足需要的水量和水压之外，其水质必须符合国家规定的饮用水质标准。

2. 生产给水系统

指工业建筑或公共建筑在生产过程中使用的给水系统，如空调系统中的制冷用水以及锅炉用水等。生产用水对水质、水量、水压及可靠性的要求由于工艺不同而差别很大。

3. 消防给水系统

消防给水系统的作用主要是满足建筑物内消防灭火用水的需要。

小型或不重要的建筑可与生活用水系统合并，但公共建筑、高层建筑、重要建筑则必须与生活给水系统分开，单独设置消防给水系统。

以上系统可单独设置，也可以组成共用给水系统。采用何种给水系统，应根据生产、生活、消防等各项用水对水质、水量、水压、水温的要求，结合室内外给水系统的供水量、水压和水质的情况，经技术经济比较或综合评判来确定。

4.2.2 建筑给水系统的组成

室内给水系统一般由以下几个基本部分组成，如图 4-2 所示。

1. 引入管：由室外给水管引入建筑物的管段。

2. 水表节点：引入管上装设的水表及其前后设置的闸门、泄水装置等的总称。

3. 管道系统：干管、支管、立管等。

4. 用水设备：如各类水龙头及阀门等。

5. 附属设备：根据建筑物的性质、高度、消防等级而设置的水泵、水箱、气压给水设备、稳压设备等。

6. 消防设备：消火栓。

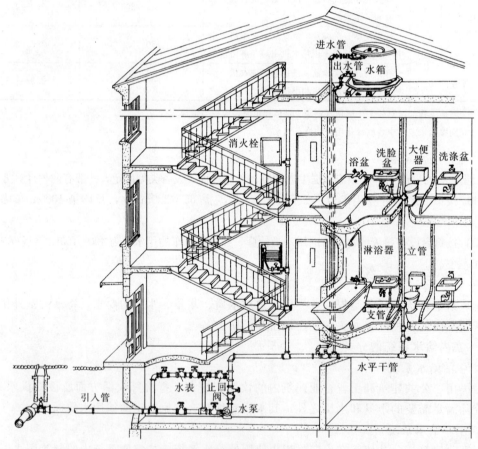

图 4-2　建筑给水系统

4.2.3 室内给水系统的供水压力与供水方式

1. 供水压力

室内给水系统的压力，必须能将需要的流量供到建筑物内最不利点（通常为最高最远点）的配水龙头，并保证足够的水压。

供水压力包括：引入管至最不利给水点的高度差所需水压、管路损失（沿程阻力损失和局部阻力损失）、水流通过水表的压力损失、管路最不利点水龙头的流出水压，即：

$$p = p_1 + p_2 + p_3 + p_4 \qquad (4\text{-}1)$$

式中　p——建筑给水系统所需的总水压（kPa）；

p_1——最不利点与给水引入管起点高差所需的水压（kPa）；

p_2——计算管路的压力损失（kPa）；

p_3——水流通过水表的压力损失（kPa）；

p_4——计算管路最不利给水点配水龙头的流出水压（kPa）。

图 4-3 为建筑给水系统所需水压示意图。

所谓流出水头，是指各种配水龙头或用水设备，为获得规定的出水量（额定流量）而必需的最小压力。它是为供水克服配水龙头内的摩擦、冲击、流速变化等阻力所规定的静水头。

有条件时，还可考虑一定的富余压力，一般取 15～20kPa。

为了在初步设计阶段能估算出室内给水管网所需的压力，对于住宅建筑的生活给水系统，可按建筑层数估算其最小水压值，见表 4-3。

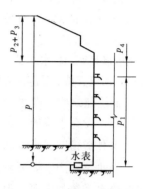

图 4-3　建筑给水系统所需
水压示意图

表 4-3　住宅所需最小水压值

建筑物层数	1	2	3	4	5	6	7	8	9	10
地面上最小水压值/mH2O	10	12	16	20	24	28	32	36	40	44

当引入管或室内管道较长或层高超过 3.5m 时，表 4-3 中的数值应适当增加。

2. 室内给水方式的选择原则

室内给水方式的选择，必须依据用水户对水质、水压和水量的要求，室外管网所能提供的水质、水压、水量情况，卫生器具及消防设备在建筑物内的分布，以及用水户对供水可靠性的要求等条件来确定。

室内给水方式一般应根据下列原则进行选择：

（1）在满足用水户要求的前提下，应使给水系统简单、管道长度短，以降低工程费用及运行管理费用。

（2）应充分利用城市管网水压直接供水。当室外给水管网不能满足整个建筑物用水要求时，可考虑建筑物的下层和上层分区供水的方式。

（3）供水安全、可靠，管理维护方便。

（4）若两种及两种以上的用水水质接近时，应尽量采用共用给水系统。

（5）生产给水系统在经济技术比较合理时，应尽量采用循环给水系统以节约用水。

（6）生活给水系统中，卫生器具给水配件处的静水压力不得大于 0.6MPa。超过此数值时，宜采用竖向分区供水，以防使用不便及配件破裂漏水。生产系统的最大供水压力，应根据工艺要求及各种设备的工作压力和管道、阀门、仪表等的工作压力确定。

3. 给水方式

室内给水系统的给水方式也就是室内的供水方案，它取决于建筑物的性质、建筑物的高度，与用水量、水压及水质的要求和用水时间等因素有关，再根据本地区具备的条件选择出较为合理的给水方式。

常用的给水方式有以下几种：

（1）直接给水方式

直接给水方式如图4-4所示。

这是最为经济简单的给水方式，即由室外管网直接接入室内给水系统，满足室内生活和消防用水的需要。

这种供水方式适用于室外供水网水压在一天内的任何时间均能满足室内供水网供水要求的情况。因不需要设置其他设备，所以其特点是施工方便、维护容易简单、成本低。

低层建筑物一般采用直接给水方式。

（2）设有水箱的给水方式

设有水箱的给水方式如图4-5所示。

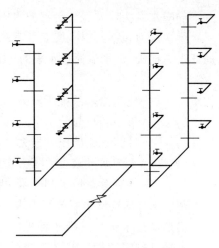

图4-4　直接给水系统

当建筑物用水需要较为稳定的水压、水量或要求连续供水，室外给水系统的水量能满足室内给水系统的需要，但水压间断不足时，可在直接给水方式基础上，在建筑物的顶层上设置一给水箱。当室外管网供水水压较高时，将水储存在水箱内，当室外管网水压低于供水水压时，即可由水箱供水。

采用水箱供水方式时需在给水入口处设置止回阀。

（3）设有贮水池、水泵和水箱的给水方式

设有贮水池、水泵、水箱的给水方式如图4-6所示。

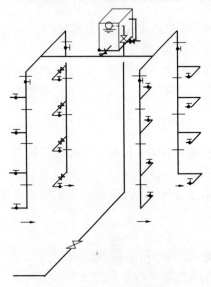

图4-5　设有水箱的给水系统

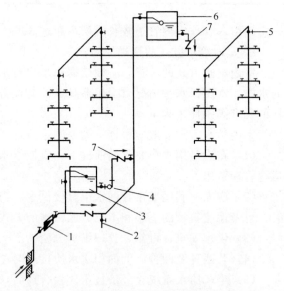

图4-6　设有贮水池、水泵和水箱的给水方式

1—水表；2—泄水管；3—贮水池；4—水泵；
5—阀门；6—水箱；7—止回阀

当室外给水管网的水量能满足室内给水管网的要求，但水压不足时，可采用此种给水方式。

来自室外给水管网的水进入贮水池，用水泵将水提升，水箱调节流量。水箱充满水时则水泵停

48

止工作，由水箱供水，当水箱水位下降到设计最低水位上一定高度时，水泵启动，向水箱供水。

高层建筑一般采用此种给水方式。

采用这种给水方式的给水系统，结构复杂，成本高，施工复杂，维护管理麻烦。但供水可靠，供水压力稳定且易实现水泵启闭自动化。

采用该给水方式时应注意：水泵从贮水池取水，严禁直接从室外管网取水。

（4）分区供水方式

在高层建筑中，室外给水管网水压只能满足下面几层的供水需要，而不能满足上面几层的需要，为了充分有效地利用室外管网水压，将建筑物分成上下两个供水区，下区直接由室外管网供水，上区则由贮水池、水箱、水泵联合供水，两区间也可由一根或两根给水立管相连通，在分区处装设止回阀，如图 4-7 所示。

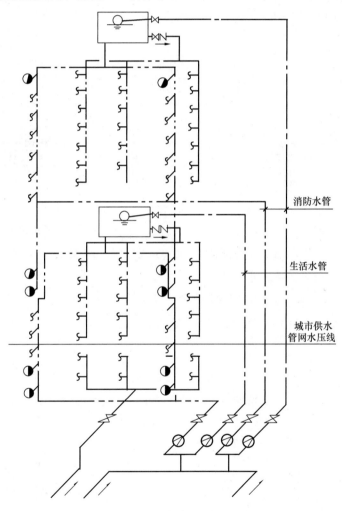

图 4-7　高层建筑的分区供水

分区供水的给水方式还适用于低层设有洗衣房、浴室、大型餐厅和厨房等用水量大的建筑物。

4.2.4　给水管道的布置和敷设

在建筑给水设计中，选定了给水方式后，应根据建筑物的性质、用水要求、用水设备的类型及位置等情况，合理地布置室内给水管道和确定管道的敷设方式，以保证供水的安全可靠、节省工料、便于施工和日常维护管理。

管网布置的总原则：缩短管线、减少阀门、安装维修方便、不影响美观。

1. 引入管和水表节点

（1）引入管

建筑物的引入管一般只设一条，应从用水量最大处引入；当建筑物内部的卫生器具和用水设备分布较均匀时，从建筑物的中部引入，这样可缩短管网至最不利点的距离，使大口径管段最短，便于调节水压，减少管网水头损失。

当建筑物不允许中断供水时，引入管要设两条，且要从室外给水管网的不同侧引入，在室内连成环状。若条件不允许时也可从同侧引入，但两根引入管间距不得小于 10m，并应在接点处设阀门。如图 4-8 和图 4-9 所示。

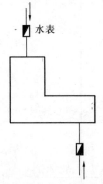

图 4-8　引入管由建筑物不同侧引入

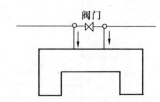

图 4-9　引入管由建筑物同侧引入

选择引入管的位置时，还应考虑到便于水表的安装和维护管理。生活给水引入管与污水排出管管外壁的水平净距不应小于 1.0m。

引入管穿过承重墙或基础时，应预留孔洞，其洞口尺寸见表 4-4。

表 4-4　引入管穿过承重墙基础预留孔洞尺寸规格

管径/mm	≤50	50～100	125～150
孔洞尺寸/mm	200×200	300×300	400×400

引入管穿过地下室或地下构筑物的墙壁时，应采取防水措施，如图 4-10 和图 4-11 所示。

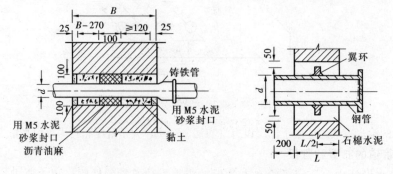

图 4-10　引入管穿过带形基础剖面图

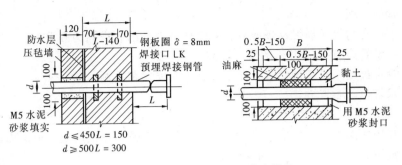

图 4-11　引入管穿过地下室防水措施

引入管的埋设深度主要根据城市给水管网的埋深及当地气候、水文地质条件和地面荷载来确定。在寒冷地区，应埋设在冰冻线以下。

（2）水表节点

应在建筑物的引入管上或每户总支管上装设水表，并在其前后装有阀门及放空阀，以便于维修和拆换水表，如图 4-12 和图 4-13 所示。

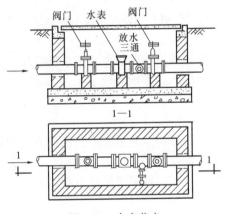

图 4-12　水表节点

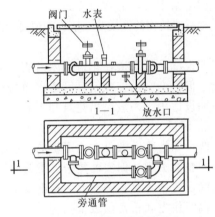

图 4-13　带旁通管水表节点

2. 室内给水管道的布置

（1）布置要点

室内给水管管道一般布置成枝状，单向供水。对于不允许中断供水的建筑物，在室内应连成环状，双向供水。

室内给水管道的布置，应力求管线最短，平行于梁、柱，沿壁面或顶棚作直线布置，应不妨碍美观，便于安装及维护。

给水干管应尽可能靠近用水量最大或不允许中断供水的用水处，在保证供水可靠，并使大口径管道长度最短。

埋地给水管道应避免布置在可能被重物压坏或设备振动处，管道不得穿过设备基础。

工厂车间内的管道不得妨碍生产操作，不得布置在遇水能引起爆炸、燃烧或损坏原料、产品、设备的地方。

给水管道不得穿过橱窗、壁柜、木装修面，不得穿过大小便槽。

不得穿过伸缩缝，必须通过时，应采取相应的技术措施。

给水管道可与其他管道同沟或共架敷设，但给水管应布置在排水管、冷冻管的上面，热水管或蒸汽管的下面。

给水管道不宜与输送易燃易爆或有害的气体及液体的管道同沟敷设。

给水管道横管应有 2‰～5‰ 的坡度坡向泄水装置。

给水立管穿过楼层时需加套管，在土建施工时要预留孔洞。

（2）给水管道的布置方式

① 下行上给式（上分式）

建筑物利用外网水压直接供水时，给水水平干管敷设在室内底层、地沟内、地下室内或沿外墙地下敷设，如图 4-4 直接给水系统所示。

② 上行下给式（下分式）

设有高位水箱的建筑物，水平干管通常明设于屋顶平面下或暗设在吊顶上或直接设在屋面上，从上向下通过立管供水，如图 4-5 设有水箱的给水系统所示。

③ 环状式

高层建筑物、大型公共建筑和工艺要求不间断供水的工业建筑、消防管网，可采用环状式，将水平干管设置成环状，如图 4-14 所示。

（3）给水管道的敷设方式

根据建筑物的性质及卫生、美观要求的不同，室内给水管道有明设和暗设两种敷设方式。

① 明设

明设就是指管道在建筑物内沿墙、梁、柱、地板暴露敷设。明设方式造价低、安装维护方便，但影响室内美观，且管道表面易积灰，易产生凝结水，影响环境卫生。

明设适用于一般民用建筑和工业厂房。

② 暗设

暗设是指管道敷设在地下室的天花板下或吊顶中，及管沟、管道井内。暗设方式的特点是室内整洁美观，但安装复杂、维修管理不便，安装造价高。

暗设适用于对装饰和卫生标准要求高以及对生产工艺有特殊要求的建筑物，如宾馆、医院、高级住宅和精密仪表车间等。

管道暗装时，必须考虑便于安装和检修，管沟内的管道应尽可能单层布置。图 4-15 为

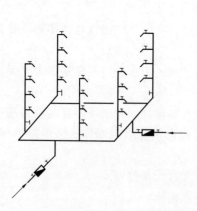

图 4-14　环状给水方式

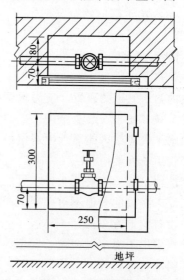

图 4-15　管道检修门

52

道检修门，图 4-16 为管道支、吊架。

（4）管道及设备的防腐、防冻、防结露及防噪声

要使给水管道系统能在较长的年限内正常工作，除在日常加强维护管理外，在设计和施工过程中需要采取防腐、防冻、防结露措施。

① 防腐

不论明设或暗设的管道和设备，除镀锌钢管、给水塑料管外都需做防腐处理。

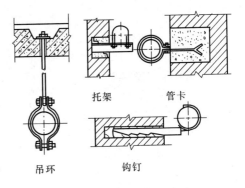

托架　　　　管卡

吊环　　　　钩钉

图 4-16　管道支、吊架

最简单的方法是刷油法，先将管道的设备表面除锈，露出金属光泽并使之干燥，刷两道防锈漆（如红丹漆），再刷面漆（如银粉漆）。如管道需要装饰或标志时，可刷调和漆或铅油，管道颜色应与房间装修要求相适应。暗设管道可以不刷面漆，除锈后刷防锈漆两道。

埋地钢管的防腐做法是除锈后刷两道冷底子油，再刷热沥青两道。埋地铸铁管外表一律刷沥青防腐，明露部分可刷红丹漆及银粉漆。

② 防冻与防结露

设置在温度低于零度的地方的给水管道，应进行保温防冻处理。如冬季不采暖的室内；安装在受室外冷空气影响的门厅、过道等处的管道；寒冷地区的屋顶水箱等。常用的做法是：

管道外包棉毡（包括岩棉、超细玻璃棉、玻璃纤维和矿渣棉毡等）保温层，再包玻璃丝布保护层，表面涂调和漆。

管道用保温瓦（包括泡沫混凝土、硅藻土、水泥蛭石、泡沫塑料、岩棉、超细玻璃棉、玻璃纤维、矿渣棉和水泥珍珠岩等）做保温层，外做玻璃丝布保护层，表面涂调和漆。

在环境温度较高，空气湿度较大的房间，如厨房、洗涤间和某些生产车间等，或当管道内的水温低于室温，明设的管道的外表面有可能产生凝结水，影响使用和卫生，损坏墙面和装饰，还会引起管道的腐蚀，因此，必须采取防结露措施，即做防潮绝缘层，具体做法与保温层相同。

目前在国外生产有防腐、防火的保温层全封闭外壳，这种外壳采用 PVC 塑料制成，使用时只需按管径选用相应的外壳，然后用胶粘剂黏结封口，施工非常简便，从而解决了保温层再加保护层等传统做法所存在的一系列问题。

（5）防噪声

管道在使用过程中会产生噪声，并会沿建筑物结构和管道传播，造成噪声污染。噪声的来源一般是：

① 管道中水的流速过高，通过阀门时，或在管径突变处、流速突变处，可能产生噪声。

② 水泵工作时发出的噪声。

③ 管道中压力大，流速高，突然关闭水龙头时会产生噪声和振动，而且持续的时间比较长，即水锤现象。

常用的管道防噪声措施及水泵隔振防噪如图 4-17 和图 4-18 所示。

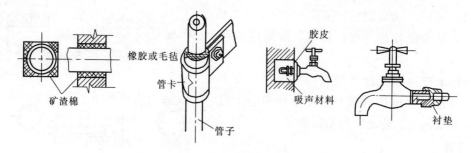

图 4-17　管道器材的常用防噪声措施

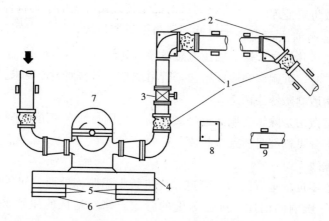

图 4-18　水泵橡胶垫隔振措施

1—可曲挠橡胶接头；2—锚架；3—阀门；4—混凝土基础；5—铁板；

6—橡胶隔振垫；7—泵；8—锚架；9—管道

4.3　给水升压设备

在室外管网经常或周期性压力不足的情况下，为保证建筑给水管网所需的压力，需设置升压装置。在消防给水系统中，为提供消防时所需的压力，也要设置升压装置。

4.3.1　水泵

水泵是将电动机的能量传递给水的一种动力机械，是给水、排水及采暖系统中的主要升压设备。在室内给水系统中它起着水的输送、提升、加压的作用。

水泵的种类有很多，在建筑给水系统中，一般采用离心式水泵。

离心式水泵类型较多，按泵轴的位置可分为卧式泵及立式泵；按叶轮的个数可分为单级泵及多级泵；按水泵产生的压力（扬程）可分为低压泵、中压泵和高压泵；按水进入叶轮的形式可分为单吸入口和双吸入口；按被抽升的液体含有的杂质可分为清水泵和污水泵。

离心式水泵具有流量大、扬程选择范围大，安装方便，效率较高，工作稳定等优点。

立式离心泵较卧式泵占地面积小、结构紧凑，多用于大型建筑生活消防系统加压输送。卧式泵可设防振装置，减少振动及噪声。

1. 离心水泵构造

离心式水泵的结构如图 4-19 所示。其主要结构为：

（1）叶轮

叶轮是离心式水泵的主要构件，它是由轮盘和若干个弯曲的叶片组成，叶片数一般为6～12个。

（2）泵壳

泵壳的形状为蜗壳状，其作用是将水引入叶轮，然后将叶轮流出的水汇集起来，引向压水管。泵壳还将所有固定部分连成一体，支撑轴承架。

泵壳顶上设有排气孔，以备水泵启动灌水时排气用，底部设有排水孔。

（3）泵轴

泵轴用来带动叶轮旋转，它是将电动机的能量传递给叶轮的主要构件。

泵轴的一端与叶轮连接，另一端以联轴器与电机轴连接。

（4）轴承

轴承用来支撑泵轴，以便于泵轴旋转。轴承用油脂或润滑油进行润滑。

（5）填料函

填料函又称盘根箱，它的作用是密封泵轴与泵壳之间的空隙，以防漏水和空气吸入泵内。

2. 离心式水泵的工作原理

离心式水泵的工作原理如图 4-20 所示。

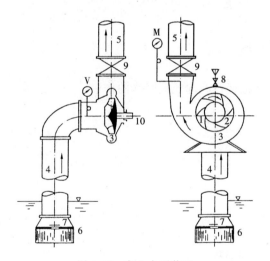

图 4-19　离心水泵装置

1—叶轮；2—叶片；3—泵壳；4—吸水管；
5—压水管；6—格栅；7—底阀；8—灌水口；
9—阀门；10—泵轴；
M—压力表；V—真空表

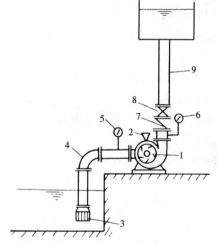

图 4-20　离心水泵工作原理示意图

1—水泵；2—注水漏斗；3—底阀；4—吸水管；
5—真空表；6—压力表；7—止回阀；8—闸阀；
9—压水管

离心式水泵通过离心力的作用来输送和提升液体。

水泵启动前，要使水泵泵壳及吸水管中充满水，以排除泵内空气。当叶轮在电动机的带动下高速转动时，在离心力的作用下，水从叶轮中心被甩向泵壳，从而使水获得了动能与压力能。由于泵壳的面积是逐渐扩大的，所以水进入泵壳后的流速逐渐减小，部分动能转化为压力能，因而泵出口处的水便具有较高的压力，流入压水管。同时，在水泵的进口处和吸水管内形成了真空，在大气压力的作用下，将吸水池中的水通过吸水管压向水泵进口，进而流入水泵内。水泵连续运转，水就会源源不断地吸入又压出，这就形成了离心式水泵的均匀连续供水。

3. 离心式水泵的管路附件

（1）充水设备

水泵启动前必须先充水，充水方式有两种，一是吸入式，即泵轴高于水池最低设计水位；二是灌入式，即水池最低设计水位高于泵轴。灌入式水泵可省去真空泵等灌水设备，也便于水泵及时启动，一般优先采用。

水泵安装位置与吸水面的关系如图 4-21 所示。

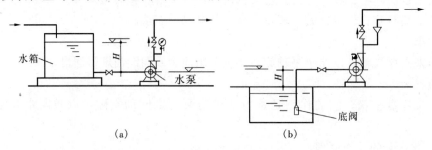

图 4-21　水泵安装位置与吸水面关系示意图

（a）灌入式；（b）吸入式

（2）底阀

底阀的作用是阻止吸水管和水泵内的水流进水池。

（3）吸水管

吸水管是水池至水泵吸水口之间的管道，在水泵运行时起连续吸水的作用。

（4）真空表

设在吸水管上，测定水泵吸水口前的真空度。

（5）压力表

测量水泵的出水压力。

（6）止回阀

防止水倒流到水泵中。

（7）闸阀

用于水泵的启动、停车，以及调节水泵的流量和扬程。

（8）压水管

将水泵压出的水送到需要的地方。

当两台或两台以上的水泵吸水管彼此相连时，或者当水泵处于灌入式充水时，吸水管上也应安装闸阀。

4. 离心式水泵的参数

为了正确地选用水泵，必须知道水泵的基本工作参数。

每台水泵上都有一个表示其工作特性的牌子，即铭牌。如图 4-22 所示为 IS 50-32-125A 离心泵的铭牌。

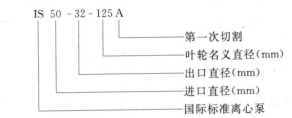

离心式清水泵			
型　　号	IS 50-32-125 A	转　　速	2900r/min
流　　量	11m³/h	效　　率	58%
扬　　程	15m	配套功率	1.1kW
吸　　程	7.2m	重　　量	32kg
出厂编号		出　厂　　年　月　日	

图 4-22　离心泵铭牌

水泵铭牌上的型号意义如下：

IS 50 - 32 - 125 A
　　　　　　　　└─ 第一次切割
　　　　　　└──── 叶轮名义直径(mm)
　　　　└─────── 出口直径(mm)
　　└────────── 进口直径(mm)
　└──────────── 国际标准离心泵

铭牌上的流量、扬程、效率、吸程等均代表了水泵的性能，称为水泵的基本性能参数。

（1）流量

泵在单位时间内输送的液体体积，用符号 Q 来表示，单位为 m³/h 或 L/s。

在生活（生产）给水系统中，无屋顶水箱时，水泵流量需满足系统高峰用水要求，其流量应以系统最大瞬时流量即设计秒流量确定。有水箱时，因水箱能起到调节水量的作用，水泵流量可按最大时流量或平均时流量确定。

（2）扬程

单位重量液体通过水泵后获得的能量，用符号 H 表示，单位为 m。

流量和扬程表明了水泵的工作能力，是水泵的主要性能参数，也是选择水泵型号的主要依据。

（3）功率和效率

水泵在单位时间内所做的功，也就是单位时间内通过水泵的液体所获得的能量，称为水泵的功率，用符号 N 表示，单位为 kW。此即为水泵的有效功率。

电动机传给水泵轴的功率称为轴功率。

水泵的有效功率与轴功率的比值称为水泵的效率，效率是评价水泵性能优劣的一个重要参数。

（4）吸程

就是水泵的允许吸上真空高度。

图 4-23 为水泵的连接方式。

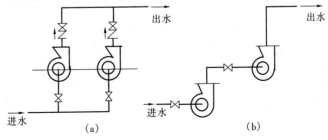

图 4-23　水泵连接方式

（a）水泵并联；（b）水泵串联

4.3.2 水箱

水箱具有贮备水量、稳定水压、调节水泵工作、保证供水等作用。在建筑给水系统中，需要稳压、增压或贮存一定量的水时，可设水箱。

1. 水箱的材质

水箱一般用钢板、钢筋混凝土或玻璃钢制作，也有用不锈钢制作的。

钢筋混凝土水箱经久耐用、维护方便，且不存在腐蚀的问题，能保证水质，但自重大，在建筑结构允许时可考虑采用。

用钢板焊制的水箱的内外表面均应防腐，并且要求水箱的内表面涂料不能影响水质。钢板水箱自重小，容易加工，应用较多。

玻璃钢水箱重量轻、强度高、耐腐蚀、造型美观、安装维修方便，且可现场组装，现已普遍采用。

不锈钢水箱外形美观、重量轻、耐腐蚀、容易加工。

2. 水箱的形状

水箱有圆形和矩形两种，其中矩形水箱比较容易加工，应用较多。

3. 水箱的结构

水箱管道安装如图 4-24 所示。

（1）进水管

进水管就是向水箱进水的管子。

当水箱利用管网压力进水时，为防止溢流，进水管上应装设两个或两个以上的浮球阀或水位控制阀。为了检修的需要，在每个阀前应设置阀门。进水管距水箱上缘应有 200mm 的距离。

每个浮球阀的规格，一般为直径不大于 50mm，在每个浮球阀前的引水管上设置一个闸阀。

当水箱利用水泵压力进水，并采用水箱液位自动控制水泵启闭时，在进水管上可不装设浮球阀和水位控制阀。

（2）出水管

出水管就是将水箱里的水送到室内给水管网中去的管子。可由水箱侧壁接出，其管口下缘至水箱内底面的距离应不小于 50mm，以防沉淀物流入配水管网。

出水管的连接方式有两种，一种是在水箱以下与进水管合并成一条管道，见图 4-25，这时的出水管上应装设止回阀，防止水由水箱底部进入水箱。在出水管上只设闸阀，不设止回阀。另一种是不与进水管合并而是单独设置的一条管道，见图 4-26，配水管上应装设闸阀。

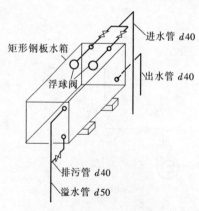

图 4-24　水箱管道安装示意图

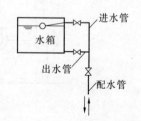

图 4-25　进出水管连接设置

（3）溢流管

溢流管用来控制水箱的最高水位。溢流管口底应在水箱允许最高水位以上 20mm，管径应比进水管大 1～2 号。若溢流管设在水箱底以下时可与进水管管径相同。

溢流管上不允许装设阀门，也不能与排水系统直接连接，以防水质被污染。溢流管一般引到建筑物顶层的卫生设备上，就近泄水。如果附近没有卫生设备而必须与排水系统相连时，相接处应做空气隔断和水封装置，如图 4-27 所示。

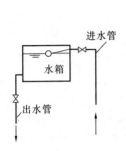

图 4-26　进出水管单独设置

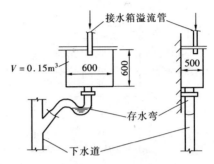

图 4-27　溢流管空气隔断及水封装置

（4）泄水管

水箱使用一段时间后，水箱底会积存一些杂质，需要清洗。冲洗水箱的污水，由泄水管排出。

泄水管的管口由水箱底部接出，可连接在溢流管上，但不允许与排水管道直接相连。管径为 $DN40～DN50mm$。管上应装设阀门。

（5）水位信号装置

水位信号装置是反映水位控制阀失灵的装置，可采用自动液位信号计设在水箱内，也可在溢流管下 10mm 处设水位信号管，直接通到值班室内的洗涤盆等处，以便及时发现水箱浮球装置失灵而进行修理，其管径一般采用 $DN15～DN20mm$，管上不装设阀门。若要随时了解水箱的水位，也可在水箱侧壁便于观察处安装玻璃液位计。

（6）通气管

设在水箱的密封盖上，管上不应装设阀门。管口应向下，应设防止灰尘、昆虫和蚊蝇进入的滤网。

4. 容积

水箱的有效容积，应根据调节水量，生活、生产贮水量及消防贮水量确定。

调节水量应根据用水量的流入水量变化曲线确定，但这些资料很难获得，所以通常按经验数据确定。

（1）水泵自动运行时，不小于日用水量的 5%。

（2）水泵人工操作时，不小于日用水量的 12%。

（3）单设水箱时，日用水量不大的建筑物，生活贮水量可取日用水量的 50%～100%；日用水量大的建筑物，可取日用水量的 25%～30%。

（4）生产事故贮水量按工艺要求确定。

（5）消防贮水量按保证室内 10min 消防设计流量考虑，消防贮水平时不得动用。图 4-28 为消防贮水不被它用的技术措施。

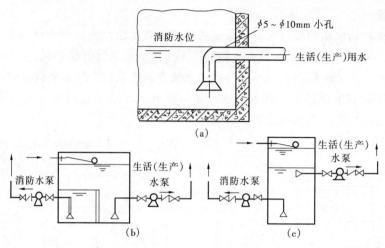

图 4-28　消防贮水不被它用的技术措施

(a) 在生活或生产水泵吸水管上开孔；(b) 在贮水池上设溢流墙；

(c) 抬高生活或生产水泵吸水管标高

只在夜间进水的水箱，生活用水储备量按用水人数和用水定额确定。

5. 设置高度

水箱的设置高度应满足建筑物内最不利配水点所需的流出水头。

水箱底出水管安装标高的计算式如下：

$$Z_{箱} = Z_1 + H_2 + H_3 \tag{4-2}$$

式中　$Z_{箱}$——水箱出水管安装标高（m）；

Z_1——最不利配水点标高（m）；

H_2——水箱供水到管网最不利配水点的管路总水头损失（mH$_2$O）；

H_3——最不利配水点的流出水头（mH$_2$O）。

对于贮存有消防水量的水箱，水箱安装高度难以满足顶部几层消防水压的要求时，需另行采取局部增压措施。

6. 水箱的放置

放置水箱的房间应有良好的采光、通风条件，室温不得低于 5℃，若水箱有冻结和结露的可能，则应采取保温、防结露措施。为使水质不受污染，水箱应加盖，上面留有通气孔，设置水箱的房间高度不应小于 2.2m。一般可将水箱设置在建筑物的顶层内或天棚内，如建筑物是平顶的，通常在屋顶上设专用的水箱间。水箱间内，水箱与水箱之间，水箱与建筑结构之间应有一定的距离，它们之间的最小净距见表 4-5。设置水箱的承重结构应采用防火材料。

表 4-5　水箱布置的最小间距

水箱形式	水箱外壁距墙面的距离/m		水箱之间的净距离 /m	水箱顶至建筑结构最低点的距离/m
	有阀门一侧	无阀门一侧		
圆形	0.8	0.6	0.7	0.6
矩形	1.0	0.7	0.7	0.6

4.3.3 气压给水设备

1. 气压给水设备的特点

气压给水设备是利用密闭压力罐内的压缩空气，将罐中的水送到管网中的各配水点的升压装置。其作用相当于高位水箱或水塔，可以调节和贮存水量，并保持所需的压力。适用于工业给水，城镇住宅小区、多层、高层建筑给水，农村给水及军事设施、铁路、码头、施工现场、消防供水、热水采暖系统补给水等。由于气压给水设备系统中，供水压力是借罐内的压缩空气维持，罐体的安装高度可以不受限制，因而在不宜设置水塔和高位水箱的场所（如隐蔽的国防工程、地震区的建筑物、建筑艺术要求较高和消防要求较高的建筑物中）都可采用。

气压给水设备的优点是灵活性大，便于搬迁和隐蔽，建设速度快，投资低，运行可靠，维护管理方便；气压水罐是密闭装置，水质不易被污染；可集中置于室内，便于防冻结；气压水罐有利于抗震和消除管道中的水锤和噪声。缺点是调节水量小，供水水压变化较大，供水安全性差，停电或自动控制失灵时，断水的概率较大；耗电多，水泵启动频繁，启动电流大；水泵耗用钢材较多，变压的供水压力变化幅度较大，不适用于用水量大和要求水压稳定的用水对象，因而使用受到一定的限制。

2. 气压给水设备的组成

气压给水设备由密闭罐、水泵、空气压缩机、控制器材等组成。

（1）密闭罐

密闭罐内部充满空气和水。

密闭罐可以水平放置，也可以垂直放置。在水罐的进气管和出水管上，应分别设止水阀和止气阀，以防止水进入空气管道和压缩空气进入配水管网。

大型给水系统中，气压给水设备采用双罐（一个充水、一个充气）。

（2）水泵

水泵主要用来把水送到罐内及管网。

（3）空气压缩机

空气压缩机主要用来加压水及补充空气漏损。

气压给水系统中的空气与水直接接触，在经过一段时间后，空气因漏失和溶解于水而逐渐减少，使调节容积逐渐减小，水泵启动频繁，因此需要定期予以补充。最常用的方法是利用空气压缩机补气。

（4）控制器材

控制器材主要用来启动水泵或空气压缩机。

3. 气压给水设备的分类

气压装置可分为变压式和定压式两种。

（1）变压式气压装置

在没有稳定压力要求的供水系统中，常采用变压式气压装置。

图4-29为单罐变压式气压给水设备，其工

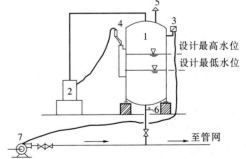

图 4-29 单罐变压式气压给水设备

1—气压水罐；2—空压机；3—压力继电器；
4—水位继电器；5—安全阀；6—泄水龙头；7—水泵

作过程为：罐内空气的起始压力高于管网所需的设计压力，水在压缩空气的作用下，被送至管网。随着气压水罐内水量的减少，水位下降，空气体积膨胀，压力减小。当压力减小到设计最小工作压力时，水泵便在压力继电器作用下启动，将水压入罐内，同时供入管网。罐内空气又被压缩，使压力上升。当压力上升到设计最大工作压力时，水泵又在压力继电器作用下停止工作，如此往复。

变压式气压给水设备常用在中小型给水系统中。

图4-30为隔膜式气压给水设备，是一种新型气压给水设备。气压罐内装有橡胶（或塑料）隔膜，将罐体分成气室和水室两部分，这种装置由于气水不直接接触，杜绝了气体的溶解和逸出，可以一次充气，长期使用，不必经常补气和另外设置补气设备，使系统得到简化，节省投资，扩大了气压给水设备的使用范围。

（2）定压式气压装置

在用户要求水压稳定时，可在变压式气压给水装置的供水管上安装压力调节阀，使阀后的水压在要求范围之内，此即为定压式气压给水装置。如图4-31所示为定压式气压装置。

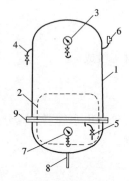

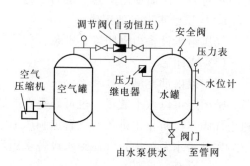

图4-30　隔膜式气压给水设备

1—罐体；2—橡胶隔膜；3—电接点压力表；
4—充气管；5—放气管；6—安全阀；7—压力表；
8—进、出水管；9—法兰

图4-31　定压式气压装置

4.4　建筑中水系统

1. 建筑中水的概念

建筑中水是指民用建筑或建筑小区使用后的各种排水，经处理用于建筑物或建筑小区作为杂用的供水系统。各种排水经过处理后达到规定的水质标准，可用作生产、生活、市政、环境等范围内冲厕、洗车、绿化、消防、道路、空调冷却等的杂用水，其水质介于生活饮用水（上水）和允许排放的污水（下水）之间，所以，称为"中水"。

采用建筑中水系统，既可以减轻水环境的污染，又可以增加可利用的水资源，具有明显的社会效益和经济效益。

2. 中水系统的基本类型

（1）建筑物中水系统

建筑物中水系统的原水来自于建筑物内的排水和其他可以利用的水源，经处理达到中水水质标准后回用，是目前使用最多的中水系统。如图4-32所示。

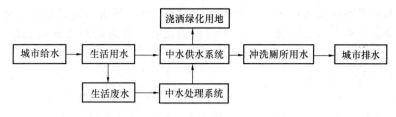

图 4-32　建筑中水系统

建筑物中水水源一般取自：冷凝冷却水；沐浴排水；盥洗排水；空调循环冷却系统排水；游泳池排水；洗衣排水；厨房排水；厕所排水。

建筑屋面雨水可作为中水水源或水源的补充。

综合医院污水可作为独立的不与人接触的土壤系统中水水源。传染病医院、结核病医院污水和放射性污水不得作为中水水源。

（2）建筑小区中水系统

建筑小区中水系统的原水来自于小区的公共排水系统或小型污水处理厂。如图 4-33 所示。

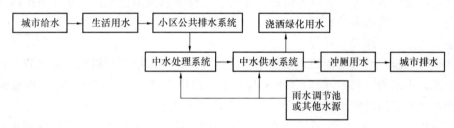

图 4-33　建筑小区中水系统

建筑小区中水水源一般为：小区内建筑物排水；城市污水处理厂出水；相对洁净的工业排水；小区生活污水或市政排水；建筑小区内的雨水；可利用的天然水体（河、塘、湖、海水）等。

（3）城市区域中水系统

城市区域中水系统是将城市污水经二级处理后再经深度处理作为中水使用，其原水主要来自于城市污水处理厂、雨水等，目前应用较少，如图 4-34 所示。

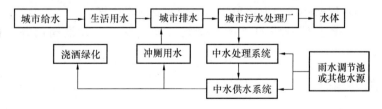

图 4-34　城市区域中水系统

3. 建筑中水水质

中水的供水水质应满足下列条件：

① 满足卫生、安全的要求，无有害物质。其指标主要有大肠菌群数、细菌总数、余氯量、悬浮物、BOD_5 等。

② 满足人们的感观要求，无不快的感觉。衡量指标主要有浊度、色度、臭味等。

③ 满足设备构造方面的要求，水质不易引起设备、管道的严重腐蚀和结垢。衡量指标主要有 pH 值、硬度、蒸发残渣、溶解性物质等。

4. 建筑中水系统的组成

建筑中水系统由中水原水系统、中水处理设施和中水供水系统组成。

中水原水是被用作中水水源而未经处理的水。中水原水系统是指收集、输送中水原水到中水处理设施的管道和一些附属构筑物所组成的系统，包括室内生活污水、废水管网，室外中水原水集流管网及相应分流、溢流设施等。

中水处理设施的作用是处理原水以使其达到中水水质标准，包括原水处理系统设施、管网及相应的计量检测设施。

中水供水系统就是将中水通过室内外和小区的中水给水管道系统输送分配到用户用水点的供水系统，包括中水供水管网及相应的增压、储水设备，如中水储水池、水泵、高位水箱等。

5. 建筑中水系统的安装

中水系统的原水管道、管材及配件要求与室内排水管道系统相同。中水系统给水管道检验标准与室内给水管道系统相同。

中水供水系统必须独立设置。

中水供水系统严禁与生活饮用水给水管道连接，并应采取下列措施：中水管道外壁应涂浅绿色标志；中水池（箱）、阀门、水表及给水栓均应有"中水"标志；中水明装时，用水口必须明示禁止使用的要求。

为便于检查、维修，中水管道不宜暗装于墙体和楼面内。若必须暗装于墙槽内时，必须在管道上有明显且不会脱落的标志。

中水管道与生活饮用水给水管道、排水管道平行埋设时，其水平净距不得小于 0.5m；交叉埋设时，中水管道应位于生活饮用水给水管道之下、排水管道之上，其净距均不得小于 0.15m。生活饮用水补水管出水口与中水贮水池（箱）内的最高水位之间应有不小于 2.5 倍管径的空气隔断，以防中水回流污染饮用水。

中水高位水箱应与生活高位水箱分设在不同房间内，如条件不允许只能设在同一房间内时，与生活高位水箱的净距应大于 2m。中水贮水池（箱）设置的溢流管、泄水管均应采用间接排水方式排出，以防污水回流污染中水。溢流管应设隔网。

中水管道干管、各支管及进户管的始端均应安装阀门，并设阀门井，根据需要安装水表。

4.5 建筑给水系统水力计算

4.5.1 设计秒流量

建筑物内的用水量是随时变化的，确定管道的管径和水压时，为满足用户需求应采用最高日中、最高时中、最大 5min 内的平均用水流量 q_g 作为设计依据，称为设计秒流量。

给水管道的设计秒流量与建筑物的性质、人数配置的卫生器具数及卫生器具的使用概率有关，对用水较分散和较集中的两类不同建筑应分别计算。

表 4-6 为公共建筑中每一卫生器具的使用人数。

表 4-6　公共建筑中每一卫生器具的使用人数　　　　　单位：人

序号	建筑类别	大便器		小便器	洗脸盆	盥洗龙头	淋浴器
		男	女				
1	集体宿舍	18	12	18	—	5	20～40
2	旅馆	12～15	10～12	12～15	—	由设计决定	15～25
3	医院	15	12	15	6～8		10～20
4	门诊部	75	50	50	—		—
5	办公建筑	40	20	30	40		—
6	汽车客运站	100	80	100	—		—
7	百货公司	100	80	80	—		—
8	电影院	150	50	50	200		—
9	剧院、俱乐部	75	50	25～40	100		—

注：本表采用 JGJ 67—2006，JGJ 62—90，JGJ 58—2008，JGJ 60—1999 等建筑设计规范的数据。

1. 住宅建筑的生活给水管道设计秒流量的计算

（1）根据配置的卫生器具的给水当量、用水定额及小时变化系数等，计算最大小时卫生器具给水当量平均出流概率：

$$U_0 = \frac{q_0 m K_h}{0.2 N_g T \times 3600} \times 100\% \qquad (4\text{-}3)$$

式中　U_0——生活给水管道的最大用水时卫生器具给水当量平均出流概率（%）；

q_0——最高日用水定额，按表 4-2 选用；

m——每户用水人数；

K_h——小时变化系数，按表 4-2 选用；

N_g——每户设置的卫生器具给水当量数；

T——用水时数；

0.2——一个卫生器具给水当量的额定流量（L/s）。

（2）根据计算管段上的卫生器具给水当量总数，计算该管段的卫生器具当量的同时出流概率：

$$U = \frac{1 + \alpha_c (N_g - 1)^{0.49}}{\sqrt{N_g}} \times 100\% \qquad (4\text{-}4)$$

式中　U——计算管段的卫生器具给水当量同时出流概率（%）；

α_c——与 U_0 有关的系数，从表 4-7 中选取，不能直接查得的数值可用内插法求出；

N_g——计算管段的卫生器具给水当量总数。

表 4-7　$U_0 \sim \alpha_c$ 值对应表

$U_0/\%$	α_c	$U_0/\%$	α_c	$U_0/\%$	α_c	$U_0/\%$	α_c
1.0	0.00323	2.5	0.01512	4.0	0.02816	6.0	0.04629
1.5	0.00697	3.0	0.01939	4.5	0.03263	7.0	0.05555
2.0	0.01097	3.5	0.02374	5.0	0.03715	8.0	0.08489

（3）计算管段的设计秒流量

$$q_g = 0.2 U N_g \tag{4-5}$$

式中　q_g——计算管段的设计秒流量（L/s）。

两条或两条以上具有不同最大用水时卫生器具给水当量平均出流概率的给水支管和给水干管，应分别计算各支管的平均出流概率，再以各支管的卫生器具给水当量总数作权重数来加权计算，求出干管的平均出流概率。

2. 集体宿舍、旅馆、医院、幼儿园、办公楼、商场、学校、客运站、公共卫生间等用水分散型建筑设计秒流量的计算

以上建筑的设计秒流量可按下式计算：

$$q_g = 0.2\alpha \sqrt{N_g} \tag{4-6}$$

式中　q_g——计算管段的设计秒流量（L/s）；

　　N_g——计算管段的卫生设备当量总数，可从表4-8中选取；

　　α——根据建筑物性质确定的系数，按表4-9选用。

以上公式中的给水当量为安装在污水盆上、支管管径为15mm的截止阀式配水龙头，在流出压力为0.02MPa、阀门全开时的额定流量，以0.2L/s作为一个当量。其他卫生设备的额定流量均可折算成当量的倍数，即当量数。

对用途不同的综合性建筑，α可用加权平均计算：

$$\alpha = \frac{\alpha_1 N_1 + \alpha_2 N_2 + \cdots + \alpha_n N_n}{\sum N} \tag{4-7}$$

式中　　　　α——综合建筑或住宅引入管的α值；

　　　　$\sum N$——综合建筑或住宅给水当量总数；

N_1，N_2，$\cdots$，N_n——综合建筑或住宅内不同用途部分的卫生器具给水当量数；

α_1，α_2，$\cdots$，α_n——综合建筑或住宅内不同用途部分的α值。

计算管段的设计秒流量时，应注意以下几个问题：

① 如计算值小于该管段上一个最大卫生器具给水额定流量时，应采用一个最大的卫生器具给水额定流量作为设计秒流量。

② 如计算值大于该管段上按卫生器具给水额定流量累加所得流量时，应按卫生器具给水额定流量累加所得流量值采用。

③ 有大便器延时自闭冲洗阀的给水管段，大便器延时自闭冲洗阀的给水当量均以0.5计，计算得到的q_g附加1.10L/s的流量值，为该管段的设计秒流量。

表4-8　卫生器具的给水额定流量、当量、连接管公称管径和最低工作压力

序号	给水配件名称	额定流量/（L/s）	当量	连接管公称管径/mm	最低工作压力/MPa
1	洗涤盆、拖布盆、洗槽				
	单阀水嘴	0.15～0.20	0.75～1.00	15	
	单阀水嘴	0.30～0.40	1.50～2.00	20	0.050
	混合水嘴	0.15～0.20（0.14）	0.75～1.00（0.70）	15	

序号	给水配件名称	额定流量 /(L/s)	当量	连接管公称管径 /mm	最低工作压力 /MPa
2	洗脸盆				
	单阀水嘴	0.15	0.75	15	
	混合水嘴	0.15(0.10)	0.75(0.50)	15	0.050
3	洗手盆				
	感应水嘴	0.10	0.60	16	0.050
	混合水嘴	0.15(0.10)	0.75(0.50)	15	
4	浴盆				
	单阀水嘴	0.20	1.00	15	0.050
	混合水嘴（含带淋浴转换器）	0.24(0.20)	1.20(1.00)	15	0.050～0.070
5	淋浴器				
	混合阀	0.15（0.10）	0.75（0.50）	15	0.050～0.100
6	大便器				
	冲洗水箱浮球阀	0.10	0.50	15	0.020
	延时自闭式冲洗阀	1.20	6.00	25	0.100～0.05
7	小便器				
	手动或自动自闭式冲洗阀	0.10	0.50	15	0.050
	自动冲洗水箱进水阀	0.10	0.50	15	0.020
8	小便槽穿孔冲洗管（每平方米长）	0.05	0.25	15～20	0.015
9	净身盆冲洗水嘴	0.10（0.07）	0.50（0.35）	15	0.050
10	医院倒便器	0.20	1.00	15	0.050
11	实验室化验水嘴（鹅颈）				
	单联	0.07	0.35	15	0.020
	双联	0.15	0.75	15	0.020
	三联	0.20	1.00	15	0.020
12	饮水器喷嘴	0.05	0.25	15	0.050
13	洒水栓	0.40	2.00	20	0.050～0.100
		0.70	3.50	25	0.050～0.100
14	室内地面冲洗水嘴	0.20	1.00	15	0.050
15	家用洗衣机水嘴	0.20	1.00	16	0.060

注：1. 表中括号内的数值是在有热水供应时，单独计算冷水或热水时使用。

2. 当浴盆上附设淋浴器时，或混合水嘴有淋浴器转换开关时，其额定流量和当量只计水嘴，不计淋浴器。但水压应按淋浴器计。

3. 家用燃气热水器，所需水压按产品要求和热水供应系统最不利配水点所需工作压力确定。

4. 绿地的自动喷灌应按产品要求设计。

表 4-9　根据建筑物用途而定的系数值

建筑物名称		α 值	k 值	建筑物名称	α 值	k 值
住宅	有大便器、洗涤盆和无淋浴设备	1.05	0.0050	·办公楼、商场	1.5	
	有大便器、洗涤盆和淋浴设备	1.02	0.0045	学校	1.8	
	有大便器、洗涤盆、淋浴设备和热水供应	1.1	0.0050	医院、疗养院、休养所	2.0	0
	幼儿园、托儿所	1.2	0	集体宿舍、旅馆	2.5	
	门诊部、诊疗所	1.4		部队营房	3.0	

3. 工业企业生活间、公共浴室、洗衣房、公共食堂、实验室、影剧院、体育场等建筑的生活给水管道设计秒流量的计算

以上建筑的设计秒流量可按下式计算：

$$q_{\mathrm{g}} = \sum q_0 n_0 b_0 \tag{4-8}$$

式中　q_0——同类型一个卫生器具给水额定流量；

　　　n_0——同类型卫生器具数；

　　　b_0——卫生器具的同时给水百分数，应按表 4-10～表 4-13 采用

注：如计算值小于该管段上一个最大卫生器具给水额定流量时，应采用一个最大的卫生器具给水额定流量作为设计秒流量。

表 4-10　工业企业生活间、公共浴室、洗衣房卫生器具同时给水百分数

卫生器具名称	同时给水百分数/%			卫生器具名称	同时给水百分数/%		
	工业企业生活间	公共浴室	洗衣房		工业企业生活间	公共浴室	洗衣房
洗涤盆（池）	如无工艺要求时，采用 33	15	25～40	大便器自闭式冲洗阀	5	3	4
洗手盆	50	20	—	大便槽自动冲洗水箱	100	—	—
洗脸盆、盥洗槽水龙头	60～100	60～100	60	小便器手动冲洗阀	50	—	—
浴盆	—	50	—	小便器自动冲洗水箱	100	—	—
淋浴器	100	100	100	小便槽多孔冲洗管	100	—	—
大便器冲洗水箱	30	20	30	净身器	100	—	—
				饮水器	30～60	30	30

表 4-11　公共饮食业卫生器具和设备同时给水百分数

卫生器具和设备名称	同时给水百分数/%	卫生器具和设备名称	同时给水百分数/%
污水盆（池）、洗涤盆（池）	50	小便器	50
洗手盆	60	煮锅	60
洗脸盆	60	生产性洗涤机	40
淋浴器	100	器皿洗涤机	90
大便器冲洗水箱	60	开水器	90

表 4-12　实验室卫生器具同时给水百分数

卫生器具名称	同时给水百分数/%		卫生器具名称	同时给水百分数/%	
	科学研究实验室	生产实验室		科学研究实验室	生产实验室
单联化验龙头	20	30	双联或三联化验龙头	30	50

表 4-13 影剧院、体育场、游泳池卫生器具同时给水百分数

卫生器具名称	同时给水百分数/%		卫生器具名称	同时给水百分数/%	
	电影院、剧院	体育场、游泳池		电影院、剧院	体育场、游泳池
洗手盆	50	70	小便器手动冲洗阀	50	70
洗脸盆	50	80	小便器自动冲洗水箱	100	100
淋浴盆	100	100	小便槽多孔冲洗管	100	100
大便器冲洗水箱	50	70	小卖部的污水盆（池）	50	50
大便器自闭式冲洗阀	10	15	饮水器	30	30
大便槽自动冲洗水箱	100	100			

4.5.2 给水管径的计算

给水管道的设计秒流量求出后，就可以确定各管段的管径。

1. 确定管径

$$Q(q_g) = Av = \frac{\pi d^2}{4} v \tag{4-8}$$

$$d = \sqrt{\frac{4q_g}{\pi v}} \tag{4-9}$$

式中　d——管径（mm）；

　　　q_g——管段的设计秒流量（m^3/s）；

　　　v——管段中流速（m/s）。

流速 v 有一定的控制范围；一般干管 $v=1.2\sim2.0m/s$，支管 $v=0.8\sim1.2m/s$。流速的选定应考虑经济、防噪声、室外管网所提供的水压等因素。

2. 确定各管段水头损失

$$\sum h_w = \sum h_f + \sum h_j \tag{4-10}$$

式中　h_f——沿程水头损失（kPa），$h_f=il$；

　　　i——单位长度管道的沿程水头损失（mH_2O）；

　　　l——计算管段长（m）；

　　　h_j——局部水头损失，按下列管网沿程水头损失的百分数采用：

① 生活给水管网为 25%～30%。

② 生产给水管网，生活、消防共用给水管网，生活、生产、消防共用给水管网均为 20%。

③ 消火栓系统消防给水管网为 10%。

④ 生产、消防共用给水管网为 15%。

第5章 建筑排水系统

建筑排水系统的任务就是将室内的生活污水、工业废水及降落在屋面上的雨、雪水用最经济合理的管径排到室外排水管道中去，为人们提供良好的生活、生产、工作与学习环境。

5.1 排水系统

5.1.1 排水系统的分类

1. 生活污水排水系统

排除人们日常生活中的盥洗、洗涤、洗浴的生活废水和卫生器具产生的污水的系统。污水中主要含有机物和细菌。

2. 工业废水排水系统

排除工业生产过程中产生的污水和废水。

生产污水是指在生产过程中被化学杂质污染，水的色味改变，需经技术处理后方可回收排放的水。生产污水的酸、碱度高，含有有毒的氰、酚、铬等化学物质；如皮革厂排出的污水等。

生产废水是指使用后只有轻度污染或仅是水温升高，经简单处理即可回收利用或循环利用的工业废水，如冷却废水、洗涤废水等。

3. 雨水排水系统

排除降落在屋面的雨水、雪水。

5.1.2 排水方式

1. 分流制

上面所述三类污水、废水，如分别设置管道系统排出建筑物外，称分流制排水系统。它的特点是水力条件好，有利于污水、废水的处理和利用，但工程造价高、维护费用多。图5-1为小区分流制排水。

2. 合流制

若将性质相近的污水、废水管道组合起来合用一套排水系统，则称合流制排水系统。它的特点是工程造价低，节省费用，但增加污水处理设备的负荷量。图 5-2 为小区合流制排水。

确定建筑排水系统的分流或合流，应综合考虑其经济技术情况。如污水、废水的性质、建筑物内排水点和排水位置、室内排水管网的情况、市政污水处理的完善程度及综合利用情况等。

雨水排水系统一般应以单独设置为宜，不应与生活污水合流，以避免增加生活污水的处理量，或因降雨量骤增，使系统排放不及时造成污水倒灌。

建筑物污水、废水的排放必须符合国家有关法令、标准和条例等的规定。

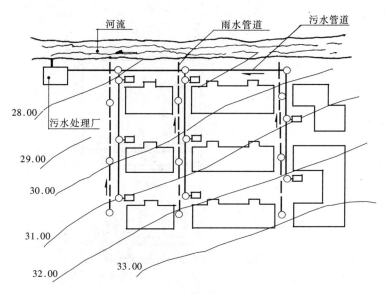

图 5-1　小区分流制排水

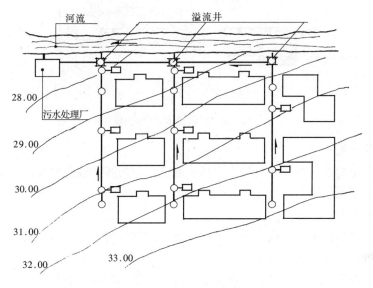

图 5-2　小区合流制排水

5.2　室内排水系统的组成

室内排水系统如图 5-3 所示,一般由污水、废水收集器,排水管系统,通气管,清通设备,抽升设备,污水局部处理设备等组成。

1. 污水、废水收集器

污水、废水收集器是指用来收集污水、废水的器具,如室内的卫生器具、工业废水的排水设备及雨水斗等。它是室内排水系统的起点。

2. 排水管系统

排水管系统由器具排水管、排水横支管、排水立管、排出管等组成。

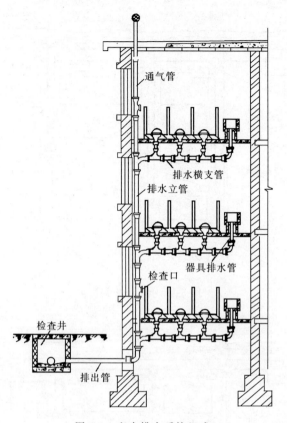

图 5-3 室内排水系统组成

（1）器具排水管

器具排水管是指连接卫生器具与排水横支管之间的短管。除坐便器外，其他的器具排水管上均应设水封装置。

（2）排水横支管

排水横支管是指连接两个或两个以上卫生器具的器具排水管的水平管。它的作用是将器具排水管送来的污水输送到立管中去。

排水横支管应有一定的坡度，坡向立管，并应尽量不转弯，直接与立管相连。

（3）排水立管

排水立管的作用是收集其上所接的各横支管送来的污水并排至排出管。

（4）排出管

排出管连接室内排水系统和室外排水系统，用来收集排水立管排来的污水，并将其排至室外排水管网中去。

排出管连接处应设排水检查井，其管径不得小于与其连接的最大立管管径。

3. 通气管

通气管是指排水立管上部不过水部分。它的作用是：

（1）将管道中产生的有害气体排至大气中，以免影响室内的环境卫生。

（2）排水时，向室内排水管道中补给空气，减轻立管内气压变化幅度，使水流通畅，气压稳定，防止卫生器具水封被破坏。

对于层数不多的建筑物，在排水横支管不长、卫生器具数量不多的情况下，采取将排水立管上部延伸出屋顶0.3m以上的通气措施即可。

伸顶通气管应高出屋面0.3m以上，且应大于最大积雪厚度，以防止积雪盖住通气口。在通气管4m以内有门窗时，则通气管应高出门、窗顶0.6m或引向无门窗的一侧。

为防止杂物进入通气管，其顶部应设置通气帽。

通气管不宜设在屋檐檐口、阳台或雨篷下，不得与建筑物的风道、烟道连接。

一般室内排水系统均应设通气管。

对于层数多、卫生器具数量多的室内排水系统，上面的方法不足以稳压时，应设通气管系统，如图5-4所示。标准高时还应设器具通气管。

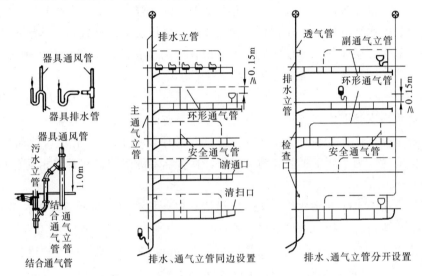

图5-4　通气管系统

通气管管径应比排水立管管径小1~2级，见表5-1。图5-5为通气帽。

表5-1　通气管最小管径

通气管名称	排水管管径/mm						
	32	40	50	75	100	125	150
洁具通气管	32	32	32		50	50	
环形通气管			32	40	50	50	
通气立管			40	50	75	100	100

注：1. 通气立管长度在50m以上者，其管径应与污水立管管径相同。

2. 两个及两个以上排水立管同时与一根通气立管相连时，应以最大一根排水立管按上表确定通气管管径，且其管径不宜小于其余任何一根排水立管管径。

3. 结合通气管不宜小于通气立管管径。

4. 清通设备

为了清通建筑物内的排水管道，应在排水管道的适当部位设置清扫口、检查口和室内检查井等。

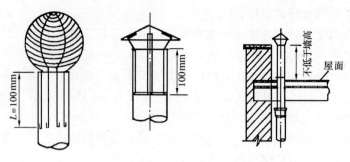

图 5-5　通气帽

（1）检查口

检查口是一个带盖板的开口短管，拆开盖板即可清通管道。如图 5-6 所示，它设置在排水立管上及较长的水平管段上。建筑物中除最高层和最低层必须设置外，其他各层可每隔两层设置 1 个。如为二层建筑，可仅底层设置。检查口的设置高度一般应高出地面 1m，并应高出该层卫生器具上边缘 0.15m，与墙面成 45°夹角。

（2）清扫口

设置在排水横支管上，当排水横支管上连接两个或两个以上的大便器、三个或三个以上的其他卫生器具时，应在横管的起端设置清扫口，如图 5-7 所示。清扫口顶面应与地面相平，且仅单向清通。为了便于拆装和清通操作，横管起端的清扫口与管道相垂直的墙面的距离不得小于 0.15m。

在水流转弯小于 135°的污水横管上，应设清扫口或检查口。直线管段较长的污水横管，在一定长度内也应设置清扫口或检查口。

排水管道上的清扫口，在排水管道管径小于 100mm 时，口径尺寸与管道相同；当排水管道管径大于 100mm 时，口径尺寸应为 100mm。

（3）室内检查井

室内检查井如图 5-8 所示。对于不散发有害气体或大量蒸汽的工业废水管道，在管道转弯、变径、改变坡度和连接支管处，可在建筑物内设检查井。在直线管段上，排除生产废水时，检查井的间距不得大于 30m；排除生产污水时，检查井的间距不得大于 20m。对于生活污水排水管道，在室内不宜设置检查井。

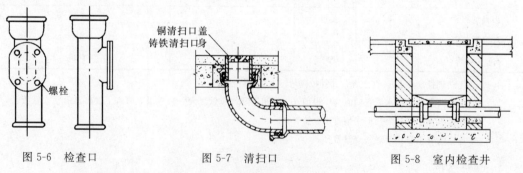

图 5-6　检查口　　　　图 5-7　清扫口　　　　图 5-8　室内检查井

表 5-2 为排水横管的直线管段上清扫口或检查口的最大距离。

表 5-2 排水横管的直线管段上清扫口或检查口的最大距离

管径/mm	最 大 距 离/m			清扫设备的种类
	生产废水	生活污水及与生活污水成分接近的生产污水	含有大量悬浮物和沉淀物的生产污水	
50~75	15	12	10	检查口
50~75	10	8	6	清扫口
100~150	20	15	12	检查口
100~150	15	10	8	清扫口
200	25	20	15	检查口

5. 抽升设备

民用和公共建筑地下室、人防建筑、高层建筑地下技术层等，污（废）水不能自流排出室外，必须设置污水抽升设备以保持建筑物内的良好卫生。

抽升建筑物内的污水所使用的设备一般为离心泵。

6. 污（废）水局部处理构筑物

当室外无生活污水或工业废水专用排水系统，而又必须对建筑物内所排出的污（废）水进行处理后才允许排入合流制排水系统或直接排入水体时；或有排水系统但排出的污（废）水中某些物质危害下水道时，应在建筑物内或附近设置局部处理构筑物。

民用、工业建筑生活间的生活粪便污水，必须经化粪池处理后才能流入下水道中去，这是污泥处理的最初级的办法。

常用的污（废）水局部处理构筑物如图 5-9～图 5-12 所示。

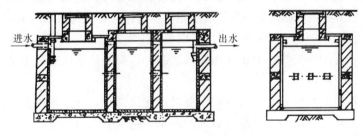

图 5-9 三格矩形化粪池的构造

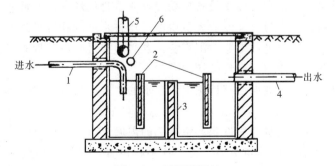

图 5-10 隔板降温池

1—排污管；2—隔板；3—隔墙；4—排出管；5—通气管；6—冷水管

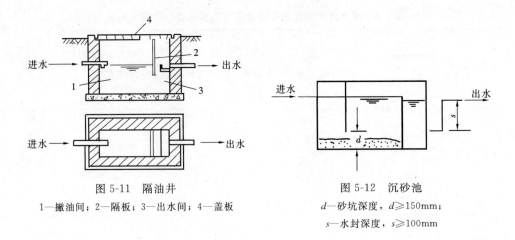

图 5-11　隔油井
1—撇油间；2—隔板；3—出水间；4—盖板

图 5-12　沉砂池
d—砂坑深度，d≥150mm；
s—水封深度，s≥100mm

5.3　排水管道布置与敷设

1. 排水管道的布置

在布置和敷设室内排水管道时，要保证管道内良好的水力条件，便于维护和管理，保护管道不易受损坏，保证生产和使用安全以及经济美观。

排水管道的布置原则如下：

（1）污水立管应设置在靠近杂质最多、最脏及排水量最大的排水点处，以便尽快地接纳横支管的污水而减少管道堵塞的机会；污水管的布置应尽量减少不必要的转角，尽量作直线连接。横管与立管之间的连接宜采用斜三通、斜圆通或两个 45°弯头连接。

（2）排出管应以最短距离通至室外，因排水管较易堵塞，如埋设在室内的管道太长，则清通检修不方便；此外，管道长则坡度大，必然会加深室外管道的埋设深度。

（3）在层数较多的建筑物内，为防止底层卫生器具因立管底部出现过大正压等原因而造成污水外溢现象，底层的生活污水管道应考虑采取单独排出方式。

（4）不论是立管或横支管，不论是明装或暗装，其安装位置应有足够的空间以利于拆换管件和清通维护工作的进行。

（5）当排出管与给水引入管布置在同一处进出建筑物时，为方便维修和避免或减轻因排水管渗漏造成土壤潮湿腐蚀和污染给水管道的现象，给水引入管与排出管管外壁的水平距离不得小于 1.0m。

（6）管道应避免布置在有可能受设备振动影响或重物压坏处，因此管道不得穿越生产设备基础，若必须穿越时，应与有关专业人员协商，作技术上的特殊处理。

（7）管道应尽量避免穿越伸缩缝、沉降缝，若必须穿过时应采取相应的技术措施，以防止管道因建筑物的沉降或伸缩而受到破坏。

（8）排水架空管道不得敷设在有特殊卫生要求的生产厂房以及贵重商品仓库，通风小室和变、配电间内。

（9）污水立管的位置应避免靠近与卧室相邻的内墙。

（10）明装的排水管道应尽量沿墙、梁、柱平行设置，保持室内的美观；当建筑物对美观要求较高时，管道可暗装，但应尽量利用建筑物装修使管道隐蔽，这样既美观又经济。

2. 排水管道的敷设

排水管道的管径相对于给水管径较大，又常需要清通维修，所以应以明敷设为主。在工厂车间内多以明敷设为主，在不散发有害气体或大量蒸汽的情况下甚至采用明沟排除生产废水。

明敷设方式的特点是造价低，但不美观、易结露、易积灰、不卫生。

对室内美观程度要求高的建筑物或管道种类较多时，应采用暗敷设的方式。立管可装设在管道井内，或用装饰材料掩盖，横支管可装设在管槽内，或敷设在吊顶内。大型建筑物的排水管道应尽量布置在公共管沟或管廊中。

排水横管在有地下室时，应尽量吊设在地下室天花板下，避免埋地敷设。

5.4 排水管道水力计算

1. 排水量标准

每人每日排出的污水量，与建筑物内卫生设备的完善程度、生活习惯、气候等因素有关。一般室内排水量均取决于用水量标准。

各类卫生器具的排水量和排水当量数见表 5-3。

表 5-3 卫生器具排水的流量、当量和排水管的管径、最小坡度

序号	卫生器具名称	排水流量 /(L/s)	当量	排水管	
				管径/mm	最小坡度
1	污水盆（池）	0.33	1.0	50	0.026
2	单格洗涤盆（池）	0.67	2.0	50	0.025
3	双格洗涤盆（池）	1.00	3.0	50	0.025
4	洗手盆、洗脸盆（无塞）	0.10	0.3	32～50	0.020
5	洗脸盆（有塞）	0.25	0.75	32～50	0.020
6	浴盆	1.00	3.0	50	0.020
7	淋浴器	0.15	0.45	50	0.020
8	大便器				
	高水箱	1.50	4.50	100	0.012
	低水箱	2.00	6.0	100	0.012
	自闭式冲洗阀	1.50	4.50	100	0.012
9	小便器				
	手动冲洗阀	0.05	0.15	40～50	0.02
	自闭式冲洗阀	0.10	0.30	40～50	0.02
	自动冲洗水箱	0.17	0.50	40～50	0.02
10	小便槽（每米长）				
	手动冲动阀	0.05	0.15	—	
	自动冲洗水箱	0.17	0.50	—	
11	化验盆（无塞）	0.20	0.60	40～50	0.025
12	净身器	0.10	0.30	40～50	0.02
13	饮水器	0.05	0.15	25～50	0.01～0.02
14	家用洗衣机	0.50	1.50	50	—

确定室内排水管管径时，首先需计算出管段排出水流量。

排水当量是以污水盆的排水量 0.33L/s 作为一个排水当量，其他卫生器具的排水量与之相比，比值即为该卫生器具的当量数。污水盆的排水当量取其给水当量 0.2L/s 的 1.65 倍，这是考虑到排水的特点瞬时、迅猛的缘故。

不同性质的建筑物，排水设计秒流量的计算方法也不同。

2. 设计秒流量的计算

(1) 住宅、集体宿舍、旅馆、医院、幼儿园、办公楼，学校等建筑，用下式计算设计秒流量：

$$q_p = 0.12\alpha \sqrt{N_p} + q_{max} \tag{5-1}$$

式中　q_p——计算管段排水设计秒流量（L/s）；

　　　α——根据建筑物用途而定的系数，见表 5-4；

　　　N_p——计算管段排水当量总数，见表 5-3；

　　　q_{max}——计算管段上排水当量最大的一个卫生器具的排水流量（L/s）。

表 5-4　根据建筑物用途而定的系数 α 值

建筑物名称	集体宿舍、旅馆和其他公共建筑的公共盥洗室和厕所间	住宅、旅馆、医院、疗养院、休养所的卫生间
α 值	1.5	2.0~2.5

注：如计算所得流量值大于该管段上按卫生器具排水流量累加值时，应按卫生器具排水流量累加值计。

(2) 工业企业生活间、公共浴室、洗衣房、公共食堂、实验室、影剧院、体育场等建筑，用下式计算设计秒流量：

$$q_p = \sum q_0 n_0 b \tag{5-2}$$

式中　q_0——计算管段上同类型的一个卫生器具排水量（L/s）；

　　　n_0——计算管段上同类型卫生器具数；

　　　b——卫生器具同时排水百分数，见表 5-5，冲洗水箱大便器取 $b=12\%$。

注：若算得排水流量小于 1 个大便器的排水流量则按 1 个大便器排水流量计。

表 5-5　卫生器具同时排水百分数　　　　　　　　　　　单位：%

卫生器具名称	同时排水百分数						
	工业企业生活间	公共浴室	洗衣房	电影院剧院	体育场游泳池	科学研究实验室	生产实验室
洗涤盆（池）	如无工艺要求时，采用 33	15	25~40	50	50		
洗手盆	50	20	—	50	70		
洗脸盆（盥洗槽水龙头）	60~100	60~100	60	50	80		
浴盆	—	50			—		
淋浴器	100	100	100	100	100		
大便器冲洗水箱	30	20	30	50	70		

卫生器具名称	同时排水百分数						
	工业企业生活间	公共浴室	洗衣房	电影院、剧院	体育场、游泳池	科学研究实验室	生产实验室
大便器自闭式冲洗阀	5	3	4	10	15		
大便槽自动冲洗水箱	100	—	—	100	100		
小便器手动冲洗阀	50	—	—	50	70		
小便槽自动冲洗水箱	100	—	—	100	100		
小便槽自动式冲洗阀	25	—	—	15	20		
净身器	100	—	—	—	—		
饮水器	30～60	30	30	30	30		
单联化验龙头						20	30
双联或三联化验龙头						30	50

3. 确定排水管管径

根据排水设计秒流量，可以经济、合理地确定排水管的管径和管道坡度，并确定是否需设专用通气管以保证管道系统正常工作。

（1）按经验确定排水管最小管径

由于生活污水内含有大量杂质，为防止管道堵塞且便于清理，在一般情况下，根据卫生器具类型、使用场所，对排水管道最小管径作如下规定：

① 为防止管道淤塞，室内排水管的管径不得小于50mm。

② 对于单个洗脸盆、浴盆、妇女卫生盆等排泄较洁净废水的卫生器具，最小管径可采用40mm钢管。

③ 对于单个饮水器的排水管排泄的清水可采用25mm钢管。

④ 公共食堂厨房排泄含大量油脂和泥沙等杂物的排水管管径应比计算管径大一级，干管管径不得小于100mm，支管不得小于75mm。

⑤ 医院住院部的卫生间或杂物间内，由于使用卫生器具人员繁杂，且常有棉花球、纱布碎块、竹签、玻璃瓶等杂物投入其中，因此洗涤盆或污水盆的排水管径不得小于75mm。

⑥ 小便槽或连接3个及3个以上手动冲洗小便器的排水管，应考虑冲洗不及时而结尿垢的影响，管径不得小于75mm。

⑦ 凡连接有大便器的管段，即使仅有一个大便器，也应考虑其排放时水量大而猛的特点，管径应为100mm。

⑧ 对于大便槽的排水管，同上道理，管径至少应为150mm。

⑨ 连接一根立管的排出管，自立管底部至室外排水检查井中心的距离不大于15m时，管径为DN100，DN150；当距离小于10m时，管径宜与立管相同。

（2）按最大排水能力，确定排水管管径

排水管道通过设计流量时，其压力波动不应超过规定控制值±0.25kPa（±25mmH$_2$O），以防水封破坏。使排水管道压力波动保持在允许范围内的最大排水量，即排水管的最大排水能力。采用不同通气方式的生活排水立管最大排水能力分别见表5-6和表5-7。

表 5-6　生活排水立管最大排水能力

生活排水立管管径/mm	排水能力/(L/s)	
	无专用通气立管	有专用通气立管或主通气立管
50	1.0	—
75	2.5	5
100	4.5	9
125	7.0	14
150	10.0	25

表 5-7　不通气的排水立管的最大排水能力

立管工作高度/m	排水能力/(L/s)			
	立管管径/mm			
	50	75	100	125
≤2	1.0	1.70	3.8	5.0
3	0.64	1.35	2.40	3.4
4	0.50	0.92	1.76	2.7
5	0.40	0.70	1.36	1.9
6	0.40	0.50	1.00	1.5
7	0.40	0.50	0.70	1.2
≥8	0.40	0.50	0.64	1.0

注：1. 排水立管工作高度，系指最高排水横支管和立管连接点至排出管中心线间的距离。

　　2. 如排水立管工作高度在表中列出的两个高度值之间时，可用内插法求得排水立管的最大排水能力数值。

由生活排水立管的设计秒流量查表 5-6 即可确定其管径。

（3）按排水秒流量确定排水管管径

① 计算规定。确保管道系统在良好水力条件下工作必须满足下列条件：

a. 管道坡度按表 5-8，最大坡度不得大于 0.15，长度小于 1.5m 的管段不限制。

表 5-8　排水管道标准坡度和最小坡度

管径/mm	工业废水（最小坡度）/‰		生活排水/‰	
	生产废水	生产污水	标准坡度	最小坡度
50	20	30	35	25
75	15	20	25	15
100	8	12	20	12
125	6	10	15	10
150	5	6	10	7
200	4	4	8	5
250	3.5	3.5	—	—
300	3	3	—	—

b. 管道自清流速（悬浮在污水中的杂质不致沉淀在管底）见表 5-9。为防止过大冲击，最大允许流速见表 5-10。

表 5-9　各种排水管道的自清流速

管渠类别	排水管道管径/mm			明渠（沟）	雨水道及合流制排水管
	$d<150$	$d=150$	$d=200$		
自清流速/(m/s)	0.6	0.65	0.70	0.40	0.75

表 5-10　排水管道的最大允许流速值

管道材料	生活排水/(m/s)	含有杂质的工业废水、雨水/(m/s)
金属管	7.0	10.0
陶土及陶瓷管	5.0	7.0
混凝土及石棉水泥管	4.0	7.0

c. 管道最大充满度见表 5-11。

表 5-11　排水管道的最大计算充满度 (h/D)

排水管道名称	排水管道管径/mm	最大计算充满度（以管径计）	排水管道名称	排水管道管径/mm	最大计算充满度（以管径计）
生活污水排水管	150 以下	0.5	工业废水排水管	100～150	0.7
	150～200	0.6	生产废水排水管	200 及 200 以上	1.0
工业废水排水管	50～75	0.6	生产污水排水管	200 及 200 以上	0.8

② 计算公式。排水横干管按重力流计算：

$$q = Av \tag{5-3}$$

$$v = \frac{1}{n} R^{2/3} i^{1/2} \tag{5-4}$$

$$d = \sqrt{\frac{4q}{\pi v}} \tag{5-5}$$

式中　q——质量流量（kg/s）；

A——水流断面积（m^2）；

v——质量流速 [kg/(m^2·s)]；

n——粗糙度，铸铁管取 0.013～0.014；石棉、水泥、钢管取 0.012；塑料管为 0.09；

R——水力半径（m）；

i——管道坡度；

d——计算管段管径（m）。

管内水流速度与流量受坡度大小的制约，但在立管中水流仅受管壁、管件、空气等所产生阻力的影响，所以立管中水流速度和通过的流量，比相同管径的排水横管大得多，故排水立管管径一般不做水力计算。设计时立管管径不得小于接入的任一横管管径。

5.5 屋面雨水排水系统

为了避免雨水和融雪水积聚于屋面造成渗漏，必须设置雨水管道及时排除雨、雪水。

屋面雨水排除的方法一般分为外排水式和内排水式两大类。根据建筑结构形式、气候条件及生产使用要求，在技术经济合理的情况下，屋面雨水尽量采用外排水。

5.5.1 外排水系统

外排水系统可分为下列两种：

(1) 檐沟外排水 (水落管外排水)

对一般居住建筑、屋面面积较小的公共建筑和单跨工业建筑，雨水多采用屋面檐沟汇集，然后流入隔一定距离沿外墙设置的水落管排泄至地下沟管或地面。室外一般不设置雨水管渠。

檐沟在民用建筑中多为镀锌铁（白铁）皮或混凝土制成，但近年来随着屋面形式及材料的革新也有用预制混凝土制成的檐沟。水落管用镀锌铁皮管、铸铁管、玻璃钢或 UPVC 管制作，截面为长方形或圆形（管径约为 100~150mm）。

水落管设置间距应根据降雨量及管道通水能力来确定的一根水落管服务的屋面面积而定。按经验，民用建筑水落管间距为 8~16m，工业建筑为 18~24m。

檐沟外排水系统如图 5-13 所示。

(2) 天沟外排水

对大型屋面的建筑和复跨厂房，通常采用长天沟外排水系统排除屋面的雨、雪水。

所谓天沟外排水，即利用屋面构造所形成的天沟本身的容量和坡度，使雨、雪水向建筑物两端（山墙、女儿墙方向）泄放，并经墙外立管排至地面或雨水道。采用天沟外排水不仅能消除厂房内部检查井冒水问题，而且节约投资、节省金属材料、施工简便（相对于内排水而言不需留洞、不需搭架安装悬吊管），不仅有利于合理地使用厂房空间和地面，还可以为厂区雨水系统提供明沟排水或减小管道埋深，但对天沟板连接处的防漏措施和施工质量要求较高。

为防止天沟通过伸缩缝或沉降缝漏水，应以伸缩缝或沉降缝为分水线。

每根水落管顶部设雨水斗，用以收集从檐沟排来的雨水和雪水。无明沟时，每根水落管配一雨水口和连接管；有明沟时，可几根水落管合用一套雨水口和连接管。雨水口和连接管的作用是将经由水落管的雨、雪水输送至室外雨水管道。

天沟的流水长度应以当地的暴雨强度、建筑物跨度（即汇水面积）、屋面的结构形式（决定天沟断面）等为依据进行水力计算确定，一般以 40~50m 为宜。当天沟过长时，由于坡度的要求（最小坡度 3‰，一般施工取 5‰~6‰），将会给建筑处理带来困难。另外为了防止天沟内过量积水，应在山墙部分的天沟端壁处设置溢流口。

天沟外排水系统如图 5-14 所示。图 5-15 为工业厂房屋面形式。

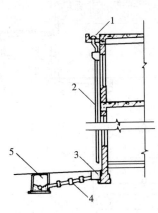

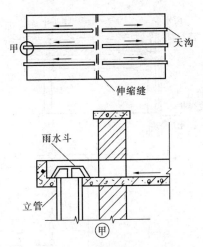

图 5-13　檐沟外排水系统

1—檐沟；2—水落管；3—雨水口；

4—连接管；5—检查井

图 5-14　天沟外排水系统

5.5.2　内排水系统

大屋面（跨度很大）工业厂房，尤其是屋面有天窗、多跨度、锯齿形屋面或壳形屋面等工业厂房，如图 5-15 所示，采用檐沟外排水或天沟外排水排除屋面雨水有较大困难时，必须在建筑物内设置雨水管系统。对建筑外立面要求较高的建筑物，也应设置室内雨水管系统。此外，高层大面积平屋顶民用建筑，特别是处于寒冷地带的此类建筑物，均应采用内排水方式。

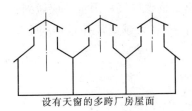

设有天窗的多跨厂房屋面

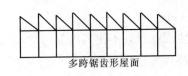

多跨锯齿形屋面

图 5-15　工业厂房屋面形式

1. 内排水系统存在的问题

（1）因为工业厂房有许多振动源，或因高层建筑管道内所承受的雨水冲刷力较大，故雨水管道必须采用金属管而消耗大量钢材。

（2）由于雨水管道内水力工况规律还不够清楚，目前在计算方法上尚不够成熟，因此设计还带有一定的盲目性，往往会出现地下冒水、屋面溢水等事故，或过多地耗费管材。

（3）管系不便施工、管理。

内排水系统如图 5-16 所示。

2. 屋面雨水内排水管系统的组成

屋面雨、雪水要求安全地排水，不允许有溢、漏、冒水等现象发生。内排水管道系统上由雨水斗、悬吊管、立管及埋地横管等组成，但视具体情况和不同要求，也有用悬吊管直接吊出室外，或无悬吊管的单斗系统，或者其他形式。

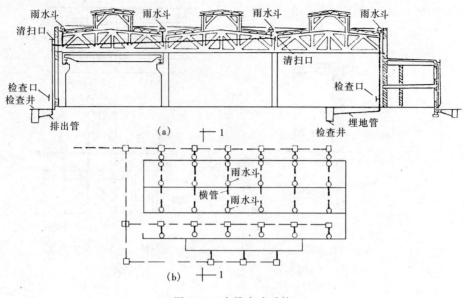

图 5-16 内排水式系统

(a) 1—1 剖面图；(b) 平面图

根据悬吊管所连接的雨水斗的数量不同，建筑内排水系统可分为单斗和多斗两种。一般多用单斗系统，采用多斗系统时，一根悬吊管上连接的雨水斗不得超过四个。

（1）雨水斗

雨水斗的作用是最大限度地迅速排除屋面雨、雪水，排泄雨水时最小限度地掺气，并能拦截粗大杂质。为保证达到上述要求，尤其是应尽量少掺气，雨水斗应做到：

① 在保证能拦阻杂质的前提下承担的泄水面积越大越好，并且结构上要导流通畅，使水流平稳和阻力小。

② 顶部应无孔眼，不使其内部与空气相通。

③ 构造高度要小，一般以 5～8mm 为宜。

④ 制造加工简单。

⑤ 雨水斗的斗前水深一般不宜超过 100mm，以免影响屋面排水。

图 5-17 为常用的 65 型雨水斗。65 型雨水斗导流好、排水能力大，工作时天沟中水位低且平稳、漩涡少、掺气量小。图 5-18 为 79 型雨水斗。

雨水斗与屋面连接处的构造需要保证雨水能通畅地自屋面流入斗内，防水油毡弯折时应平缓，保证连接处不漏水。雨水斗下的短管应牢固地固定在屋面承重结构上，因为天沟水流的冲击以及连接管自重的作用会削弱或破坏雨水斗与天沟沟体连接处的强度，造成连缝处漏水。

布置雨水斗时要考虑集水面积比较均匀和便于与悬吊管及雨水立管连接，以确保雨水能通畅流入。布置雨水斗时，应首先考虑以伸缩缝或沉降缝作为分水线。在有伸出屋面的防火墙时，由于其隔断了天沟，因此可考虑作为天沟排水分水线，否则应在伸缩缝、沉降缝或防火墙的两侧各设一个雨水斗。伸缩缝或沉降缝两侧的两个雨水斗如连接在一根立管或总悬吊管上可不必考虑设伸缩接头和固定支点。雨水斗的位置不宜太靠近变形缝，以免遇暴雨时，天沟水位高涨,从变形缝上部流入车间。

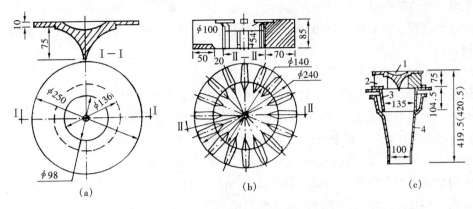

图 5-17 65 型雨水斗

(a) 顶盖;(b) 底座;(c) 雨水斗组合

1—顶盖;2—底座;3—环形管;4—短管

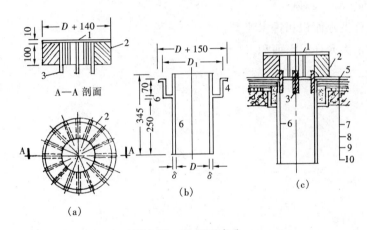

图 5-18 79 型雨水斗

(a) 顶盖及导流罩;(b) 短管;(c) 雨水斗组合

1—顶盖;2—导流罩;3—定位销子;4—安装架;5—压板;6—短管;

7—玛琋脂;8—沥青麻布;9—玛琋脂;10—天沟底板

(2) 悬吊管

当厂房内地下有大量机器设备基础和各种管线或其他生产工艺要求不允许雨水井冒水时,不能设计埋地横管,必须采用悬吊在屋架下的雨水管。这种悬吊管承纳一个或几个雨水斗的流量。悬吊管可直接将雨水经立管输送至室外的检查井及排水管网。

悬吊管采用铸铁管,用铁箍、吊环等固定在建筑物的屋架、梁和墙上。为满足水力条件及便于经常的维修清通,需有不小于 3‰ 的坡度;在悬吊管的端头及长度大于 15m 的悬吊管,应装设检查口或带法兰盘的三通,其间距不得大于 20m,位置宜靠近柱、墙。

(3) 立管及排出管

立管接纳悬吊管或雨水斗的水流。埋设于地下的一段排出管将立管引来的雨水送到地下管道中排出。

雨水立管管材一般采用给水铸铁管，石棉水泥接口，在管道可能受到振动或生产工艺有特殊要求时，应采用钢管，接口要焊接。

立管通常沿柱、墙布置，每隔2m用卡箍固定。为便于清通检修，立管距地面约1m处应装设检查口。

（4）埋地横管及检查井

埋地横管与雨水立管（或排出管）的连接可用检查井，也可用管道配件。

检查井的进出管道的连接应尽量使进、出管之轴线成一直线，至少其交角不得小于135°；为改善水流状态，在检查井内还应设置高流槽。

埋地横管可采用混凝土或钢筋混凝土管，或带釉的陶土管。

对室内地面下不允许设置检查井的建筑物，可采用悬吊管直接排除室外，或者用压力流排水的方式。检查井内设有盖堵的三通作检修用。

单斗系统一个雨水斗最大允许汇水面积。

多斗系统一个雨水斗最大允许汇水面积。

埋地雨水管最大汇水面积。

立管最大允许汇水面积和排水流量。

多斗悬吊管最大允许汇水面积。

第6章 建筑消防

6.1 概述

为了预防火灾和减少火灾危害，保护公民人身、公共财产和公民财产安全，保障社会主义现代化建设的顺利进行，在建筑防火工作中，应坚决贯彻执行"预防为主、防消结合"的方针，坚持专门机关与群众相结合的原则，积极采取行之有效的先进防火技术，做好消防工作。

工业与民用建筑都存在一定程度的火灾险情，必须配备消防设施，而消防给水设备是最经济有效的。

1. 建筑物高度分界线

根据我国普遍使用的登高消防器材的性能、消防车供水能力以及高层建筑的结构特点，我国规定：

（1）高层建筑与低层建筑的高度分界线为24m；

（2）超高层建筑与高层建筑的分界线为100m；建筑物高度为建筑物室外地面到女儿墙顶部或檐口的高度。

2. 消防给水设置条件

根据我国《建筑设计防火规范》、《高层民用建筑设计防火规范》的规定，应设置室内消火栓给水系统的建筑物如下：

（1）厂房、库房（耐火等级为一、二级且可燃物较少的丁、戊类厂房和库房，耐火等级为三、四级且建筑体积不超过 3000m³ 的丁类厂房和建筑体积不超过 5000m³ 的戊类厂房除外）和高度不超过 24m 的科研楼（存有与水接触能引起燃烧爆炸的房间除外）；

（2）超过 800 个座位的剧院、电影院、俱乐部和超过 1200 个座位的礼堂、体育馆；

（3）体积超过 5000m³ 的车站、码头、机场建筑物以及展览馆、商店、病房楼、门诊楼、图书馆等；

（4）超过 7 层的单元式住宅，超过 6 层的塔式住宅、通廊式住宅、底层设有商业网点的单元式住宅；

（5）超过 5 层或体积超过 1000m³ 的其他民用建筑；

（6）国家级文物保护单位的重点砖木或木结构的古建筑；

（7）各类高层民用建筑；

（8）停车库、修车库。

常用的室内消防给水系统有消火栓给水系统、闭式自动喷水灭火系统、开式自动喷水灭火系统。

6.2 低层建筑消防给水系统

6.2.1 室内消火栓系统的供水方式

根据建筑物的高度，室外给水管网压力和流量及室内消防管道对水压和水量的要求，室内消火栓系统的给水方式一般有以下几种：

1. 无加压泵和水箱的室内消火栓给水系统

用于室内给水管网的压力和流量能满足室内最不利点消火栓的设计水压和水量时，如图 6-1 所示。

2. 设有水箱的室内消火栓给水系统

用于水压变化较大的城市或居住区，如图 6-2 所示。当用水量达到最大时，室外管网不能保证室内最不利点消火栓的压力和流量，由水箱出水满足消防要求；而当用水量较小时，室外管网可向水箱补水。管网应独立设置，水箱可以生活、生产合用，但必须保证贮存 10min 的消防用水量，同时还应设水泵接合器等。

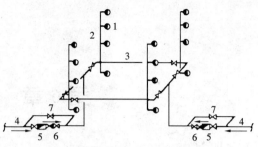

图 6-1　无加压泵和水箱的室内消火栓给水系统
1—室内消火栓；2—室内消防竖管；3—干管；
4—进户管；5—水表；6—止回阀；7—旁通管及阀门

3. 设有消防泵和水箱的室内消火栓给水系统

用于室外管网压力经常不能满足室内消火栓系统的水量和水压的要求时，如图 6-3 所示。

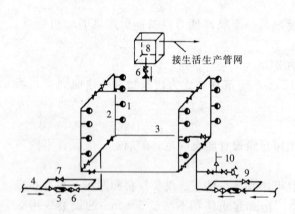

图 6-2　设有水箱的室内消火栓给水系统
1—室内消火栓；2—消防竖管；3—干管；4—进户管；
5—水表；6—止回阀；7—旁通管及阀门；8—水箱；
9—水泵接合器；10—安全阀

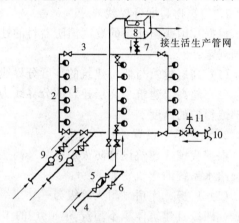

图 6-3　设有消防泵和水箱的室内消火栓给水系统
1—室内消火栓；2—消防竖管；3—干管；4—进户管；
5—水表；6—旁通管及阀门；7—止回阀；8—水箱；
9—水泵；10—水泵接合器；11—安全阀

消防用水与生活、生产合并的室内消火栓给水系统，其消防泵应保证供应生活、生产、消防用水的最大秒流量，并应满足室内管网最不利点消火栓的水压。水箱应贮存 10min 的消防用水量。

6.2.2　室内消火栓系统的组成

室内消防给水系统在建筑物内广泛使用，主要用于扑灭初期火灾。它是由消防水源、消防给水管道、室内消火栓及消防箱（包括水枪、水带、直接启动水泵的按钮）组成，必要时还需设置消防水泵、水箱和水泵接合器等。

1. 水枪和水带

水枪是重要的灭火工具，用铜、铝合金或塑料制成，作用是产生灭火需要的充实水柱，如图 6-4 所示。

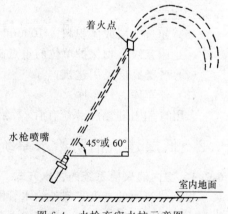

图 6-4　水枪充实水柱示意图

充实水柱是指消防水枪中射出的射流中一直保持紧密状态的一段射流长度，它占全部消防射流量的75%～90%，具有灭火能力。为使消防水枪射出的充实水柱能射及火源并防止火焰烤伤消防人员，充实水柱应具有一定的长度，见表6-1。表6-1为直流水枪充实水柱的技术数据。

表6-1 各类建筑要求水枪充实水柱长度

建 筑 物 类 别		充实水柱长度/m
低层建筑	一般建筑	≥7
	甲、乙类厂房，>6层民用建筑，>4层厂、库房	≥10
	高架库房	≥13
高层建筑	民用建筑高度≥100m	≥13
	民用建筑高度≤100m	≥10
	高层工业建筑	≥13
人防工程内		≥10
停车库、修车库内		≥10

室内一般采用直流式水枪，喷嘴口径有13mm、16mm、19mm三种，分别配50mm接口、50mm或65mm的接口、65mm接口。

室内消防水带有麻织、棉织和衬胶三种，衬胶的压力损失较小，但抗折性能不如麻织和棉织的好。

室内常用的消防水带有φ50和φ65两种规格，其长度不宜超过25m。

2. 室内消火栓

室内消火栓是具有内扣式接头的角形截止阀，按其出口形式分为直角单出口式、45°单出口式和直角双出口式三种，它的进水口端与消防立管相连，出水口端与水带相连接。

流量小于3L/s时，用50mm直径的消火栓；流量大于3L/s时，用65mm直径的消火栓；双出口消火栓的直径不能小于65mm。为了便于维护管理，同一建筑物内应采用同一规格的水枪、水带和消火栓。图6-5为单出口消火栓。图6-6为双出口消火栓。

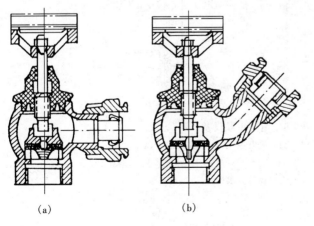

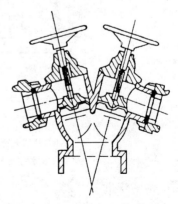

图6-5 单出口室内消火栓　　　　　　图6-6 双出口消火栓
(a) 直角单出口式；(b) 45°单出口式

3. 消火栓箱

消火栓箱是放置消火栓、水带和水枪的箱子，一般安装在墙体内，有明装和暗装两种。常用的消火栓箱规格有 800mm×650mm×200（320）mm。用木材、铝合金或钢板制作，外装玻璃门，门上有明确标志，箱内水带和水枪平时应安放整齐。

图 6-7 和图 6-8 为消火栓箱。

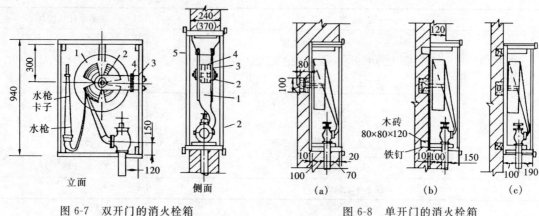

图 6-7　双开门的消火栓箱
1—水龙带盘；2—盘架；3—托架；4—螺栓；5—挡板

图 6-8　单开门的消火栓箱
（a）暗装；（b）半明装；（c）明装

4. 消防水喉

在设有空气调节系统的旅馆、办公大楼内，为便于在火灾初期能及时发现险情，在室内消火栓旁还应配备一支自救式的小口径消火栓（消防水喉），即内径为 19mm 的胶带和口径不小于 6mm 的小水枪，这种水喉设备便于操作，对扑灭初期火灾非常有效。

消防水喉应设在专用消防主管上，不得在消火栓立管上接出，如图 6-9 所示。

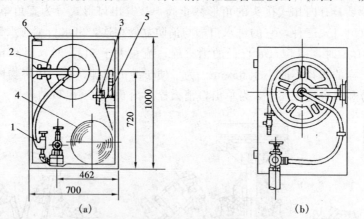

图 6-9　消防水喉设备
（a）自救式小口径消火栓设备；（b）消防软管卷盘
1—小口径消火栓；2—卷盘；3—小口径直流开关水枪；4—ϕ65 输水衬胶水带；5—大口径直流水枪；6—控制按钮

5. 消防管道

消防管道由支管、干管和立管组成，一般选用镀锌钢管。

室内消防给水管道一般为一条进水管，对于 7～9 层的单元住宅，可用一条，不连成环状。

对于室内消火栓超过 10 个,且室外消防用水量大于 15L/s 时,室内消防给水管道至少应有两条进水管与室外环状管网连接,并应将室内管道连成环状或将进水管与室外管道连成环状。

对于超过 6 层的塔式(采用双出口消火栓者除外)和通廊式住宅,超过 5 层或体积超过 10000m³ 的其他民用建筑,超过 4 层的厂房和库房,若室内消防立管为两条或两条以上时,至少每两条立管应相连组成环状管道。

6. 消防水箱

消防水箱应能储存 10min 的消防水量,一般与生活水箱合建,以防水质变坏,且应有防止消防水他用的技术措施。

7. 水泵接合器

水泵接合器的一端与室内消防给水管道连接,另一端供消防车向室内消防管道供水,有地上、地下和墙壁式三种。如图 6-10 所示为水泵接合器。

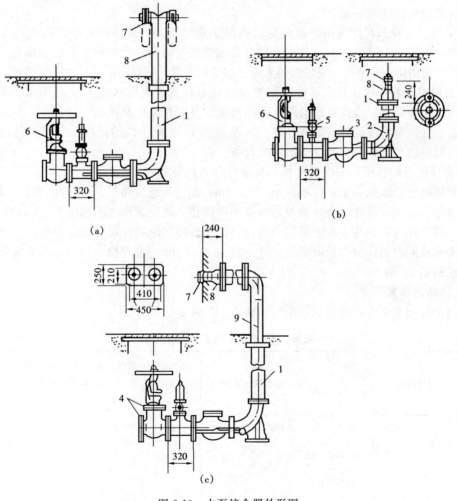

图 6-10 水泵接合器外形图
(a) SQ 型地上式;(b) SQ 型地下式;(c) SQ 型墙壁式
1—法兰接管;2—弯管;3—升降式单向阀;4—放水阀;5—安全阀;6—楔式闸阀;
7—进水用消防接口;8—本体;9—法兰弯管

6.2.3 室内消火栓的布置

规范 GB 50016—2006 规定，室内消火栓应符合下列要求：

1. 设有消防给水的建筑物，各层（无可燃物的设备层除外）均应设置消火栓。

2. 室内消火栓的布置应保证每一个防火分区同层有两支水枪的充实水柱同时到达室内任何部位。建筑高度小于或等于 24.0m，体积小于或等于 5000m³ 的库房，可用 1 支水枪的充实水柱到达室内任何部位。水枪的充实水柱长度应由计算确定，一般不应小于 7.0m，但甲、乙类厂房，超过 6 层的民用建筑，超过 4 层的厂房和库房内，不应小于 10.0m；高层工业建筑、高架库房内，水枪的充实水柱不应小于 13.0m。

3. 室内消火栓出口处的静水压力不应超过 80m 水柱，如超过 80m 水柱时，应采用分区给水系统。消火栓栓口处的出水压力超过 50m 水柱时，应有减压设施。

4. 消防电梯间前室内应设室内消火栓。

5. 室内消火栓应设在明显易于取用的地点。栓口离地面高度为 1.1m，其出水方向宜向下或与设置消火栓的墙面成 90°角。

6. 室内消火栓的间距应由计算确定。高层工业建筑，高架库房，甲、乙类厂房，室内消火栓的间距不应超过 30.0m，其他单层和多层建筑室内消火栓的间距不应超过 50.0m。

同一建筑物内应采用统一规格的消火栓、水枪和水带。每根水带的长度不应超过 25.0m。

7. 高层建筑和高位消防水箱静压不能满足最不利点消火栓水压要求的其他建筑，应在每个室内消火栓处设置直接启动消防水泵的按钮，并应有保护设置。

设有空气调节系统的旅馆、办公室，以及超过 1500 个座位的剧院、会堂；其闷顶内安装有面灯部位的马道处，宜增设消防水喉设备。

8. 高层建筑物各层均应设消火栓，且应符合下列要求：

(1) 消火栓的水枪充实水柱不应小于 10.0m，但建筑高度超过 50m 的百货楼、展览楼、财贸金融楼、省级邮政楼、高级旅馆、重要的科研楼，其充实水柱不应小于 13.0m。

(2) 消火栓应设在明显易于取用的地点，消火栓的间距应保证同层相邻的两个消火栓的水枪充实水柱同时到达室内任何部位，并不应大于 30.0m。消火栓栓口出水方向宜与设置消火栓的墙面成 90°角。

6.2.4 消防用水量

室内消防用水量应根据建筑物的性质查表 6-2 确定。

表 6-2 建筑物室内消火栓用水量

建筑物名称	高度、层数、体积或座位数	消火栓用水量 /L·s⁻¹	同时使用水枪数量 /支	每支水枪最小流量 /L·s⁻¹	每根竖管最小流量 /L·s⁻¹
厂房	高度≤24m、体积≤10000m³	5	2	2.5	5
	高度≤24m、体积>10000m³	10	2	5	10
	高度>25～50m	25	5	5	15
	高度>50m	30	6	5	15
科研楼、试验楼	高度≤24m、体积≤10000m³	10	2	5	10
	高度≤24m、体积>10000m³	15	3	5	10

建筑物名称	高度、层数、体积或座位数	消火栓用水量/L·s⁻¹	同时使用水枪数量/支	每支水枪最小流量/L·s⁻¹	每根竖管最小流量/L·s⁻¹
库　房	高度≤24m、体积≤5000m³	5	1	5	5
	高度≤24m、体积>5000m³	10	2	5	10
	高度>24～50m	30	6	5	15
	高度>50m	40	8	5	15
车站、码头、机场建筑物和展览馆等	5001～25000m³	10	2	5	10
	25001～50000m³	15	3	5	10
	>50000m³	20	4	5	15
商场、病房楼、教学楼等	5001～10000m³	5	2	2.5	5
	10001～25000m³	10	2	5	10
	>25000m³	15	3	5	10
剧院、电影院、俱乐部、礼堂、体育馆等	801～1200 个	10	2	5	10
	1201～5000 个	15	3	5	10
	5001～10000 个	20	4	5	15
	>10000 个	30	6	5	15
住　宅	7～9 层	5	2	2.5	5
其他建筑	≥6 层或体积≥10000m³	15	3	5	10
国家级文物保护单位的重点砖木及木结构的古建筑	体积≤10000m³	20	4	5	10
	体积>10000m³	25	5	5	15

6.2.5　消火栓的保护半径

1. 消火栓的保护半径

消火栓的保护半径可按式（6-1）计算：

$$R = 0.8L + S_{k}\cos45° \tag{6-1}$$

式中　R——消火栓保护半径（m）；

　　　L——水带敷设长度（m），考虑到水带的转弯曲折，应乘以折减系数 0.8；

　　　45°——灭火时水枪的上倾角；

　　　S_{k}——水枪充实水柱长度（m）。

2. 消火栓的间距

（1）如图 6-11 所示，当室内只有一排消火栓，并且要求有一股水柱达到室内任何部位时，消火栓的间距按下式计算：

$$S_1 = 2\sqrt{R^2 - b^2} \tag{6-2}$$

式中　S_1——一股水柱时的消火栓间距（m）；

　　　R——消火栓的保护半径（m）；

　　　b——消火栓的最大保护宽度（m）。

（2）如图 6-12 所示，当室内只有一排消火栓，且要求有两股水柱同时达到室内任何部位时，消火栓的间距按下式计算：

$$S_2 = \sqrt{R^2 - b^2} \tag{6-3}$$

式中　S_2——两股水柱时的消火栓间距（m）；

　　　R——消火栓的保护半径（m）；

　　　b——消火栓的最大保护宽度（m）。

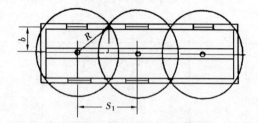

图 6-11　一股水柱时的消火栓
　　　　　布置间距

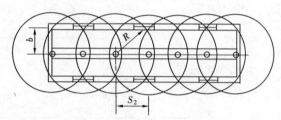

图 6-12　两股水柱时的消火栓
　　　　　布置间距

（3）如图 6-13 所示，当房间宽度较宽，需要布置多排消火栓，且要求有一股水柱达到室内任何部位时，消火栓布置间距可按下式计算：

$$S_n = \sqrt{2}R = 1.4R \tag{6-4}$$

式中　S_n——多排消火栓一股水柱时的消火栓间距（m）；

　　　R——消火栓保护半径（m）。

（4）当室内需要布置多排消火栓，且要求有两股水柱达到室内任何部位时，可按图 6-14 布置。

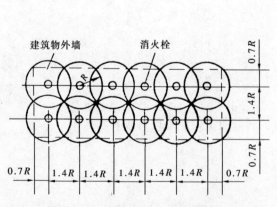

图 6-13　多排消火栓一股水柱时的
　　　　　消火栓布置间距

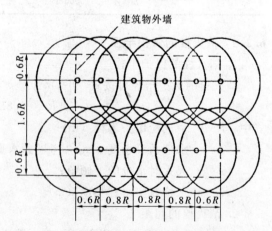

图 6-14　多排消火栓两股水柱时的
　　　　　消火栓布置间距

94

6.3　自动喷水灭火系统

6.3.1　闭式自动喷水灭火系统

6.3.1.1　闭式自动喷水灭火系统

闭式自动喷水灭火系统是用控制设备（如低熔点合金）堵住喷头的出口，当控制设备作用时才开始灭火。

闭式自动喷水灭火系统有以下几种类型：

1. 湿式喷水灭火系统

（1）湿式喷水灭火系统的组成

湿式喷水灭火系统如图 6-15 所示。它的主要组成是闭式喷头、湿式报警阀、报警装置、管网及水源等。

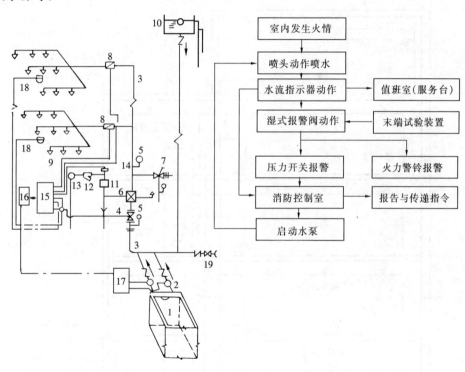

图 6-15　湿式自动喷水灭火系统图

1—消防水池；2—消防泵；3—管网；4—控制蝶阀；5—压力表；6—湿式报警阀；7—泄放
试验阀；8—水流指示器；9—喷头；10—高位水箱、稳压泵或气压给水设备；11—延时器；
12—过滤器；13—水力警铃；14—压力开关；15—报警控制器；16—非标控制箱；
17—水泵启动箱；18—探测器；19—水泵接合器

（2）湿式喷水灭火系统的工作原理

系统的主要特点是在报警阀的前后管道内始终充满着压力水。发生火灾时，建筑物的温度不断上升，当温度上升到一定程度时，闭式喷头的温感元件熔化脱落，喷头打开即自动喷水灭火。此时，管道中的水开始流动，系统中的水流指示器被感应送出电信号，在报警控制器上指示某一区域已在喷水。持续喷水造成报警阀上部和下部的压力差，当压力差达到一定值，原来闭合的报警阀自动开启，水池中的水在水泵的作用下流入管道中灭火。同时一部分水流进入延迟器、压力开关和水力警铃等设备发出火警信号。根据水流指示器和压力开关的信号或消防水箱的水位信号，控制器能自动启动消防泵向管道中加压供水，达到连续自动供水的目的。

　　湿式喷水灭火系统结构简单，使用可靠，也比较经济，因此使用广泛。它适用于常年温度不低于 4℃、不高于 70℃，且能用水灭火的建筑物。

　　2. 干式喷水灭火系统

　　干式喷水灭火系统如图 6-16 所示。系统的主要特点是平时充有压缩空气，只在报警阀前的管道中充满有压力的水。发生火灾时闭式喷头打开，首先喷出压缩空气，管道内气压降低，压力差达到一定值时，报警阀打开，水流入管道中，并从喷头喷出，同时水流到达压力开关令报警装置发出火警信号。在大型系统中，还可以设置快开器，以加快打开报警阀的速度。

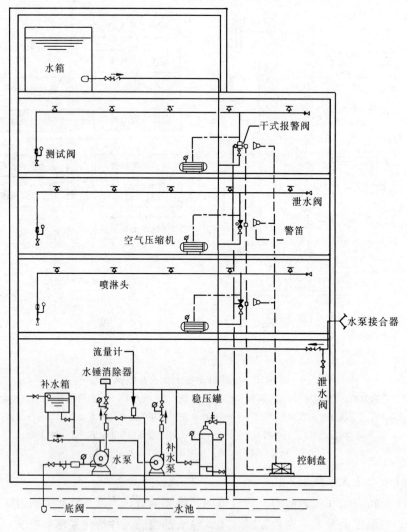

图 6-16　干式喷淋系统图

　　这种系统由于报警阀后的管道中无水而不怕冻，适用于温度低于 4℃ 或高于 70℃ 的建筑物中。

96

3. 干湿式喷水灭火系统

干湿式喷水灭火系统适用于采暖期少于240d的不采暖房间。冬季管道中充满有压气体，而在温暖季节则改为充水，其喷头应向上安装。

4. 预作用自动喷水灭火系统

预作用自动喷水灭火系统，喷水管网中平时不充水，而充以有压或无压的气体，发生火灾时，火灾探测器接到信号后，自动启动预作用阀而向管道中供水，如图6-17所示。

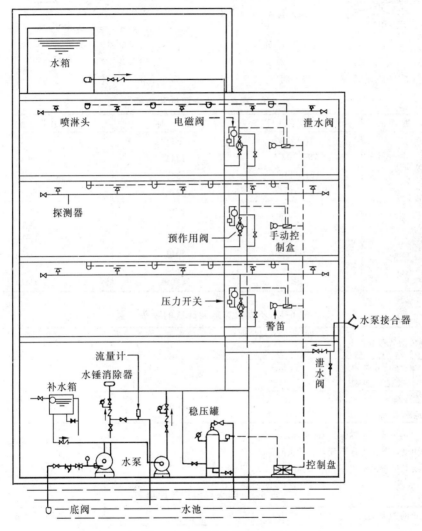

图6-17　预作用喷淋系统图

这种系统适用于平坦不允许有水渍损失的高级重要的建筑物内或干式喷水灭火系统适用的建筑物内。

6.3.1.2　闭式自动喷水灭火系统中的设备

闭式喷头主要有玻璃球喷头和易熔元件喷头两种，其结构如图6-18、图6-19所示。图6-20为喷头与梁的距离。表6-3为闭式喷头的公称动作温度。表6-4为标准喷头的保护面积和间距。表6-5为喷头与梁边的距离。

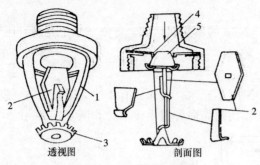

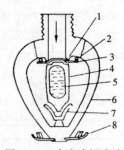

图 6-18 易熔合金闭式喷头

1—支架；2—锁片；3—溅水盘；

4—弹性隔板；5—玻璃阀堵

图 6-19 玻璃球闭式喷头

1—阀座；2—填圈；3—阀片；4—玻璃球；

5—色液；6—支架；7—锥套；8—溅水盘

表 6-3　喷头的动作温度和色标

类　　别	公称动作温度/℃	色　　标	接管直径/mm
易熔合金喷头	57～77	本色	Dg15
	79～107	白色	Dg15
	121～149	蓝色	Dg15
	163～191	红色	Dg15
玻璃球喷头	57	橙色	Dg15
	68	红色	Dg15
	79	黄色	Dg15
	93	绿色	Dg15
	141	蓝色	Dg15
	182	紫红色	Dg15

表 6-4　不同火灾危险等级的喷头布置

建、构筑物危险等级分类		每只喷头最大保护面积 /m²	喷头最大水平间距 /m	喷头与墙柱最大间距 /m
严重危险级	生产建筑物	8.0	2.8	1.4
	贮存建筑物	5.4	2.3	1.1
中危险级		12.5	3.6	1.8
轻危险级		21.0	4.6	2.3

注：1. 表中是标准喷头的保护面积和间距。

　　2. 表中间距是正方形布置时的喷头间距。

　　3. 喷头与墙壁的距离不宜小于 60cm。

表 6-5　喷头与梁边的距离

喷头与梁边的距离 a/cm	喷头向上安装 b_1/cm	喷头向下安装 b_2/cm
20	1.7	4.0
40	3.4	10.0
60	5.1	20.0
80	6.8	30.0
100	9.0	41.5
120	13.5	46.0
140	20.0	46.0
160	26.5	46.0
180	34.0	46.0

注：表中 a、b_1、b_2 见图 6-20。

98

图 6-20 为喷头向上向下布置示意图及其与梁的距离。

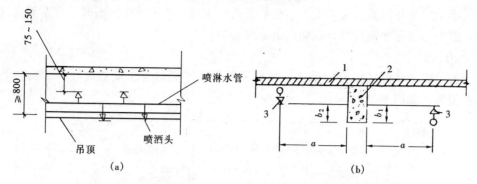

（a）　　　　　　　　　　　　　　　（b）

图 6-20　闭式自动喷水灭火系统洒水喷头的布置示意图

（a）洒水喷头向上、向下布置示意图；（b）喷头与梁的距离

1—天花板；2—梁；3—喷头

1. 湿式报警阀

湿式报警阀的作用是接通或切断水源；输送报警信号，启动水力警铃；防止水倒流，如图 6-21 所示。

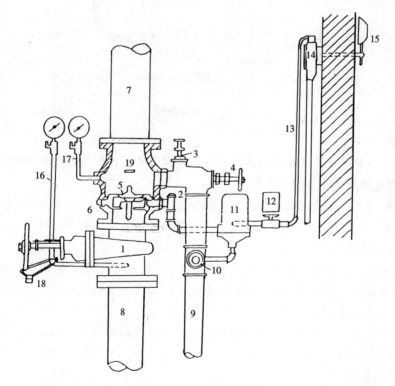

图 6-21　湿式控制报警阀

1—总闸阀；2—警铃水管活塞；3—试铃阀；4—排水管阀；5—警铃阀；6—阀座凹槽；

7—喷头输水管；8—水源输水管；9—排水管；10—延迟器与排水管接合处；11—延迟器；

12—水力继电器；13—警铃输水管；14—水轮机；15—警钟；16—水源压力表；

17—设计内部水力压力表；18—总阀上锁与草带；19—限制警铃上升的档柱

2. 水流指示器

水流指示器的作用是当火灾发生，喷头开启喷水时或管道发生泄漏时，有水流通过，则水流指示器发出区域水流信号，起辅助电动报警的作用。

3. 水力警铃

水力警铃安装在湿式报警阀附近，当报警阀打开水源，有水流通过时，水流使铃锤旋转，打铃报警，如图 6-22 所示。

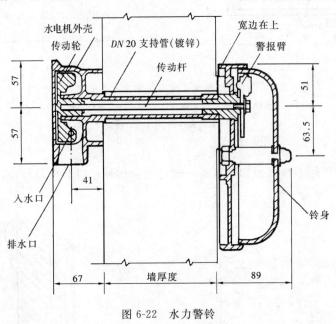

图 6-22 水力警铃

4. 延迟器

延迟器的作用是防止湿式报警阀因水压不稳所引起的误动作而造成的误报警。

6.3.2 开式自动喷水灭火系统

开式自动喷水灭火系统按喷水形式的不同分为雨淋灭火系统和水幕灭火系统，它的喷水头的出水口是开启的，其控制设备在管网上，其喷头的开放是成组进行的。

1. 雨淋灭火系统

雨淋灭火系统由火灾探测系统、开式喷头、雨淋阀、报警装置、管道系统和供水装置组成。用于扑灭大面积火灾及需要快速阻止火灾蔓延的场合，如剧院舞台、火灾危险性较大的地方和工业车间、库房等。

发生火灾时，报警装置自动开启雨淋阀，开式喷头便自动喷水，大面积均匀灭火，效果显著。图 6-23 为雨淋灭火系统。

2. 水幕灭火系统

水幕灭火系统由水幕喷头、雨淋阀、干式报警阀、探测系统、报警系统和管道等组成，用于阻火、隔火、冷却防火隔断物和局部灭火。如应设防火墙等隔断物而无法设置的开口部分；大型剧院、礼堂的舞台口，防火卷帘或防火幕的上部等。

水幕系统和雨淋系统不同的是雨淋系统中用开式喷头（图 6-24），将水喷洒成锥体扩散射流，而水幕系统中用开式水幕喷头（图 6-25），将水喷洒成水帘幕状。因此，它不能用来直接扑灭火灾，而是与防火卷帘、防火墙等配合使用，对它们进行冷却和提高它们的耐火性能。如图 6-26、图 6-27 所示分别为水幕灭火系统、水幕消防管网。

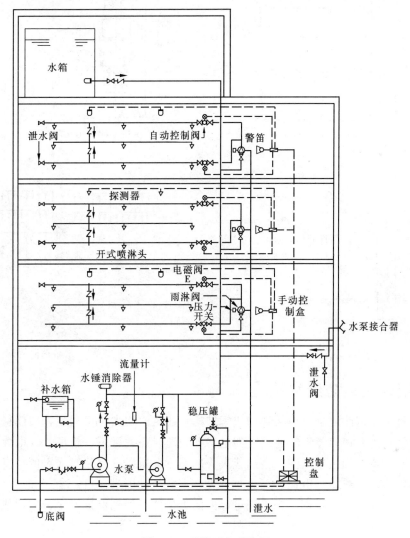

图 6-23　雨淋灭火系统图

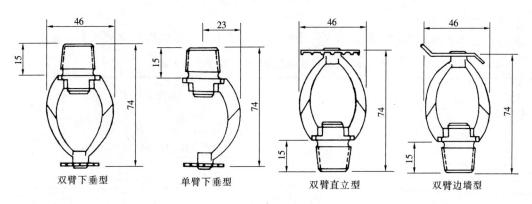

图 6-24　开式喷头

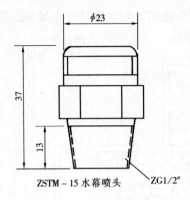
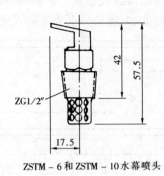

ZSTM－15 水幕喷头　　　　　　ZSTM－6和 ZSTM－10 水幕喷头

图 6-25　水幕喷头

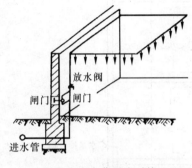

图 6-26　水幕灭火系统

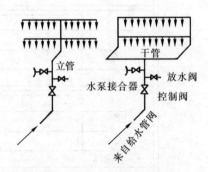

图 6-27　水幕消防管网

6.4　高层建筑消防给水系统

　　高层建筑多为钢筋混凝土框架结构或钢结构，建筑面积大、房间多、功能复杂、人员来往频繁。建筑物内有很多竖直的通道，如电梯井、通风空调管道、管道井、电缆井等。火灾发生时，这些井道就相当于烟囱，会加速火势的蔓延。所以高层建筑火灾的特点是经济损失大、人员伤亡重、火势蔓延迅速、灭火难度大、人员疏散困难。

　　针对高层建筑火灾的特点，应采用可靠的防火措施，做到保证安全、方便使用、技术先进、经济合理。

6.4.1　消防给水系统

1. 消防用水量

高层建筑消防用水量应满足消火栓系统和自动喷水灭火系统用水量的要求，见表 6-6。

表 6-6　高层建筑消火栓给水系统的用水量

高层建筑类别	建筑高度 /m	消火栓用水量 /L·s⁻¹		每根竖管 最小流量 /L·s⁻¹	每支水枪 最小流量 /L·s⁻¹
		室　外	室　内		
普通住宅	≤50	15	10	10	5
	>50	15	20	10	5

102

高层建筑类别	建筑高度 /m	消火栓用水量 /L·s^{-1}		每根竖管 最小流量 /L·s^{-1}	每支水枪 最小流量 /L·s^{-1}
		室 外	室 内		
1. 高级住宅 2. 医院 3. 二类建筑的商业楼、展览楼、综合楼、财贸金融楼、电信楼、商住楼、图书馆、书库	≤50	20	20	10	5
4. 省级以下的邮政楼、防灾指挥调度楼、广播电视楼、电力调度楼 5. 建筑高度不超过50m的教学楼和普通的旅馆、办公楼、科研楼、档案楼等	>50	20	30	15	5
1. 高级旅馆 2. 建筑高度超过50m或每层建筑面积超过1000m^{2}的商业楼、展览楼、综合楼、财贸金融楼、电信楼 3. 建筑高度超过50m或每层建筑面积超过1500m^{2}的商住楼 4. 中央和省级（含计划单列市）广播电视楼 5. 网局级和省级（含计划单列市）电力调度楼 6. 省级（含计划单列市）邮政楼、防灾指挥调度楼	≤50	30	30	15	5
7. 藏书超过100万册的图书馆、书库 8. 重要的办公楼、科研楼、档案楼 9. 建筑高度超过50m的教学楼和普通的旅馆、办公楼、科研楼、档案楼等	>50	30	40	15	5

注：建筑高度不超过50m，室内消火栓用水量超过20L/s，且设有自动喷水灭火系统的建筑物，其室内、外消防用水量可按本表减少5L/s。

2. 消防管道

高层建筑室内消防给水管道应布置成环状，并用阀门分为若干独立段，管道维修时关停的立管不超过1条，其引入管不少于2条，消防立管管径不小于100mm。

室内消防给水管网应设水泵接合器，水泵接合器应有明显的标志，并应设在便于消防车使用的地点，其周围15～40m内应设供消防车取水用的室外消火栓或消防水池。

3. 室内消火栓给水系统的布置

室内消火栓应设在明显、易于取用的地点，且应与自动喷水灭火系统分开。消火栓的设置间距应保证同层相邻的两个消火栓的水枪的充实水柱同时到达室内任何部位，并不应大于30m。同一建筑物内应采用同一型号、规格的消火栓和其配套的水带、水枪。水带长度不超过 25m，水枪口径不小于 25mm。消防电梯间前室应设有消火栓。消火栓栓口出水方向应与墙面成 90°角。

高层建筑应设置能保证室内消防用水量和最不利点消火栓、自动喷水灭火系统所需水压的消防水箱和消防水泵。消防水箱宜与其他用水的水箱合用，但应有确保消防用水的技术措施。

6.4.2 消防给水方式

1. 不分区消防给水方式

建筑物高度不超过 50m 或建筑物内最低消火栓处静水压力小于 0.8MPa 时，一般采用竖向不分区的消防给水系统，如图 6-28 所示。

2. 并联分区消防给水方式

建筑物高度超过 50m 或建筑物内消火栓处静水压力大于 0.8MPa 时，一般需分区供水。

如图 6-29 所示为并联分区消防供水方式，其特点是水泵集中布置，便于管理。适用于高度不超过 100m 的高层建筑。

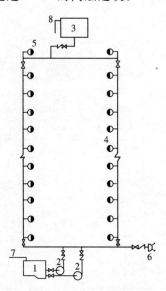

图 6-28　不分区消防供水方式

1—水池；2—消防水泵；3—水箱；4—消火栓；

5—试验消火栓；6—水泵接合器；

7—水池进水管；8—水箱进水管

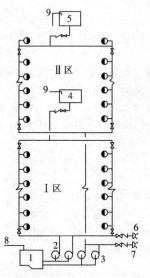

图 6-29　并联分区消防供水方式

1—水池；2—Ⅰ区消防水泵；3—Ⅱ区消防水泵；

4—Ⅰ区水箱；5—Ⅱ区水箱；6—Ⅰ区水泵接合器；

7—Ⅱ区水泵接合器；8—水池进水管；9—水箱进水管

3. 串联分区消防给水方式

这种供水方式的特点是上分区的消防给水需通过下分区的高位水箱中转，这样上分区消防水泵的扬程就可以减少，如图 6-30 所示。

4. 设稳压泵的消防给水方式

高压水箱的设置不能满足最不利消火栓或自动喷水系统的喷头所需的压力时，应在系统中设增压泵或稳压设备，如图 6-31 所示。

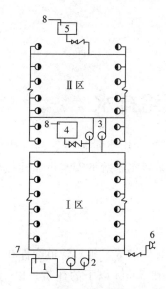

图 6-30 串联分区消防供水方式

1—水池；2—Ⅰ区消防水泵；3—Ⅱ区消防水泵；

4—Ⅰ区水箱；5—Ⅱ区水箱；6—水泵接合器；

7—水池进水管；8—水箱进水管

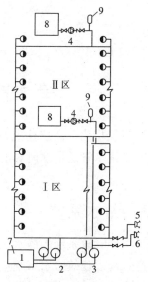

图 6-31 设稳压泵的消防供水方式

1—水池；2—Ⅰ区消防主泵；3—Ⅱ区消

防主泵；4—稳压泵；5—Ⅰ区水泵接合器；

6—Ⅱ区水泵接合器；7—水池进水管；

8—水箱；9—气压罐

第7章 高层建筑给排水

同低层建筑相比，高层建筑室内给排水设备较为完善，用水量标准较高、使用人数较多，停水时或排水管道堵塞时影响范围较大，因此，对给排水系统的安全可靠性提出了更高的要求。

7.1 室内给水系统

为减少下层管道系统的静水压力，避免水击、噪声、振动等，延长管道配件和卫生设备的使用寿命，高层建筑给水系统应竖向分区。一般层高在 3.5m 以下的建筑，以 10～12 层作为一个供水分区为宜。

竖向分区给水有并联、串联、分区减压等多种方式，各有特点及使用条件，应结合工程实际选用。

1. 串联分区给水方式

此种给水系统是在各区技术层内均设置水泵和水箱，下一区水箱作为上一区的水源。各区水箱容积为本区用水量与转输到以上各区水量之和，因此水箱容积从上向下应逐区加大。

这种给水方式的特点是供水可靠、设备简单、投资少、节约能源。但分层设置加压设备，占用的使用面积多，各区技术层需防振、防噪声、防漏水，下区水泵或管路发生故障时，将影响整个建筑物的供水。

该给水方式目前较少采用，如图 7-1 所示。

2. 并联分区给水方式

这种给水方式的特点是水泵集中设置在建筑物底层的水泵房内，分别向各区管网供水，减小了占地面积，设备集中布置，有利于防振、防噪声，便于维护管理，节约能量，各区均为独立供水系统，互不影响，供水可靠。但上层区所需水泵扬程较大，水泵型号较多，压水管线较长。

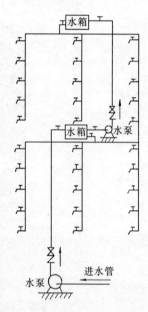

图 7-1 分区串联给水系统

该种给水方式目前在高层建筑内应用广泛。图 7-2 为有水箱并联给水系统。图 7-3 为无水箱并联给水系统。

3. 减压给水方式

建筑物的用水由设置在底层的水泵加压输送到最高层水箱，再由此水箱依次向下区供水，并通过各分区水箱或减压阀减压图 7-4 为分区水箱减压给水方式。图 7-5 为减压阀连接示意图。

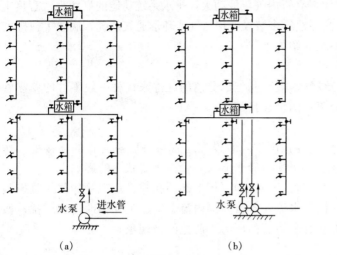

图 7-2 有水箱并联给水系统

(a) 并联分区单管给水方式；(b) 并联分区平行给水方式

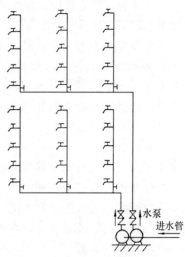

图 7-3 无水箱并联给水系统

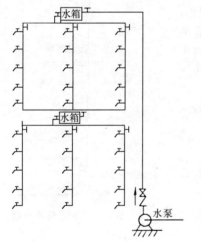

图 7-4 分区水箱减压给水方式

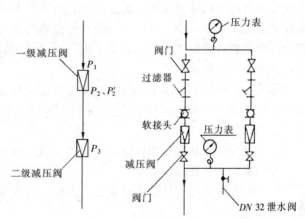

图 7-5 减压阀连接示意图

7.2 室内排水系统

高层建筑的卫生条件要求较高，其排水系统必须通畅，保证水封不受破坏。

建筑物内的生活污水，按其污染性质可分为两类：一类是粪便污水；另一类是盥洗、洗涤污水。

高层建筑内生活污水的排除方式可分为：

（1）分流制系统

即粪便污水、洗涤污水、雨水分别用独立排水管排出。

（2）合流制系统

通常是粪便污水和洗涤污水合在一起由合流管排出，雨水单独排出。

为了防止水封被破坏，必须解决好立管的通气和通水问题。一般的方法是设置通气管或适当放大排水立管的直径，保护排水系统的畅通。

高层建筑排水立管长、排水量大，立管内气压波动大，排水系统功能的好坏很大程度上取决于排水管道通气系统是否合理。高层建筑多装设专用通气或环形通气系统，底层单独排出。

几种常用的新型单立管排水系统介绍如下：

1. 苏维托单立管排水系统

苏维托单立管排水系统是用一种气水混合和气水分离的配件来代替一般零件的单立管排水系统，包括气水混合器和气水分离器两个连接配件。

（1）气水混合器

气水混合器是一个长约800mm的连接配件，装设在立管与每层横支管的连接处，作用是改善排水立管内的水流状态，减轻污水横支管水流对立管内水流状态的影响。

混合器内部有三个特殊结构：乙字管、隔板和隔板上部的孔隙。乙字管的作用是控制立管水流的速度；隔板使立管水流和横管水流在各自间隔内流动，避免互相冲击和干扰；而隔板上的孔隙，可以流通空气，平衡立管和横管的压力，防止虹吸现象。

（2）气水分离器

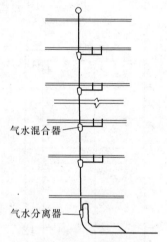

气水分离器是设在排水立管最下部的配件。分离器内有一凸块，沿立管流下的气水混合物遇到凸块后被溅散，大约有70%的气体就会从水中分离出来，气体从跑气管排出，释放气体后污水的体积减小，流速降低，使立管与横干管的泄流能力基本达到平衡。分离出来的气体经跑气管引到横干管的下游，或者反向接入上部立管中去，这样就可以防止立管底部产生过大的正压。

苏维托系统由于采用了单管，与设有排水立管和通气管的双管排水系统相比，可少占建筑面积，并可节省30%以上的造价。

混合器与分离器都是用铸铁浇铸的，与普通排水铸铁管件一样，采用承插连接。

图7-6为苏维托单立管排水系统。图7-7为苏维托排水 图7-6 苏维托单立管排水系统图
系统连接配件。

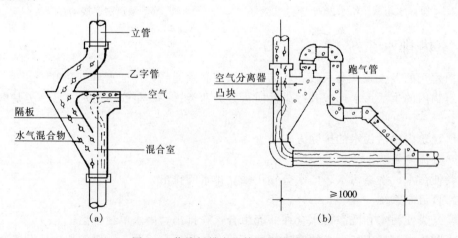

图7-7 苏维托排水立管系统特殊配件
(a) 气水混合器；(b) 气水分离器

2. 旋流式单立管排水系统

旋流排水系统如图 7-8 所示。旋流式单立管排水系统由两个主要部件组成，一是用于连接立管与各层横支管的旋流排水接头（图 7-9a），二是用于连接立管底部与排水横干管的旋流排水弯头（图 7-9b）。

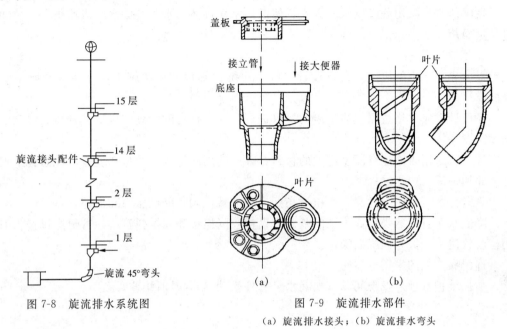

图 7-8　旋流排水系统图　　　　图 7-9　旋流排水部件
（a）旋流排水接头；（b）旋流排水弯头

（1）旋流连接配件

旋流连接配件的接头盖上有 1 个直径 10mm 和 6 个直径 50mm 的污水管接头，接头内部有 12 块导旋叶片。通过盖板可以连接大便器和其他器具的排水横支管。从横支管排出的污水从切线方向流入立管，由于旋转导流，使水呈旋转运动，因而不会在立管和横管的连接处产生水塞，而是沿管壁旋转而下，保证了立管中空，形成通气的空气芯。水流流下一段距离后，旋流作用会减弱，但通过下一层的旋流接头时，由于旋转导叶片的作用又增加了旋流，使立管的空气芯与各横支管中的气流连通，并通过伸顶通气管与大气相通，使立管中压力变化很小，从而防止了卫生器具的水封被破坏，立管的负荷也大大提高了。

（2）旋流排水弯头

旋流排水弯头是一个内部有特殊顺片的 45° 弯管，叶片能迫使流下的水流溅向对壁沿着弯头后方流下，这样就避免了横干管发生水跃而封闭住立管内的气流造成过大的正压。

高层建筑的排水管一般采用排水铸铁管，但强度应比普通铸铁管高。目前国外已较多采用钢管。

7.3　高层建筑给排水管道噪声防治

1. 噪声的来源

分析给排水系统中产生噪声的原因如下：

机械设备产生的噪声，如水泵机组、空气压缩机、冷却塔等在运行中由于振动而产生的噪声，并通过基础、管道和空气传播到各处。

由于振动和水流速度过大而在管道中产生的噪声，并通过管道传播很远，影响较大。

由于零件设备安装不当，水龙头、阀门配件松动等原因而发生振动产生噪声。

各种卫生器具进水时冲击器壁或排水时抽吸产生的噪声和家用电器如电冰箱、洗衣机等在运行中产生的噪声。

高层建筑常采用分区供水的方式，使低层水压过高，水龙头放水时流速很大，关闭阀门时产生噪声。

2. 噪声的防治

根据噪声产生的原因，要从设计、施工、维护管理上设法解决，才能达到防治噪声的目的。

在设计上应严格按照预防噪声的要求进行，注意机房的位置、机房和管道的隔声、选用低噪声设备等。

管材应采用表面光滑而密度大的材料，并应选用质量较好的材料设备，注意施工安装强度，并加强维修。

竖向分区压力不宜过高，水压过高处应安装减压阀，降低压力和流速。

降低水泵机组的噪声，水泵的基础应设橡胶隔振垫和隔振弹簧垫，管道穿过楼板时，需用橡胶软接头减振，以降低噪声。

选用噪声低的家用电器。

加强维护管理，发现问题（如漏水、管件松动等），及时维修。

第8章　建筑热水供应与直饮水工艺

8.1　建筑热水供应系统的分类和组成

8.1.1　热水供应系统的分类

热水供应系统按热水供应范围分为局部热水供应系统、集中热水供应系统和区域热水供应系统，如图 8-1、图 8-2 所示。

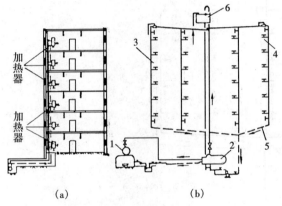

图 8-1　局部和集中热水供应

(a) 局部热水供应；(b) 集中热水供应

1—锅炉；2—热交换器；3—输配水管网；

4—热水配水点；5—循环回水管；6—冷水箱

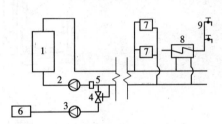

图 8-2　区域热水供应系统

1—热水锅炉；2—循环水泵；3—补给水泵；

4—压力调节阀；5—除污器；6—补充水处理装置；

7—供暖散热器；8—生活热水加热器；9—生活用热水

1. 局部热水供应系统

局部热水供应系统是采用小型加热设备在用水场所就地加热，供局部范围内的一个或几个用水点使用的热水系统。

局部热水供应系统的热源有蒸汽、燃气、炉灶余热、太阳能和电能等，适用于热水用水点少、用水量较小且分散的建筑。

局部热水供应系统具有设备、系统简单，造价低，维护管理容易，热损失少，改建、增装方便等特点，但使用不够方便舒适，每个加热装置都要占用建筑面积，由于系统的同时使用率高，使设备的容量加大。

2. 集中热水供应系统

集中热水供应系统是利用加热设备集中加热冷水后通过热水管网送至一幢或多幢建筑中的热水配水点，为保证系统热水温度需设循环回水管，将暂时不用的部分热水再送回加热设备。

集中热水供应系统的特点是加热设备集中，便于管理维修，设备的热效率较高，热水成本低，由于同时使用率低，设备总容量小，但系统复杂，初期投资大，需配备专门人员管理，且热损失较大。

　　3. 区域热水供应系统

　　区域热水供应系统是以集中供热热力网中的热媒为热源，由热交换设备加热冷水，然后通过热水管网输送至整个建筑群，供各热水用水点使用。

　　区域热水供应系统热效率高，但一次性投资大，适用于建筑布置较集中，热水用量较大的城市和大型工业企业使用。

8.1.2　热水供应系统的组成

　　热水供应系统的组成如图 8-3 所示。它主要包括：锅炉、热媒循环管道、水加热器、配水循环管道等。

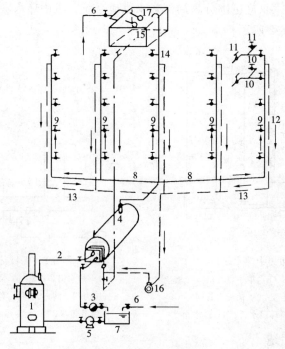

图 8-3　热水供应系统的组成

1—锅炉；2—热媒上升管（蒸汽管）；3—热媒下降管（凝结水管）；4—水加热器；

5—给水泵（凝结水泵）；6—给水管；7—给水箱（凝结水箱）；8—配水干管；9—配水立管；

10—配水支管；11—配水龙头；12—回水立管；13—回水干管；14—透气管；

15—冷水箱；16—循环水泵；17—浮球阀

　　系统的工作流程是：锅炉产生的蒸汽经热媒循环管道送入水加热器将冷水加热。蒸汽凝结水由凝结水管排至凝水池。锅炉用水由凝水池旁的凝结水泵压入。水加热器中所需要的冷水由高位水箱供给，加热器中的热水由配水管送到各个用水点。不配水时，配水管和循环管（又称回水管）仍循环流动着一定量的循环热水，用以补偿配水管路在此期间的热损失。

8.2　热水的加热方式

　　水的加热方式有很多，选用时应根据热源种类、热能成本、热水用量、设备造价和维护管理费用等进行经济比较后确定。

8.2.1 集中热水供应加热方式

1. 蒸汽直接加热

蒸汽直接加热就是将锅炉产生的蒸汽直接通入水中进行加热。这种加热方式简单、投资少、热效率高、维护管理方便；但有噪声，冷凝水不能回收，水质会受热媒污染。

蒸汽直接加热适用于公共浴室、工业企业的生活间、洗衣房等建筑。

常用多孔管加热和喷射器加热两种方法，如图 8-4、图 8-5 所示。图 8-6 为喷射器。

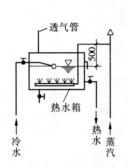

图 8-4　多孔管加热 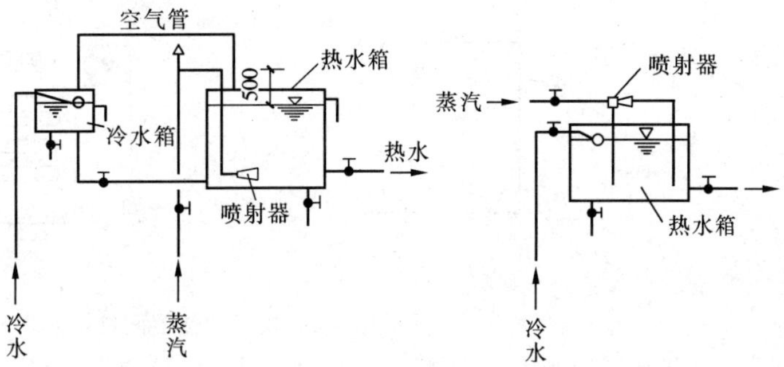　　　　　　　　　图 8-5　喷射器加热

2. 间接加热

间接加热就是利用锅炉产生的蒸汽或高温水作热媒，通过热交换器将水加热。热媒放出热量后又返回锅炉中，如此反复循环。这种系统的热水不易被污染，热媒不必大量补充，无噪声，热媒和热水在压力上无联系。

较大的热水供应系统常采用间接加热，如医院、饭店、旅馆等。

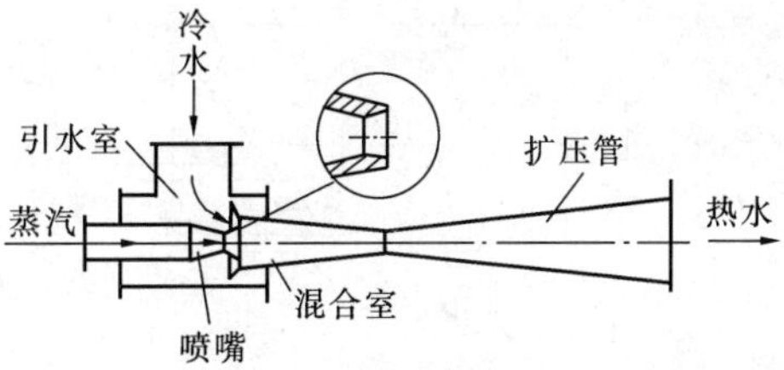

图 8-6　喷射器

间接加热常用开式热水箱加热、容积式水加热器加热（图 8-7）和快速水加热器加热（图 8-8）等。

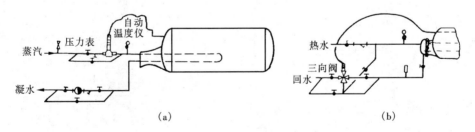

（a）　　　　　　　　　　　　　（b）

图 8-7　容积式水加热器间接加热
（a）蒸汽加热；（b）热水加热

3. 水加热设备

水加热设备是将冷水加热成热水的换热装置，又称水加热器或热交换器。

如图 8-9、图 8-10、图 8-11 所示分别为容积式水加热器、蒸汽—水快速加热器、单管式汽—水加热器。图 8-12 为开式热水箱加热示意。

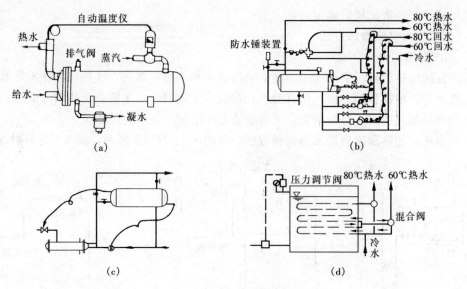

图 8-8　快速加热器间接加热

（a）快速式间接加热；（b）配有热水器；（c）供应不同温度装置（Ⅰ）；（d）供应不同温度装置（Ⅱ）

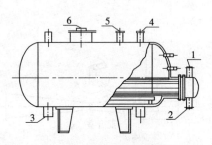

图 8-9　容积式水加热器

1—蒸汽（热水）入口；2—冷凝水（回水）出口；

3—进水管；4—出水管；5—接安全阀；6—人孔

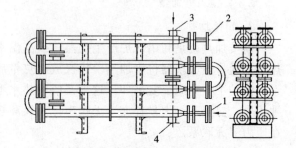

图 8-10　蒸汽—水快速加热器

1—蒸汽进口；2—冷凝水出口；

3—冷水进口；4—热水出口

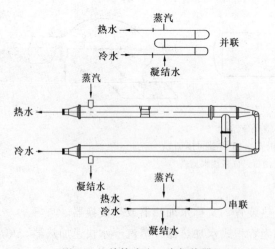

图 8-11　单管式汽—水加热器

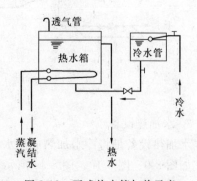

图 8-12　开式热水箱加热示意

114

水加热器的类型有很多，各种水加热器的主要性能及适用条件见表 8-1。

表 8-1　水加热器的类型及其特点

类　　型			主　要　特　点	适　用　条　件
区域、集中热水供应加热设备	直接加热	汽—水混合式　多孔管式	构造简单、热效率高、成本低、噪声大	可用于定时供水、对噪声要求不高的公共浴室、洗澡房中
		汽—水混合式　混合器式		
		水—水混合式	使用方便、热效率高	用于热媒为热水的情况
	间接加热	闭式　容积式　汽—水	出水水温稳定，有贮水功能，占地大、投资高	用于供水水温要求恒定、无噪声的建筑
		闭式　容积式　水—水		
		闭式　快速式　汽—水	占地少、热效率高、水温变化大、不能贮水	用于有热力网，用水量大的工业、公共建筑
		闭式　快速式　水—水		
		开式或闭式　加热水箱　排管式	构造简单、水压稳定、可贮水、占地大、热效率低	用于屋顶可设水箱、用水量不大的热水系统
		开式或闭式　加热水箱　盘管式		
局部热水加热设备	蒸汽加热器		同"汽—水混合式"加热器	
	太阳能热水器		构造简单、节能、经济、成本低、无污染、受自然条件限制	用于家庭、小型浴室或餐厅等
	燃气热水器		管理方便、卫生、构造简单、使用不当会出事故	用于有燃气源、耗热量不大的建筑中
	电加热器		使用方便、无污染、卫生、耗能大	用于电力充足，无其他热源的场所

图 8-13、图 8-14 为膨胀管和膨胀罐。它们的主要功能是解决热水供应系统中因水温升高、水密度减小、水容积增加而引起的系统正常工作被破坏的问题。

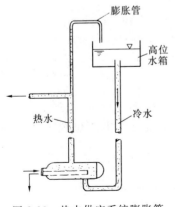

图 8-13　热水供应系统膨胀管

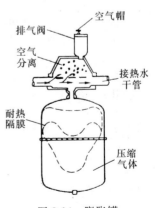

图 8-14　膨胀罐

8.2.2 局部热水加热方式

局部热水供应加热方式如图 8-15 所示。

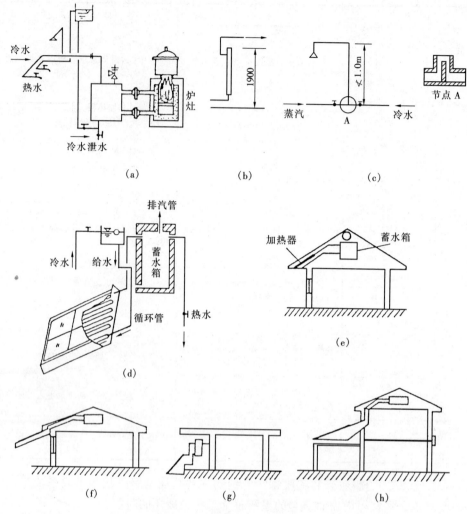

图 8-15　局部热水加热方式

（a）炉灶加热；（b）小型单管快速加热；（c）汽—水直接混合加热；（d）管式太阳能热水装置；
（e）管式加热器在屋顶；（f）管式加热器充当窗户遮篷；（g）管式加热器在地面上；
（h）管式加热器在单层屋顶上

8.3　热水供应方式

热水管网的布置形式很多，一般可根据热水干管在建筑物中的位置不同，分为以下几种：

1. 上分式

配水干管设在建筑物上部，自上而下供热水，如图 8-16 所示。

2. 下分式

配水干管设在建筑物的下部，自下而上供热水，如图 8-17 所示。

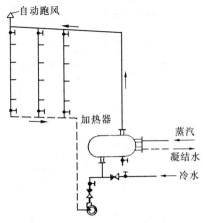
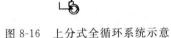

图 8-16 上分式全循环系统示意

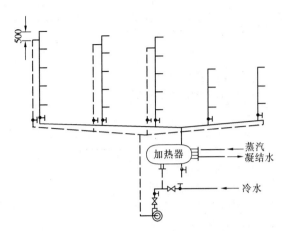

图 8-17 下分式循环系统示意

如不设回水管，这两种管网形式就与给水管网相同。

8.4 热水水温、水质及用水量标准

室内热水供应是对水的加热、储存和输配的总称，主要供给生产、生活用户洗涤及盥洗热水、应能保证用户随时可以得到符合设计要求的水量、水温和水质。

8.4.1 水质

工业用水水质按生产工艺要求确定。

生活用水水质必须符合国家颁布的《生活饮用水卫生标准》的规定。热水供应系统的水在加热前是否需软化处理，应根据水的硬度、用水量、水温及使用要求等因素进行技术经济比较来确定。一般按水温 65℃ 计算的日用水量小于 $10m^3$ 时，原水可不进行软化处理，否则，应对冷水适当处理后再加热。

8.4.2 水温

热水计算使用的冷水温度是以当地最冷月平均水温为标准。若无当地水温资料时，参照《建筑给水排水设计规范》（GB 50015）。

热水水温计算标准应满足生产和生活需要，保证系统不因水温过高而使金属管道容易腐蚀、设备和零件容易损坏和维护复杂。

热水锅炉或水加热器出口的最高水温和配水点的最低水温应根据水质处理情况决定：若不需进行水质处理或有水质处理设施时，热水锅炉和水加热器出口的最高水温应低于 75℃；配水点最低水温应高于 60℃；需要进行水质处理但未设置处理装置时，热水锅炉和水加热器出口的最高水温应低于 65℃，配水点的最低水温应高于 50℃；若热水仅供淋浴、盥洗使用而不供洗涤用水时，配水点的最低水温不低于 50℃ 即可。水加热设备出口与配水管网最不利配水点温差不得大于 15℃。

8.4.3 用水量标准

热水用水量标准有两种：一种是按热水用水单位所消耗的热水量及其所需水而制定的，如每人每日的热水消耗量及所需水温、洗涤 1kg 干衣所需的水量及水温等，见表 8-2；另一种是按卫生器具一次或 1h 热水用水量和所需水温而制定的，见表 8-3。

表 8-2　热水用水定额

序号	建 筑 物 名 称	单 位	60℃的用水定额 （最高日）/L	使用时间 /h
1	住宅			
	有自备热水供应和沐浴设备	每人	40～80	24
	有集中热水供应和沐浴设备	每日	60～100	24
2	别墅	每人每日	70～110	24
3	单身职工宿舍、学生宿舍、招待所、培训中心、普通旅馆			
	有公用盥洗室	每人每日	25～40	24 或定时供应
	有公用盥洗室和淋浴室	每人每日	40～60	
	有公用盥洗室、淋浴室和洗衣室	每人每日	50～80	
	有单独卫生间、公用洗衣室	每人每日	60～100	
4	宾馆客房			
	旅客	每床每日	120～160	24
	员工	每人每日	40～50	24
5	医院住院部			
	有公用盥洗室	每床每日	60～100	24
	有公用盥洗室和淋浴室	每床每日	70～130	24
	有单独卫生间	每床每日	110～200	24
	疗养院、休养所住房部	每床每日	100～160	24
	门诊部、诊疗所	每病人每次	7～13	8
	医务人员	每人每班	10～130	8
6	养老院	每床每日	50～70	24
7	幼儿园、托儿所			
	有住宿	每儿童每日	20～40	24
	无住宿	每儿童每日	10～15	10
8	公共浴室			
	淋浴	每顾客每次	40～60	12
	淋浴、浴盆	每顾客每次	60～80	12
	桑拿浴（淋浴、按摩池）	每顾客每次	70～100	12
9	理发室、美容院	每顾客每次	10～15	12
10	洗衣房	每公斤干衣	15～30	8
11	餐饮厅			
	营业餐厅	每顾客每次	15～20	10～12
	快餐店、职工及学生食堂	每顾客每次	7～10	11
	酒吧、咖啡厅、茶座、卡拉 OK 房	每顾客每次	3～8	18
12	办公楼	每人每班	5～10	8
13	健身中心	每人每次	15～20	12
14	体育馆			
	运动员淋浴	每人每次	25～35	4
15	会议厅	每座位每次	2～3	4

表 8-3　卫生器具的一次或小时热水用水定额及水温

序号	卫生器具名称	一次用水量/L	小时用水量/L	水温/℃
1	住宅、旅馆、别墅、宾馆 　带有淋浴器的浴盆 　无淋浴器的浴盆 　淋浴器 　洗脸盆、盥洗槽水龙头 　洗涤盆（池）	150 125 70～100 3 —	300 250 140～200 30 180	40 40 37～40 30 50
2	集体宿舍、招待所、培训中心淋浴器 　淋浴器：有淋浴时间 　　　　　无淋浴时间 　盥洗槽水龙头	70～100 — 3～5	210～300 450 50～80	37～40 37～40 30
3	餐饮业 　洗涤盆（池） 　洗脸盆：工作人员用 　　　　　顾客用 　淋浴器	— 3 — 40	250 60 120 400	50 30 30 37～40
4	幼儿园、托儿所 　浴盆：幼儿园 　　　　托儿所 　淋浴器：幼儿园 　　　　　托儿所 　盥洗槽水龙头 　洗涤盆（池）	100 30 30 15 15 —	400 120 180 90 25 180	35 35 35 35 30 50
5	医院、疗养院、休养所 　洗手盆 　洗涤盆（池） 　浴盆	— — 125～150	15～25 300 250～300	35 60 40
6	公共浴室 　浴盆 　淋浴器：有淋浴小间 　　　　　无淋浴小间 　洗脸盆	125 100～150 — 5	250 200～300 450～540 50～80	40 37～40 37～40 35
7	理发室、美容院　洗脸盆	—	35	35
8	实验室 　洗涤盆 　洗手盆	— —	60 15～25	60 30
9	剧院 　淋浴器 　演员用洗脸盆	60 5	200～400 80	37～40 35
10	体育场　淋浴器	30	300	35
11	工业企业生活间 　淋浴器：一般车间 　　　　　脏车间 　洗脸盆或盥洗槽水龙头：一般车间 　　　　　　　　　　　　脏车间	40 60 3 5	360～540 180～480 90～120 100～150	37～40 40 30 35
12	办公楼　洗手盆	—	50～100	35
13	净身器	10～15	120～180	30

注：一般车间指现行的《工业企业设计卫生标准》中规定的 3、4 级卫生特征的车间。脏车间指该标准中规定的 1、2 级卫生特征的车间。

生产用热水量由生产工艺要求确定。

生活用热水量的定额与建筑物的性质、卫生设备的完善程度、当地气候条件、热水供应时间、水温及生活习惯等因素有关。

8.5 直饮水供应工艺

人们平时所喝的开水或凉开水，都是把符合饮用水水质标准的水煮沸而成的，将水煮沸显然需要消耗热能，热能需由燃料燃烧供给，这就会消耗许多能源。而有些国家早已开始喝不需煮沸的水，也就是水质高的冷水——直饮水。直饮水实质上就是把水经过深度处理后供人们直接饮用的水。

目前我国对直饮水相当重视。1999 年，国家建设部审查并批准了强制执行的行业标准《饮用净水水质标准》（CJ 94—1999），该标准于 2000 年 3 月 1 日起施行。现行的《饮用净水水质标准》（CJ 94—2005）是一个与国际同类先进标准相符的标准。建筑与居住小区直饮水按此标准控制是安全可靠的，也是经济合理的，并且也符合我国国情。

8.5.1 直饮水供应工艺的净水工艺

建筑小区直饮水是以城市自来水为原水进行深度净化，所以主要是自来水水质指标的进一步优化，如有毒有害物质、有机污染物、自来水在输水系统中的二次污染等。

常用的净水处理工艺有机械处理、活性炭处理和消毒处理等工艺。

1. 机械处理工艺

机械处理工艺就是采用机械过滤器（又称介质过滤器）进行过滤，滤料常用砂、无烟煤等。通过机械过滤可以去除水中的铁锈和较大的颗粒，从而改善水质。

机械过滤器应定期冲洗。

2. 活性炭处理工艺

活性炭处理工艺是利用活性炭结构具有发达的孔隙、比表面积很大和良好的吸附特性，去除水中的有机污染物和氯消毒后的氯化副产物。

活性炭必须经常冲洗、定期再生和更换。

3. 消毒工艺

常见的直饮水消毒工艺有臭氧消毒、紫外线消毒等，其中紫外线消毒技术具有安全、可靠、运行管理简单、无有害副产物和经济等优点。

8.5.2 直饮水制水工艺流程

常用的直饮水制水工艺流程有以下几种：

1. 自来水→砂滤→活性炭过滤→精密过滤→反渗透→臭氧消毒→出水
2. 自来水→砂滤→活性炭过滤→微孔过滤→臭氧消毒→出水
3. 自来水→臭氧→活性炭过滤→精密过滤→超滤→臭氧消毒→出水
4. 自来水→活性炭过滤→预涂膜过滤→微电解→紫外线消毒→出水

8.5.3 直饮水工艺管道系统

1. 直饮水工艺管道系统的组成

直饮水工艺管道系统的基本任务是把处理后的优质水通过小区优质水管道输送到各用户，其组成如下：

（1）优质饮用水设备。用于原水的深度处理，即上述各流程中各水处理工艺设备的组合，是直饮水工艺的主要设备。

（2）水泵装置。用来保证优质饮用水供应系统的水量和水压，其水泵材质常为不锈钢或玻璃钢制，不影响饮水水质。

（3）管道及管道附件。用于输送优质饮用水，要求管材、阀门、管件均为不锈钢或铝塑制，不影响饮水水质。

（4）管网水循环杀菌设备。用于杀菌消毒。

2．管道系统流程如下：

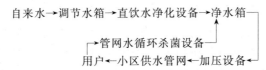

图 8-18 为直饮水供应的下行上给循环系统。户内龙头安装示意如图 8-19 所示。

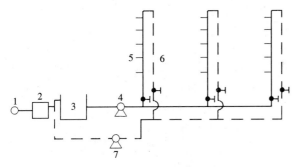

图 8-18 下行上给循环系统

1—自来水源；2—净化装置；3—贮水箱；4—水泵；

5—供水管；6—循环水管网；7—循环水泵

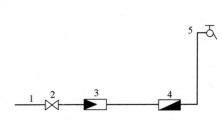

图 8-19 户内龙头安装示意

1—支管；2—截止阀；3—减压阀；

4—水表；5—饮水龙头

8.5.4 直饮水系统常用管材管件与附件

直饮水系统常用管材有如下几种：

1．不锈钢管

优点是抗高压能力强、抗腐蚀、抗锈能力强，缺点是造价高。

2．硬聚氯乙烯管（UPVC）

优点是抗锈、内壁光滑、水力条件好、易于黏合、价廉；缺点是黏结接口易老化，承高压能力较差。

3．交联聚乙烯管（PEX）

优点是耐温性好，耐压、耐稳定性和持久性好；缺点是只能用金属连接件，价高。

4．铝塑复合管（PE-Al-PE、PEX-Al-PEX）

优点是保留了聚乙烯管和铝管的优点，又避免了各自的缺点，易弯曲、耐高压、线性膨胀系数小；缺点是整体壁厚不均，影响管件连接质量，采用专用铜接头，价格较高。

5．聚丙烯管

优点是耐温、耐寒、耐高压、价廉；缺点是易龟裂，同等压力下管壁最厚。

硬聚氯乙烯管、聚丙烯管可采用相同材质的管件，交联聚乙烯管和铝塑复合管采用特殊的铜质管件，阀门均采用不锈钢和铜质阀门。

8.5.5 直饮水管道的布置与敷设

1. 直饮水管道的布置

建筑物内直饮水管道布置应横平竖直，不被环境污染、不被重物和设备压坏，不被冻坏。建筑内立管应有排气装置和补偿装置，低处有泄水装置。饮水支管应坡向立管，干管均应有坡度，便于水的流动和循环，干管布置成下行上给全循环同程式。

建筑外直饮水供回水干管布置时也应不被冻坏，不被压坏，不被环境污染，且便于检修，横平竖直，有一定坡度，使水能顺利循环流动。

2. 直饮水管道的敷设

直饮水管道敷设有明敷和暗敷，一般建筑采用明敷，有特殊要求的建筑采用暗敷，根据建筑装饰要求及建筑内饮水点位置确定。

小区建筑外直饮水管道敷设有直埋敷设、管沟敷设，依不同管材和使用要求而选择。

小区直饮水管道布置和敷设应以建筑单元为进户供水工艺系统，且在每栋建筑支管与干管的连接处，每单元进户管上设阀门井并安装阀门。

8.5.6 净水器

净水器安装在给水设备的用户侧，可制出优质水。有直接装在水龙头上的，有水龙头兼用型的，还有的安装在洗涤盆下的配管组合型（图 8-20）的。

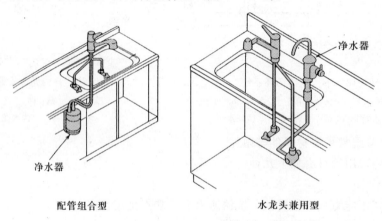

配管组合型 　　　　　　　　　 水龙头兼用型

图 8-20　净水器

使用活性炭过滤处理和膜处理等，滤料要定期更换。

安装在洗涤盆下的时候，要确保更换滤料所需的维修空间。

122

第9章 给排水施工图的识读

9.1 室内给排水施工图的作用和组成

1. 给排水施工图的作用

建筑给排水施工图是建筑给水排水工程施工的依据和必须遵守的文件。它主要用于解决给水及排水方式、所用材料及设备的型号、安装方式、安装要求、给排水设施在房屋中的位置及与建筑结构的关系、与建筑物中其他设施的关系、施工操作要求等一系列内容，是重要的技术文件。

施工图表达设计人员的设计意图。施工图必须由正式的设计单位绘制并签发。施工时，未经设计单位同意，施工图中的内容不得随意更改。

2. 给排水施工图的组成

建筑给水排水施工图由平面图、系统图、详图、设计说明、设备及材料明细表等几部分组成。

3. 给排水施工图的特点

在生活中，如果打开水龙头，顺着这根管道"饮水思源"，一直可以找到给该龙头供水的自来水厂，甚至是取水水源。当用过的水倒入污水池后，顺着排水管道，一直可以找到污水处理厂。所以，给排水工程图的最大特点是管道首尾相连，来龙去脉清楚，既不突然断开消失，也不突然产生。给排水施工图的这一特点，给读图识图带来极大的方便。

9.2 室内给排水施工图的说明

说明就是用文字而非图形的形式表达必须交待的技术内容，它是图纸的重要组成部分。按照先文字、后图形的原则，在读图识图之前，首先应仔细阅读有关设计说明，对说明涉及到的有关问题，如引用的标准图集、施工工艺标准、验收规范等内容，也要了解、熟悉和掌握。

说明的内容以能够交待清楚设计人员的意图为原则，应根据需要而定。

对于多层一般民用与工业建筑，给排水说明的主要内容有：尺寸单位及标高、管材及连接方式、管道的安装坡度、卫生器具类型及安装方式、管线图中代号的含意、管道支架及吊架做法、所采用的标准图号及名称、施工注意事项、管道的防腐做法、管道的保温做法、管道的试压情况等。

对于高层建筑，给排水说明的主要内容有：尺寸单位及标高、材料与接口、管道及设备的安装与固定、管道的防腐、管道的保温、管道的试压等。

9.3 给排水施工图中常用图例、符号

9.3.1 管道及附件图例

管道及附件图例，见表 9-1。

表 9-1 管道及附件图例

序号	名　称	图　例	备　注
1	管　道		用于一张图纸内只有一种管道
		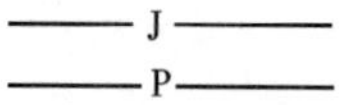 J —— P	用汉语拼音字头表示管道类别
		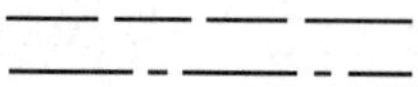	用图例表示管道类别
2	交叉管	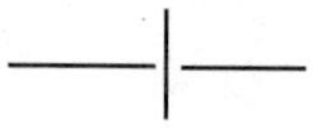	指管道交叉不连接，在下方和后面的管道应断开
3	三通连接	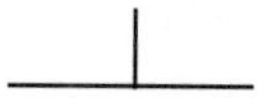	
4	四通连接	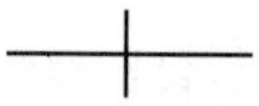	
5	流　向		
6	坡　向		
7	防水套管	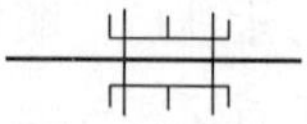	
8	软　管	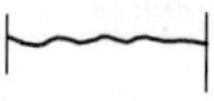	
9	可挠曲橡胶接头	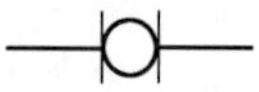	
10	保温管	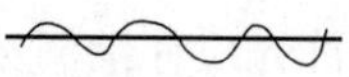	也适用于防结露管
11	多孔管		
12	地沟管	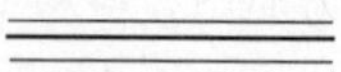	
13	防护套管	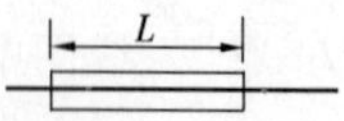 L	L 代表套管长度
14	管道立管	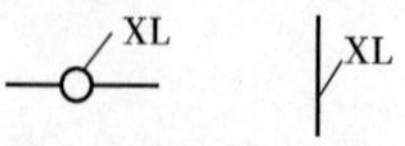 XL　　XL	X 为管道类别代号，L 表示立管

124

序号	名　称	图　例	备　注
15	排水明沟	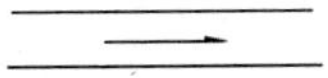	
16	排水暗沟	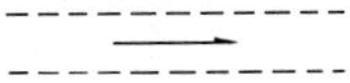	
17	弯折管		表示管道向后（下）弯90°
18	弯折管		表示管道向前（上）弯90°
19	存水弯		
20	检查口		
21	清扫口		左图用于平面图，右图用于系统图
22	通气帽	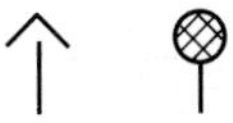	
23	雨水斗	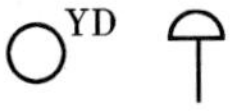	左图用于平面图，右图用于系统图
24	排水漏斗		左图用于平面图，右图用于系统图
25	圆形地漏		左图用于平面图，右图用于系统图
26	方形地漏		左图用于平面图，右图用于系统图
27	自动冲洗水箱		左图用于平面图，右图用于系统图
28	阀门套筒	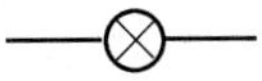	

9.3.2　管道连接图例

管道连接图例，见表9-2。

表9-2　管道连接图例

序号	名　称	图　例	备　注
1	法兰连接	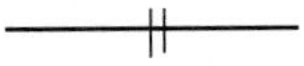	
2	承插连接	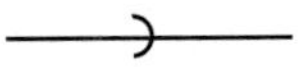	

序号	名　　称	图　　例	备　　注
3	螺纹连接		连接符号也可不画
4	活接头		
5	管　堵		
6	法兰堵盖		
7	异径管		
8	乙字管		
9	喇叭口		
10	管接头		
11	弯　管		
12	正三通		
13	斜三通		
14	正四通		
15	斜四通		

9.3.3　阀门图例

阀门图例，见表 9-3。

表 9-3 阀 门 图 例

序号	名 称	图 例	备 注
1	阀 门		用于一张图纸内只有一种阀门
2	闸 阀		
3	截止阀		
4	电动阀		
5	减压阀		
6	旋塞阀		
7	底 阀		
8	球 阀		
9	止回阀		箭头表示水流方向
10	消声止回阀		箭头表示水流方向
11	蝶 阀		
12	弹簧安全阀		
13	浮球阀		
14	延时自闭冲洗阀		
15	放水龙头		
16	皮带龙头		
17	洒水龙头		
18	化验龙头		
19	脚踏龙头		
20	室外消火栓		
21	室内消火栓（单口）		
22	室内消火栓（双口）		

9.3.4 卫生器具及水池图例

卫生器具及水池图例，见表 9-4。

表 9-4　卫生器具及水池图例

序号	名　称	图　例	备　注
1	水盆、水池		用于一张图纸内只有一种水盆或水池
2	洗脸盆		
3	立式洗脸盆		
4	浴盆		
5	化验盆、洗涤盆		
6	带箅洗涤盆		
7	盥洗槽		
8	污水池		
9	妇女卫生盆		
10	立式小便器		
11	挂式小便器		
12	蹲式大便器		
13	坐式大便器		
14	小便槽		
15	饮水器		
16	淋浴喷头		
17	矩形化粪池		HC 为化粪池代号
18	圆形化粪池		
19	除油池		YC 为除油池代号
20	沉淀池		CC 为沉淀池代号
21	降温池		JC 为降温池代号
22	雨水口		
23	阀门井、检查井		
24	水表井		本图与流量计相同

9.3.5 设备及仪表图例

设备及仪表图例，见表 9-5。

表 9-5 设备及仪表图例

序号	名　称	图　例	备　注
1	泵		用于一张图纸内只有一种泵
2	离心水泵		
3	管道泵		
4	热交换器		
5	水—水热交换器		
6	开水器		
7	喷射器		
8	磁水器		
9	过滤器		
10	水锤消除器		
11	浮球液位器		
12	温度计		
13	压力表		

9.4 图纸基本内容

1. 平面图

建筑给水排水平面图是给水排水施工图的主要部分，它所表达的内容如下：

（1）表明建筑物内用水房间的平面分布情况。

（2）有关给排水设施的类型、平面布置、定位尺寸及相对位置。

（3）给排水管道的平面位置、走向、管材名称、管径规格、系统编号、立管编号及室内外管道的连接方式。

（4）管道的敷设方式、连接方式、坡度及坡向。

（5）管道附件的平面布置、规格、型号、种类。

（6）给水管道上水表的位置、类型、型号及水表前后阀门的设置情况。

（7）室内给水引入管、水表节点、加压设备等平面位置。

（8）污水构筑物（如室外检查井）的种类和平面位置。

2. 系统图

系统图就是给水、排水系统的轴测投影图，与平面图相辅相承，互相说明又互为补充。其主要内容如下：

（1）表明自引入管至用水设备或卫生器具的给水管道、自卫生器具至污水排出管的空间走向和布置情况。

（2）管道的规格、标高、坡度。

（3）系统编号和立管编号。

（4）管道及设备与建筑的关系。

（5）水箱、水泵等设备的接管情况、设置标高、连接方式。

（6）管道附件的设置情况，包括种类、型号、规格、位置、标高。

（7）排水系统通气管设置方式，与排水管道的连接方式，伸顶通气管上通气帽的标高。

（8）室内雨水管道系统的雨水斗与管道的连接方式，雨水斗的分布、室内地下检查井的设置情况。

3. 详图

对于卫生器具、用水设备及附属设备的安装、管道的连接、管道局部节点的详细构造及安装要求等，在平面图和系统图上表示不清楚，也无法用文字说明时，可将这些部位局部放大，画成详图。

9.5 室内给排水施工图的识读

给排水施工图中最主要的图纸是平面图和系统图，识读时，应将两者对照起来，相互补充。

具体方法是以系统为单位，沿水流方向看下去。

1. 底层给排水平面图的识读

一般来说，建筑物的底层既是给水引入处，又是污水排出处，因此，底层给排水平面图具有更特殊的意义。如图 9-1 所示为某商住楼的底层给排水平面图。

（1）给水引入部分

图 9-1 的右下方为给水引入处，箭头表示水流方向，$DN\,50$ 表示给水引入管管径。给水引入管共分为三枝，分别给三个单元的给水立管 JL_1、JL_2、JL_3 供水，管径为 $DN\,32$。

（2）室内用水设备

室内用水设备的设置，从图中可知，每个单元厨房内设有洗涤池一只，卫生间内设有浴缸、坐便器、洗面盆各一个，地漏两个。

（3）室内给水部分

由给水立管接出水平支管，设有截止阀一只，水表一只，接出水龙头一只，给厨房洗涤池供水。再接出水龙头，给卫生间内的浴缸、坐便器、洗面盆、洗衣机龙头供水。

（4）室内排水部分

每个单元均设有两道排水立管（用 PL 表示）。

单元一厨房中的排水立管 PL_1 污水用 $DN\,75$ 管道、洗涤池污水用 $DN\,50$ 管道排至室外 $3^\#$ 窨井。坐便器和排水立管 PL_2 均用 $DN\,100$ 管道将污水排至 $2^\#$ 窨井。卫生间内的两个地漏、洗面盆、浴缸共用一根 $DN\,75$ 管道将污水排至 $2^\#$ 窨井。

单元二的各卫生器具无法单独设排出管，污水排至 $1^\#$ 窨井，各管径如图 9-1 中所示。

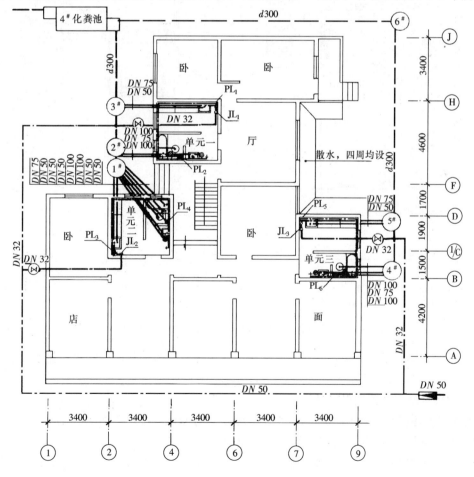

图 9-1 某商住楼底层给排水平面图

单元三的排水管道布置与单元一相似，污水分别排至 4# 和 5# 窨井。

从图 9-1 中可以看出，排水立管 $PL_1 \sim PL_6$ 排出的是楼上排出的污水，底层的污水是单独排出的，这主要是为了防止管道堵塞时，污水从底层卫生器具排出。

2. 标准层给排水平面图的识读

当楼上多层给排水平面布置相同时，可以用一个标准层平面图来表示。

如图 9-2 所示为某商住楼标准层给排水平面图。

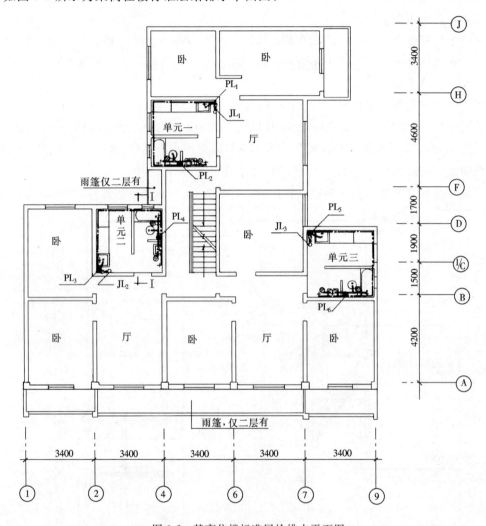

图 9-2　某商住楼标准层给排水平面图

标准层的水由给水立管引入，用水设备、供水管道与底层相同。污水经排水横支管排至排水立管，在底层由排出管排至室外。

3. 屋顶给排水平面图的识读

当屋顶上还有水箱或其他用水设备时，还应绘出屋顶给排水平面图。

如图 9-3 所示为某商住楼屋顶给排水平面图。

屋顶有 5t 水箱一个，由给水立管 JL_1、JL_2、JL_3 供水，出水也经由 JL_1、JL_2、JL_3。

如图 9-4 所示为某商住楼屋顶雨水排水平面图。

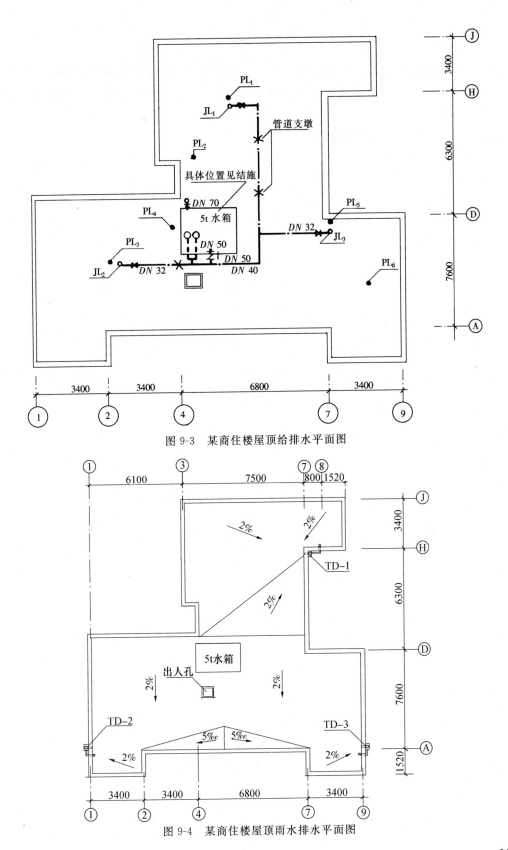

图 9-3 某商住楼屋顶给排水平面图

图 9-4 某商住楼屋顶雨水排水平面图

习　题

1. 考察一栋你熟悉的建筑物并说明其给排水系统的组成、所用材料和附件以及连接方式。
2. 识读一套建筑给排水系统图并写出读图报告。说明该系统的给水方式、系统组成及所用材料和设备。
3. 熟悉给排水系统常用材料和设备。
4. 给排水系统常用的连接方式有哪些？
5. 熟悉给排水施工图图例符号。
6. 现在的建筑工程给排水系统常用的新材料有哪些？与旧材料相比有什么特点？

第三篇
采 暖 系 统

第 10 章　采暖工程

在日常生产和生活中，要求室内保持一定的温度，尤其是在我国北方地区的冬季，室外温度远低于人们在室内正常工作和学习所需的温度，室内的热量不断地传向室外，室内温度就会降到人们所要求的温度以下。为了维持室内正常的温度，创造适宜的生活和工作环境，必须不断地向室内空间输送、提供热量。将热能通过供热管道从热源输送到热用户，并通过散热设备将热量传到室内空间，又将冷却的热媒输送回热源再次加热的过程称为供暖工程，也称做采暖。

10.1　采暖系统的组成与分类

10.1.1　采暖系统的组成

任何形式的采暖系统都主要由热源、供热管道、散热设备三个部分组成。

1. 热源

即区域锅炉房或热电厂等，作为热能的发生器。此外还可以利用工业余热、太阳能、地热、核能等作为供暖系统的热源。

2. 管道系统

将热源提供的热量通过热媒输送到热用户，散热冷却后又返回热源的闭式循环网络。热源到热用户散热设备之间的连接管道称为供热管，经散热设备散热后返回热源的管道称为回水管。

3. 散热设备

散热设备是指供暖房间的各式散热器。

10.1.2　采暖系统的分类

1. 按热媒分类

（1）热水采暖系统

热水采暖系统是以热水为热媒的采暖系统。按热水温度的不同分为低温热水采暖系统和高温热水采暖系统，供水温度 95℃，回水温度 70℃ 的为低温热水采暖系统；供水温度高于 100℃ 的为高温热水采暖系统。按系统的循环动力不同，又分为自然循环采暖系统和机械循环采暖系统。

（2）蒸汽采暖系统

蒸汽采暖系统是以蒸汽为热媒的采暖系统。按热媒蒸汽压力的不同又分为低压蒸汽采暖系统和高压蒸汽采暖系统，蒸汽压力高于 70kPa 为高压蒸汽采暖系统，蒸汽压力低于 70kPa 为低压蒸汽采暖系统，蒸汽压力小于大气压的为真空蒸汽采暖系统。

（3）热风采暖系统

热风采暖系统是以空气为热媒的采暖系统，又分为集中送风系统和暖风机系统。

2. 按供热区域划分

（1）局部采暖系统

热源、管道、散热设备连成一整体。如火炉采暖、煤气采暖、电热采暖等。

（2）集中供暖系统

锅炉单独设在锅炉房内或城市热网的换热站，通过管道同时向一幢或多幢建筑物供热的采暖系统。

(3) 区域供暖系统

由一个区域锅炉房或换热站向城镇的某个生活区、商业区或厂区集中供热的系统。

10.2 热水采暖系统

热水采暖系统是目前广泛使用的一种采暖系统，适用于民用建筑与工业建筑。

10.2.1 自然循环热水采暖系统

1. 系统的组成

自然循环热水采暖系统如图 10-1 所示。

自然循环热水采暖系统由加热中心（锅炉）、散热设备、供水管道（图中实线所示）、回水管道（图中虚线所示）和膨胀水箱等组成。

为了方便水的流动和气体的排出，供水干管应具有一定的坡度。

2. 自然循环热水采暖系统的工作原理

系统运行前要注入冷水到最高处。系统工作时，水在锅炉内加热，水受热体积膨胀，密度减小，热水在供水管道中上升，流入散热器，在散热器内散热冷却后，密度增大，又返回锅炉重新加热。这种密度的差别形成了推动整个系统中的水沿管道流动的动力。仅依靠自然循环作用压力作为动力的热水采暖系统称为自然循环热水采暖系统，主要分为单管和双管两类。

3. 膨胀水箱的作用

膨胀水箱设于系统的最高处，它的容量必须能容纳系统中的水因加热而增大的体积。在自然循环热水采暖系统中，膨胀水箱还起着排除系统中空气的作用。

10.2.2 机械循环热水采暖系统

机械循环热水采暖系统是依靠水泵提供的动力，克服流动阻力使热水流动循环的系统，如图 10-2 所示。

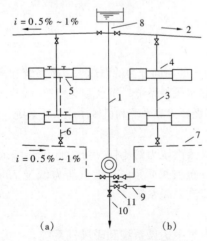

图 10-1　自然循环供暖系统
(a) 双管上供下回式系统；(b) 单管顺流式系统
1—总立管；2—供水干管；3—供水立管；
4—散热器供水支管；5—散热器回水支管；
6—回水立管；7—回水干管；
8—膨胀水箱连接管；9—充水管（接上水管）；
10—泄水管（接下水管）；11—止回阀

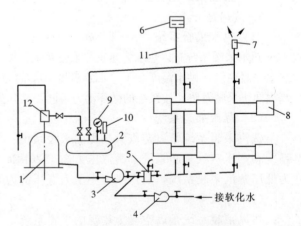

图 10-2　机械循环热水采暖系统
1—热水锅炉；2—分水器；3—循环水泵；
4—补水泵；5—除污器；6—膨胀水箱；
7—自动放气阀；8—散热器；9—压力表；
10—温度计；11—膨胀管；12—锅炉集气罐

1. 系统组成

机械循环热水采暖系统是由热水锅炉、供水管道、散热器、回水管道、循环水泵、膨胀水箱、排气装置、控制附件等组成。

循环水泵为系统中的热水循环提供了动力，为了降低它所处的环境温度，通常设于回水管上。

膨胀水箱仍设于系统的最高处，它的作用只是容纳系统中多余的膨胀水。膨胀水箱的连接管连接在循环水泵的吸入口处，这样就可以使整个系统均处于正压工作状态，避免系统中热水因汽化而影响其正常循环。

为了顺利地排除系统中的空气，供水干管应按水流方向设有向上的坡度。并在供水干管的最高处设排气装置，即集气罐。

机械循环热水采暖系统的作用压力远大于自然循环热水采暖系统，因此管道中热水的流速大，管径较小，启动容易，供暖方式较多，应用广泛。

2. 系统的管路图式

图 10-3、图 10-4 为单管系统、双管系统示意图。

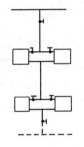

图 10-3　单管系统

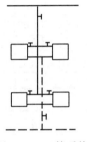

图 10-4　双管系统

机械循环热水采暖系统常用的几种形式如下：

（1）双管上供下回式（图 10-5）

（2）双管下供下回式（图 10-6）

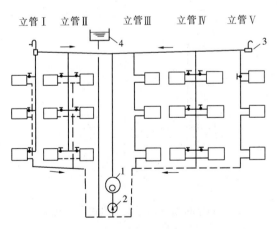

图 10-5　机械循环上供下回式热水供暖系统

1—热水锅炉；2—循环水泵；

3—集气装置；4—膨胀水箱

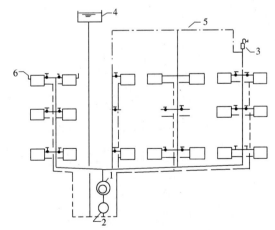

图 10-6　机械循环下供下回式系统

1—热水锅炉；2—循环水泵；3—集气罐；

4—膨胀水箱；5—空气管；6—冷风阀

139

与上供下回式相比，双管下供下回式优点是减少了主立管长度，热损失较小，上下层冷热不均的问题不太突出。可随楼层由下向上安装，施工进度快。缺点是排气较复杂，造价高，运行管理不方便。

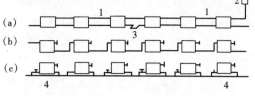

图 10-7 水平串联式热水供暖系统连接形式
(a)、(b) 顺流式；(c) 跨越式
1—空气管；2—自动排气装置；
3—方形伸缩器；4—闭合管

(3) 单管上供下回式（图 10-2）

(4) 水平串联式（图 10-7）

每层散热器用水平干管串联起来，少穿楼板便于施工。

(5) 同程式（图 10-8）

系统中各立管环路的总长度都相等，系统容易平衡，可避免冷热不均现象，称为同程式。

(6) 异程式（图 10-9）

系统中各立管距总立管的水平距离不等，各立管循环环路长度不等，称为异程式。

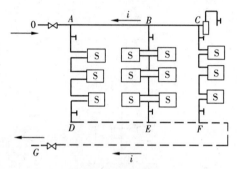

图 10-8 同程式系统

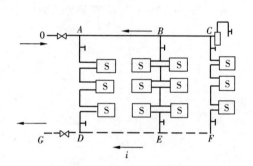

图 10-9 异程式系统

另外，图 10-10 为机械循环中供式热水采暖系统。图 10-11 为机械循环下供上回式（倒流式）热水采暖系统。

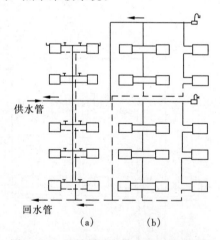

图 10-10 机械循环中供式热水供暖系统
(a) 上部系统——下供下回式双管系统；
(b) 下部系统——上供下回式单管系统

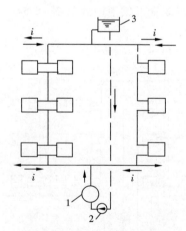

图 10-11 机械循环下供上回式（倒流式）
热水供暖系统
1—热水锅炉；2—循环水泵；3—膨胀水箱

图 10-12、图 10-13 为热水采暖干管同程、异程布置方式。

140

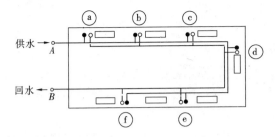
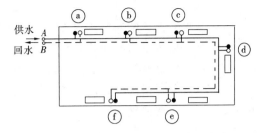

图 10-12　热水采暖干管同程布置方式　　　　图 10-13　热水采暖干管异程布置方式

3. 机械循环热水采暖系统中要注意解决的几个问题

（1）排气问题

机械循环系统中的水流速度常超过从水中分离出来的空气气泡的浮升速度。为了使气泡不被带入立管，不允许水和气泡逆向流动。因此，供水干管上应按水流方向设上升坡度，使气泡随水流方向汇集到系统最高点，通过设在最高点的排气装置，将空气排出系统外。回水干管坡向与自然循环相同。供、回水干管的坡度为 0.003，不得小于 0.002。

（2）水泵连接点

水泵应装在回水总管上，使水泵的工作温度相对降低，改善水泵的工作条件，延长水泵的使用寿命。这种连接方式，还能使系统内的高温部分处于正压状态，不致使热水因压力过低而汽化，有利于系统正常工作。

（3）膨胀水箱的连接点与安装高度

对热水供暖系统，当系统内水的压力低于热水水温对汽的饱和压力或者出现负压时，会出现热水汽化、吸入空气等问题，从而破坏系统运行。系统内压力最不利点往往出现在最远立管的最上层用户上。为避免出现上述情况，系统内需要保持足够的压力。由于系统内热水都是连通在一起的，只要把系统内某一点的压力恒定，则其余点的压力也自然得以恒定。因此，可以选定一个定压点，根据最不利点的压力要求，推算出定压点要求的压力，这样就可解决系统的定压问题。定压点通常选择在循环水泵的进口侧，定压装置由膨胀水箱兼任。根据要求的定压压力确定膨胀水箱的安装高度，系统工作时，维持膨胀水箱内的水位高度不变，则整个系统的压力得到恒定。在机械循环系统中，膨胀水箱既有排气作用，又有定压的作用。

在机械循环系统中，系统的主要作用压力由水泵提供，但自然压力仍然存在。单、双管系统在自然循环系统中的特性，在机械循环系统中同样会反应出来，即双管系统垂直失调和单管系统不能局部调节、下层水温较低等。

上供下回式系统管道布置合理，是最常用的一种布置形式。

10.3　蒸汽采暖系统

10.3.1　蒸汽采暖系统的特点

和热水采暖系统相比，蒸汽采暖系统有以下特点：

（1）蒸汽在散热设备中从蒸汽冷凝为凝结水，从气相变为液相，并放出热量，而热水在散热器中只有温度降低，没有相态的变化。

（2）同样质量流量的蒸汽比热水携带的热量高出很多，对同样的热负荷，蒸汽供暖时所需蒸汽的质量流量比热水少很多。

（3）蒸汽采暖系统的散热器表面温度高。

（4）蒸汽采暖系统的加热和冷却速度都很快。

（5）蒸汽采暖系统的管道内壁氧化腐蚀严重，因此，使用寿命比热水系统短。

（6）蒸汽采暖系统中易出现蒸汽的"跑、冒、滴、漏"等现象，因此系统的热损失大。

10.3.2 低压蒸汽采暖系统

如图10-14所示为机械回水双管上供下回式蒸汽采暖系统。图10-15为蒸汽在散热器中的放热示意图。

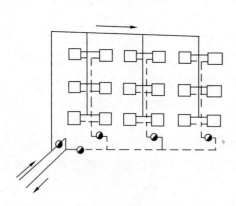

图10-14 低压蒸汽双管上供下回系统

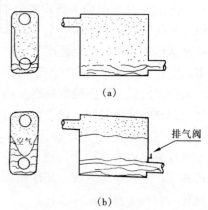

图10-15 蒸汽在散热器中的放热
(a) 正常运行；(b) 中间存有空气

锅炉产生的蒸汽经蒸汽总立管、蒸汽干管、蒸汽立管进入散热器，放热后，凝结水沿凝水立管、凝水干管流入凝结水箱，然后用水泵将凝结水送入锅炉。

当蒸汽干管中凝结水较多时，可设置疏水装置。疏水器是阻止蒸汽通过，只允许凝水和不凝气体及时排往凝水管路的一种装置。在每一组散热器后都装有疏水器。

图10-16为重力回水低压蒸汽供暖系统；图10-17为机械回水低压蒸汽供暖系统。

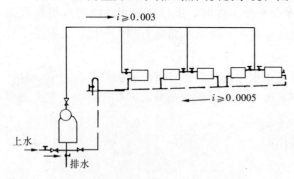

图10-16 重力回水低压蒸汽供暖系统图

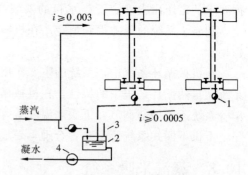

图10-17 机械回水低压蒸汽供暖系统示意图
1—低压恒温式疏水器；2—凝水箱；
3—空气管；4—凝水泵

10.3.3 高压蒸汽采暖系统

高压蒸汽采暖系统与低压蒸汽采暖系统相比，供气压力高，流速大，系统作用半径大，对同样热负荷，所需的管径小，一般采用双管上供下回式系统。

142

高压蒸汽采暖系统有较好的经济性，但由于温度高，使得房间的卫生条件差，且容易烫伤人，所以这种系统一般只在工业厂房中使用。

图 10-18 为高压蒸汽采暖系统。

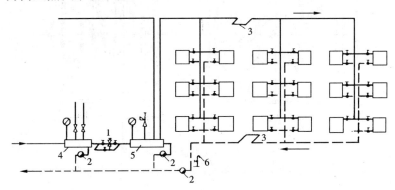

图 10-18   高压蒸汽供暖系统示意图

1—减压装置；2—疏水器；3—方形伸缩器；4—减压阀前分汽缸；5—减压阀后分汽缸；6—排气阀

10.4   热风供暖系统

热风供暖系统所用的热媒可以是室外的新鲜空气，也可以是室内再循环空气，或者是两者的混合体。若热媒仅是室内再循环空气，系统为闭式循环时，该系统属于热风供暖；若热媒是室外新鲜空气，或是室内外空气的混合物时，热风供暖应与建筑通风统筹考虑。

在热风供暖系统中，首先对空气进行加热处理，然后送入供暖房间放热，从而达到维持或提高室温的目的。用于加热空气的设备称为空气加热器，它是利用蒸汽或热水通过金属壁传热而使空气获得热量。常用的空气加热器有 SRZ、SRL 两种型号，分别为钢管绕钢片和钢管绕铝片的热交换器。图 10-19 为 SRL 型空气加热器外形图。此外，还可以利用高温烟气来加热空气，这种设备叫做热风炉。

热风供暖有集中送风、管道送风、暖风机等多种形式。在采用室内空气再循环的热风供暖系统时，最常用的是暖风机供暖方式。暖风机是由通风机、电动机和空气加热器组合而成的联合机组，可以独立作为供暖设备用于各种类型的厂房建筑中。暖风机的安装台数应根据建筑物热负荷和暖风机的实际

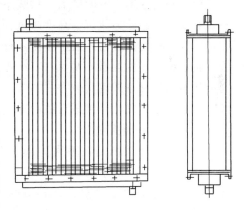

图 10-19   SRL 型空气加热器外形图

散热量计算确定，一般不宜少于两台。暖风机从构造上可分为轴流式和离心式两种类型；根据其使用热媒的不同，又分蒸汽暖风机、热水暖风机、蒸汽热水两用暖风机、冷热水两用暖风机等多种形式。图 10-20 为 NA 型暖风机外形图，它是用蒸汽或热水来加热空气。暖风机可以直接装在供暖房间内，蒸汽或热水通过供热管道输送到暖风机内部的空气加热器中，加热由通风机加压循环的室内空气，被加热后的空气从暖风机出口处的百叶孔板向室内空间送出，空气量的大小及流向可由导向板来调节。

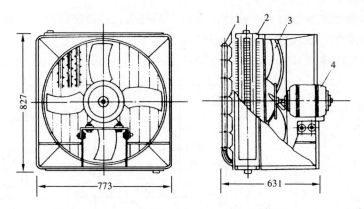

图 10-20　NA 型暖风机外形图

1—导向板；2—空气加热器；3—轴流风机；4—电动机

暖风机的布置方式应做到：

（1）多台布置时应使暖风机的射流互相衔接，使供暖房间形成一个总的空气环流；

（2）暖风机不宜靠近人体，或者直接吹向人体；

（3）暖风机应沿房间的长度方向布置，射程内不应有高大设备或障碍物阻挡空气流动；

（4）暖风机的安装高度应考虑对吸风口和出风口的要求。

10.5　高层建筑采暖系统

10.5.1　高层建筑采暖的特点

对于高层建筑来说，由于建筑物高度的增加，供暖系统出现了一些新的问题。

（1）随着建筑高度的增加，供暖系统内的静水压力也增加，而散热设备、管材的承受能力是有限的。因此，建筑物高度超过 50m 时，应竖向分区供热，上层系统采用隔绝式连接。

（2）建筑物高度的增加，会使系统垂直失调的问题加剧。为减轻垂直失调，一个垂直单管供暖系统所供的层数不应大于 12 层，同时立管与散热器的连接可采用其他方式。

10.5.2　高层建筑热水采暖系统的形式

1. 分层式供暖系统

分层式供暖系统是在垂直方向上分成两个或两个以上相互独立的系统，如图 10-21 所示。该系统高度的划分取决于散热器、管材的承压能力及室外供热管网的压力。下层系统通常直接与室外管网连接，上层系统与外网通过加热器隔绝式连接。在水加热器中，上层系统的热水与外网的热水隔着换热器表面流动，互不相通，使上层系统中的水压与外网的水压隔离开来。而换热器的传热表面，却能使外网热水加热上层循环系统水，将外网的热量传给上层系统。这种系统是目前最常用的一种形式。

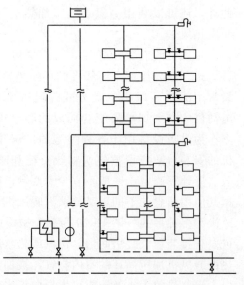

图 10-21　分层式热水供暖系统

144

2. 双线式系统

垂直双线式单管热水采暖系统如图 10-22 所示。它由竖向的 Ⅱ 形单管式立管组成，其散热器常采用蛇形管或辐射板式结构。各层散热器的平均温度基本相同，有利于避免系统垂直失调。但由于立管的阻力小，易产生水平失调。

系统的每一组 Ⅱ 形单管式立管的最高点均应装设排气装置。

3. 单、双管混合式系统

单、双管混合式系统如图 10-23 所示。将散热器在垂直方向上分为几组，每组内采用双管形式，组与组之间用单管连接。该系统避免了垂直失调现象，某些散热器能局部调节。

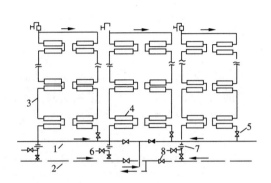

图 10-22　垂直双线式单管热水供暖系统

1—供水干管；2—回水干管；3—双线立管；4—散热器；

5—截止阀；6—排水阀；7—节流孔板；8—调节阀

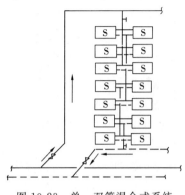

图 10-23　单、双管混合式系统

10.6　辐射采暖

辐射供暖是主要依靠供热部件向围护结构内表面和室内设施辐射热量来提高房间空气温度的供暖方式。辐射供暖提高了辐射换热的比例，但存在对流换热。

10.6.1　辐射采暖概述

1. 辐射板的分类

辐射供暖的供热部件为辐射板。根据辐射板的构造、散热板面的温度、辐射板的位置、热媒的种类以及热媒供给方式等分为多种形式。

① 按与建筑物的构造关系分，有埋管式、贴附式和悬挂式，如图 10-24～图 10-27 所示。

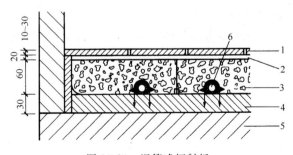

图 10-24　埋管式辐射板

1—地面层；2—找平层；3—平填料层；

4—复合保湿层；5—结构层；6—管材

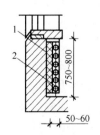

图 10-25　贴附式辐射板

1—隔热层；2—加热管

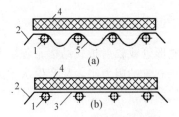

图 10-26　单体式悬挂辐射板

（a）波状辐射板；（b）平面辐射板

1—加热（供冷）管；2——挡板；

3—平面辐射板；4—隔热层；5—波状辐射板

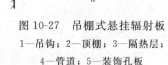

图 10-27　吊棚式悬挂辐射板

1—吊钩；2—顶棚；3—隔热层；

4—管道；5—装饰孔板

② 按散热板面的温度分，有低温辐射（板面温度＜80℃）、中温辐射（板面温度 80～200℃）和高温辐射（板面温度＞200℃）。

③ 按辐射板的位置分，有墙面式、地面式、顶面式和楼板式，分别以墙面、地面、顶面和楼板作为散热面。其中楼板式是指水平楼板中的辐射板可同时向上、下层房间供暖的情况，而地面式和顶面式均为单面散热。单面散热的辐射板，其背面设置有隔热层，以减少辐射板背面的热损失。

④ 按热媒的种类分，有低温热水式（热媒温度＜100℃）、高温热水式（热媒温度≥100℃）、蒸汽式、热风式、电热式和燃气式。

⑤ 按热媒供给方式分，有集中供热式和整体式。集中供热式是指集中热源通过热媒统一供给辐射散热设备；整体式是指热源和散热设备连接为一个整体。

2. 辐射采暖系统的热媒

辐射采暖系统可选用热水、蒸汽、空气、燃气或电等作为热媒来加热辐射板。

① 用热水作热媒时，混凝土板不易出现裂缝，可以采用集中质调节。

② 用蒸汽作热媒时，混凝土板易出现裂缝，不能采用集中质调节。

③ 用空气作热媒时，常需利用墙体或楼板内的空腔作为风道，则建筑结构厚度会有所增加。

④ 用燃气作热媒时，必须采取相应的防火、防爆、通风、换气等安全措施，施工成本会有所增加。

⑤ 用电热元件加热的辐射板，板面温度容易控制、清洁卫生，但耗电量大。

辐射供暖系统的热媒一般首选热水。采用热水为热媒时，供、回水温度应根据所使用的热源和辐射板的类型确定。民用建筑的供、回水温度不应超过 60℃，供、回水温差宜小于或等于 10℃。用于高大空间建筑或厂房的热水吊顶辐射板的供、回水温度，可采用40～140℃。

10.6.2　辐射采暖

1. 金属吊顶辐射板

金属吊顶辐射板主要有钢板与钢管组合和铝板与钢管组合两种类型。可根据需要选择不同的安装高度、角度和热媒的最高温度。

金属吊顶辐射板适用于高度为 3～30m 建筑的全面或局部工作地点采暖。

图 10-28 所示为钢制辐射板。

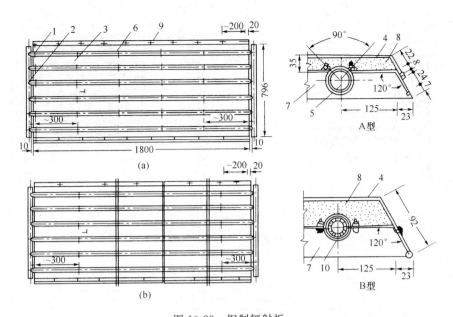

图 10-28　钢制辐射板

（a）块状辐射板；（b）带状辐射板

1—加热管；2—连接管；3—辐射板表面；4—辐射板背面；5—垫板；

6—等长双头螺丝；7—侧板；8—隔热材料；9—铆钉；10—内外管卡

2. 低温热水地板辐射采暖系统

低温热水地板辐射采暖系统由热源、热媒集配装置和辐射地板组成，各户系统相互并联，为双管系统。供回水立管及每户计量表均设在公共楼梯间内，每户为一个回路，分别设置阀门或温控阀，以实现调节功能。加热管常采用交联铝塑复合管（XPAP）、交联聚乙烯管（PE-X）、聚丁烯管（PB）、无规共聚聚丙烯管（PP-R）。

低温热水地板辐射采暖系统的结构如图 10-29 所示，通常包括发热体、保温、防潮层及填料层等部分。填料层的作用主要是保护水管，也可以有传热和蓄热的作用，使地面形成温度均匀的辐射面，应具有一定的刚度、强度及良好的传热、蓄热性能。目前常用的材料是水泥砂浆或碎石混凝土。为防止填料层开裂，可在填料层中加一层 $\phi 3 \sim \phi 4$mm 的钢丝网；为防止由于热胀冷缩而造成填料层和地面起鼓或开裂，应每隔一定距离设置膨胀缝。图 10-30 所示为水管的铺设方式。

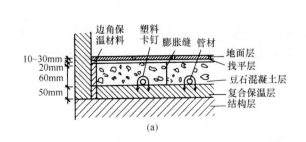

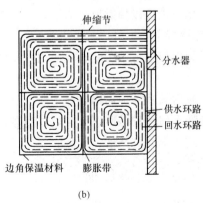

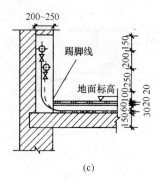
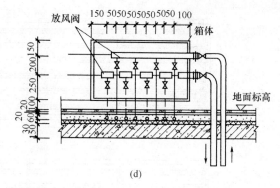

(c) (d)

图 10-29　热水地板采暖系统结构

（a）结构剖面图；（b）环路平面图；（c）分水器侧视图；（d）分水器正视图

旋转形（回字形）　　往复形（S形）　　　直列形

图 10-30　辐射采暖地板加热管的布置方式

10.6.3　辐射采暖的特点

辐射采暖的显著特点是节能。

辐射采暖的室内设计温度可比常规的以对流为主的散热器采暖低 1～3℃，但舒适性效果是一样的。且辐射采暖时，沿房间高度方向的温度比较均匀，房间上部温度相对较低，可以减少热损失。

在相同的供暖设计热负荷下，辐射散热表面的温度可大幅度降低，因此，可以采用温度较低的热媒，如地热水、供暖回水、太阳能或各种低温余热等低品位能源，所以，辐射采暖可以降低能耗。

采用辐射供暖时，房间围护结构内表面的平均温度高于室内空气温度。围护结构内表面温度提高，减少了人体向围护结构内表面的热辐射，尤其是采用地面辐射采暖时，工作区温度较高，创造了一个对人体有利的热环境，热舒适性增加。

辐射供暖以辐射散热为主，室内空气流动较小，避免了灰尘的飞扬，有利于室内环境的清洁。

辐射板不占用房间有效使用面积和空间，不影响建筑物的室内布局，还便于进行分户热计量。

辐射采暖的加热构件埋于地面覆盖层或混凝土的下面，属于隐蔽工程，构造层或埋管的水流通道细且长，所以，对热媒的参数、水质、管材的质量、施工安装和验收的方法及运行和管理等都有更严格、更高的要求。

10.7　采暖热负荷

采暖热负荷是在某一室外温度下，为了维持室内所要求的温度，在单位时间内需要向建筑物供给的热量。它是采暖系统的最基本数据，直接影响着采暖方案的选择、采暖管径的大小和散热设备容量的多少，关系着采暖系统的使用效果和经济效果。

一般民用建筑只考虑建筑物围护结构的耗热量及加热由门、窗缝隙渗入室内的冷空气的耗热量之和。耗热量以符号 Q 表示，单位：国际单位制为 W（瓦），工程单位制为 kcal/h（千卡/时），其换算关系为 1kcal/h＝1.163W。

10.7.1 围护结构耗热量

围护结构耗热量是指由于室内外存在温度差，通过房间围护结构（建筑物外墙、屋面、地面和门窗等）的耗热量。

通过房间围护结构从室内传向室外的热量为：

$$Q = KF(t_n - t_w)\alpha \qquad (\text{W}) \qquad (10\text{-}1)$$

式中　K——围护结构传热系数［W/（m² · ℃）］；

F——围护结构传热面积（m²）；

t_w——室外计算温度（℃）；

t_n——室内计算温度（℃）；民用建筑的主要房间，宜采用 16～20℃；

α——温差修正系数，当计算的围护结构不是与室外直接接触时，传热温差小于 $(t_n - t_w)$，需用 α 进行修正，取 0.4～1.0。

式（10-1）为在稳定传热条件下进行的计算。由于受到建筑物本身及气象条件等的影响，基本耗热量计算出来之后，还需进行适当修正。

10.7.2 冷风渗透耗热量

室外的冷空气会从门、窗等缝隙渗入室内，被加热后又逸出室外。

将渗入室内的冷空气从室外温度加热到室内温度所消耗的热量称为冷风渗透耗热量。冷风渗透耗热量按下式计算：

$$Q = \alpha \cdot C_p \cdot \rho_w \cdot V(t_n - t_w) \qquad (\text{W}) \qquad (10\text{-}2)$$

式中　C_p——冷空气定压比热容量［kJ/（kg · ℃）］；

α——单位换算系数，取 0.28；

ρ_w——采暖室外计算温度下空气密度（kg/m³）；

V——经门、窗缝隙渗入室内的冷空气量（m³/h）。

10.7.3 冷风侵入耗热量

大量的室外冷空气会从开启的门、孔洞侵入室内，将这部分冷空气加热到室温所消耗的热量称为冷风侵入耗热量。

冷风侵入耗热量不易准确计算，可采用外门的基本耗热量乘以下列百分数的方法来计算大门的冷风侵入耗热量。

若建筑物的楼层数为 n，对短时开启的民用建筑：

一道门：65％n；

两道门（有门斗）：80％n；

三道门（有两个门斗）：60％n。

若大门开启时间较长，则上述冷风侵入耗热量应再乘以 1.5～2.0。

10.7.4 采暖热负荷估算方法

详细计算采暖设计热负荷的方法步骤比较复杂，当没有详细计算资料时可采用估算方法。

1. 单位面积热指标法

采暖热负荷用下式计算：

$$Q = q_F \cdot F \qquad (\text{W}) \tag{10-3}$$

式中 Q——建筑物设计热负荷（W）；

q_F——单位面积采暖热指标（W/m^2），按表 10-1 选用；

F——建筑物的建筑面积（m^2）。

表 10-1　民用建筑的单位面积供暖热指标　　　　　　　　　　W/m^2

建筑物名称	单位面积热指标	建筑物名称	单位面积热指标
住　　宅	46～70	商　　店	64～90
办公楼、学校	58～82	单层住宅	81～105
医院、幼儿园	64～82	食堂、餐厅	116～140
旅　　馆	58～70	影剧院	93～120
图书馆	46～76	大礼堂、体育馆	116～163

注：总建筑面积大、外围护结构热工性能好、窗户面积小，采用较小的热指标数值；反之，采用较大的热指标数值。

【例 10-1】　某住宅房间面积为 20m^2，试求所需的采暖热负荷。

【解】　查表 10-1，住宅单位面积热指标取大值

$$q_F = 70\text{W/m}^2$$

由式（10-3）得

$$Q = 70 \times 20 = 1400\text{W}$$

面积热指标法一般用于建筑物高度基本一致的民用建筑。

2. 单位体积热指标法

在进行工程初步设计或规划设计时，常采用体积热指标估算的方法确定建筑物的热负荷 Q：

$$Q = \alpha q_V V(t_n - t_w) \qquad (\text{W}) \tag{10-4}$$

式中 q_V——建筑物供暖体积热指标 $[\text{W/ }(\text{m}^3 \cdot \text{℃})]$，见表 10-2；

t_n——室内供暖计算温度（℃）；

t_w——室外供暖计算温度（℃），见表 10-3；

V——建筑物外围体积（m^3）；

α——修正系数，见表 10-4。

表 10-2　民用建筑体积热指标 q_V

建筑名称	V /10^3m^3	q_V /$\text{W}\cdot\text{m}^{-3}\cdot\text{℃}^{-1}$	t_n /℃	建筑名称	V /10^3m^3	q_V /$\text{W}\cdot\text{m}^{-3}\cdot\text{℃}^{-1}$	t_n /℃
行政建筑、办公楼	≤5 5～10 10～15 >15	0.50 0.44 0.41 0.37	18	俱乐部	≤5 5～10 >10	0.43 0.38 0.35	16

建筑名称	V /$10^3 m^3$	q_V /W·m^{-3}·℃$^{-1}$	t_n /℃	建筑名称	V /$10^3 m^3$	q_V /W·m^{-3}·℃$^{-1}$	t_n /℃
电影院	≤5 5~10 >10	0.42 0.37 0.35	14	医院	≤5 5~10 10~15 >15	0.47 0.42 0.37 0.35	20
剧院	≤5 10~15 15~20 20~30 >30	0.34 0.31 0.26 0.23 0.21	15	浴室	≤5 5~10 >10	0.33 0.29 0.27	25
				洗衣房	≤5 5~10 >10	0.44 0.38 0.36	15
商店	≤5 5~10 >10	0.44 0.38 0.36	15	公共饮食餐厅、食品厂	≤5 5~10 >10	0.41 0.38 0.35	16
托儿所幼儿园	≤5 >5	0.44 0.40	20	试验室	≤5 5~10 >10	0.43 0.41 0.38	15
学校	≤5 5~10 >10	0.45 0.41 0.38	16	汽车库	≤2 2~3 3~5 >5	0.81 0.70 0.64 0.58	10

注：本表的指标取自前苏联资料。由于前苏联建筑的保温性能大都优于我国的现状，因此引用热指标时，宜增大一定比例，建议乘以 1.10~1.20。

表 10-3 部分城市冬季室外供暖计算温度 t_w　　　　　　　　　℃

城　市	哈尔滨	长　春	乌鲁木齐	沈　阳 呼和浩特	银川	西宁	太原	兰州	北京 天津
室外计算供暖温度	−26	−23	−22	−19	−15	−13	−12	−11	−9

城　市	石家庄	济　南	拉　萨	西　安 郑　州	南京 合肥	上海 武汉	杭州 贵阳	长沙 南昌	
室外计算供暖温度	−8	−7	−6	−5	−3	−2	−1	0	

表 10-4 修正系数 α 值

供暖室外计算温度/℃	α	供暖室外计算温度/℃	α
0	2.05	−20	1.17
−5	1.67	−25	1.08
−10	1.45	−30	1.00
−15	1.29	−35	0.95

供暖体积热指标的大小主要与建筑物的围护结构及外形有关。

体积热指标法适用于高度相差较大的建筑物。

10.8 采暖系统的设备及附件

10.8.1 锅炉

锅炉是供热之源，它是将燃料的化学能转换成热能，并将热能传递给冷水，从而产生热水或蒸汽的加热设备。锅炉种类型号有很多，它的类型及台数的选择，取决于锅炉的供热负荷和产热量、供热介质和当地燃料供应情况等因素。

图 10-31 为锅炉房设备简图。

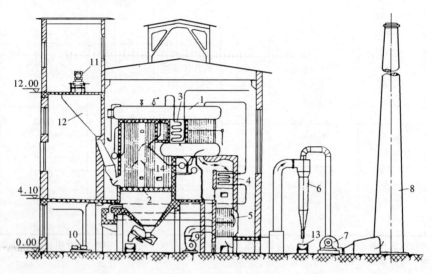

图 10-31　锅炉房设备简图

1—汽锅；2—翻转炉排；3—蒸汽过热器；4—省煤器；5—空气预热器；6—除尘器；7—引风机；

8—烟囱；9—送风机；10—给水泵；11—皮带运输机；12—煤斗；13—灰车；14—水冷壁

10.8.2 散热器

散热器是安装在采暖房间内的放热设备，它把热媒的部分热量通过器壁以传导、对流、辐射等方式传给室内空气，以补偿建筑物的热量损失，从而维持室内正常工作和学习所需的温度，达到供暖的目的。

对散热器的要求是：传热能力强，单位体积内散热面积大，耗用金属最小，成本低，具有一定的机械强度和承压能力，不漏水，不漏气，外表光滑，不积灰，易于清扫，体积小，外形美观，耐腐蚀，使用寿命长。

散热器的种类有很多，常用的有铸铁散热器和钢制散热器。

1. 铸铁散热器

铸铁散热器是目前使用最多的散热器，它具有耐腐蚀、使用寿命长、热稳定性好、结构简单等特点。

工程中常用的铸铁散热器有翼型和柱型两种。

（1）翼型散热器

翼型散热器有圆翼型和长翼型两种，外表面上有许多肋片，称为翼。它的承压能力低，表面易积灰，难清扫，外形不美观，由于每片的散热面积大，难以组成所需的散热面积。但散热面积大，加工制造容易，造价低。图10-32、图10-33为翼型散热器，多用于工业建筑。

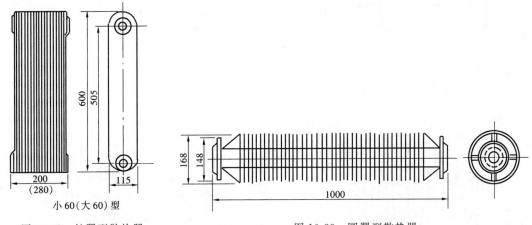

图 10-32　长翼型散热器　　　　　　　图 10-33　圆翼型散热器

（2）柱形散热器

柱形散热器是柱状，主要有二柱、四柱、五柱三种类型，如图 10-34 所示。柱形散热器传热系数高，外形美观，不易积灰，表面光滑容易清扫，易于组成所需的散热面积。但造价高，金属热强度低，组片接口多，承压能力不如钢制散热器。

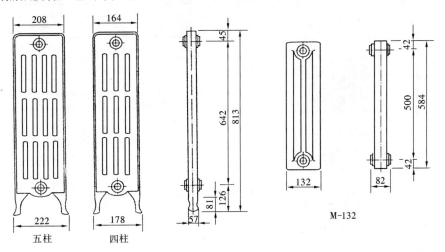

图 10-34　铸铁柱形散热器

柱形散热器广泛用于住宅和公共建筑中。

2. 钢制散热器

钢制散热器耐压强度高，外形美观整洁，金属耗量少，占地较小，便于布置，但容易被腐蚀，使用寿命比铸铁散热器短。主要有闭式钢串片、板式、柱形及扁管型四大类，如图 10-35～图 10-38 所示。

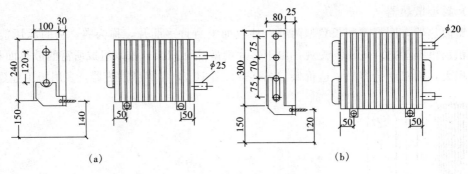

图 10-35　闭式钢串片对流散热器示意图

(a) 240×100 型；(b) 300×80 型

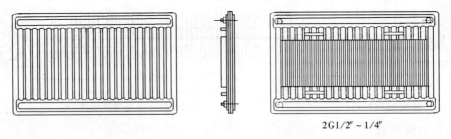

图 10-36　钢制板型散热器示意图

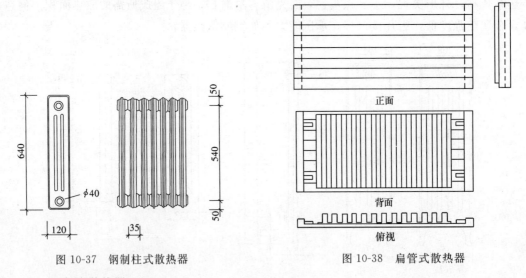

图 10-37　钢制柱式散热器　　　　图 10-38　扁管式散热器

（1）钢串片散热器

钢串片散热器是用联箱连接的两根钢管上串上多片长方形薄钢片制成，常在其外面加罩，以遮挡辐射散热，提高罩内空气温度，增强对流散热，因此又称为钢串片对流散热器。它适用于各种公共和民用建筑，特别适用于高层建筑。

（2）钢制柱形散热器

钢制柱形散热器外形与铸铁制的基本相同，且同时具有钢串片散热器和铸铁柱形散热器的优点。

（3）扁管式散热器

扁管式散热器用薄钢板制的长方形钢管叠加在一起焊成。它可使用各种热媒，且具有一定的装饰作用。

（4）板式散热器

板式散热器承压能力较低。

10.8.3 膨胀水箱

在热水采暖系统中，膨胀水箱主要有以下几方面的作用：

（1）容纳系统中水温升高后膨胀的水量；

（2）在自然循环上供下回式系统中作为排气装置；

（3）在机械循环系统中可以用作控制系统压力的定压点。

在自然、机械循环热水采暖系统中，膨胀水箱的安装位置有所不同，图10-39为自然循环系统中膨胀水箱的连接方法示意图，膨胀水箱位于系统的最高点。与膨胀水箱连接的管道应有利于使系统中的空气通过连接管排入水箱至大气中去，循环管的作用是防止水箱冻结。图10-40为机械循环系统中膨胀水箱的连接示意图，膨胀管设在循环水泵的吸水口处作为控制系统的恒压点，循环管的作用如前所述。

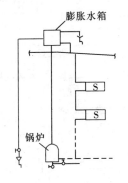

图10-39 自然循环系统中膨胀水箱连接

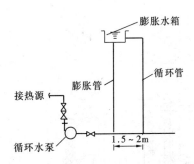

图10-40 机械循环系统中膨胀水箱连接

图10-41为膨胀水箱上各种管道示意，图10-42为膨胀水箱房间的布置。

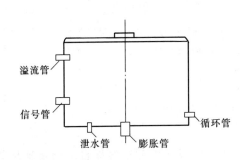

图10-41 膨胀水箱上各种管道示意

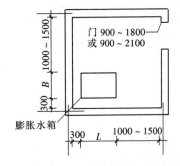

图10-42 膨胀水箱房间的布置

10.8.4 集气罐和排气阀

集气罐和排气阀是热水采暖系统中常用的空气排出装置，有手动和自动之分。如图10-43所示为手动集气罐，如图10-44所示为自动排气罐，图10-45所示为手动排气阀。图

10-46 为 ZPT－C 型自动排气阀。

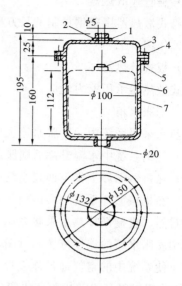

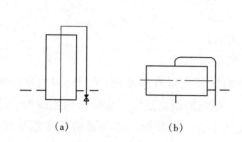

图 10-43　手动集气罐

（a）立式集气罐；（b）卧式集气罐

图 10-44　自动排气罐（阀）

1—排气口；2—橡胶石棉垫；3—罐盖；4—螺栓；

5—橡胶石棉垫；6—浮体；7—罐体；8—耐热橡皮

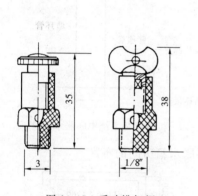

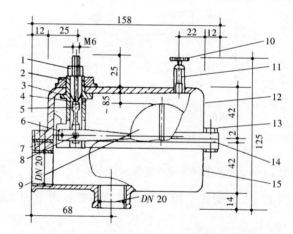

图 10-45　手动排气阀

图 10-46　ZPT-C 型自动排气阀构造图

1—排气芯；2—六角锁紧螺母；3—阀芯；4—橡胶封头；

5—滑动杆；6—浮球杆；7—铜锁钉；8—铆钉；

9—浮球；10—手拧顶针；11—手动排气座；

12—上半壳；13—螺栓螺母；14—垫片；15—下半壳

10.8.5　疏水器

疏水器用于蒸汽采暖系统中，使散热设备及管网中的凝结水和空气能自动而迅速地排出，并阻止蒸汽逸漏。

疏水器种类繁多，按其工作原理可分为机械型、热力型、恒温型三种。如图 10-47、图 10-48、图 10-49 所示。图 10-50 为浮球式疏水器，图 10-51 为钟形浮子式疏水器，图 10-52 为脉冲式疏水器。

156

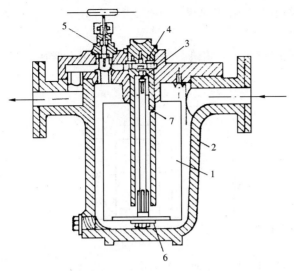

图 10-47　机械浮筒式疏水器

1—浮筒；2—外壳；3—顶针；4—阀孔；5—放气阀；
6—可换重块；7—水封套筒上的排气孔

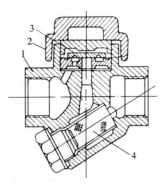

图 10-48　热动力式疏水器

1—阀体；2—阀片；3—阀盖；4—过滤器

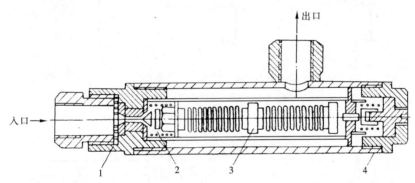

图 10-49　恒温型疏水器

1—过滤网；2—锥形阀；3—波纹管；4—校正螺丝

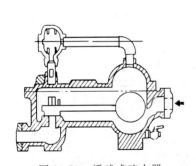

图 10-50　浮球式疏水器

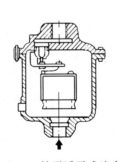

图 10-51　钟形浮子式疏水器

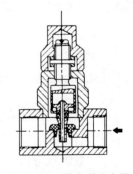

图 10-52　脉冲式疏水器

10.8.6　补偿器

热媒在管道中输送会产生热伸长，为了消除因热伸长而使管道产生的热应力的影响而设置的抵消热应力的设备称为补偿器。

室内采暖系统，受建筑物形状、面积等多种因素的影响，系统的水平干线直线管段较短而管道转弯处又较多，其热伸长量可自然补偿。只有当热媒温度较高，且直线干管较长时，才考虑设置补偿器。

在跨度较大的车间或公共场所，管道直线段较长，需进行补偿，一般采用方形补偿器或套筒补偿器。

图 10-53～图 10-59 为各种补偿器。

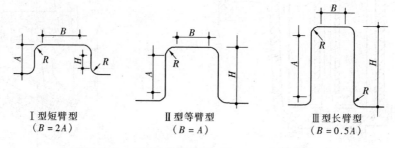

Ⅰ型短臂型
（B=2A）

Ⅱ型等臂型
（B=A）

Ⅲ型长臂型
（B=0.5A）

图 10-53　方形补偿器类型（R=4D，D 为管径）

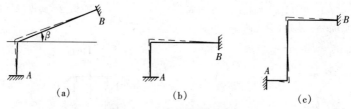

（a）　　　　　　　　（b）　　　　　　　　（c）

图 10-54　自然补偿器类型

（a）L 型；（b）直角弯型；（c）Z 型

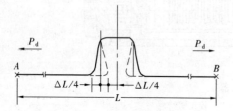

图 10-55　方形补偿器变形示意

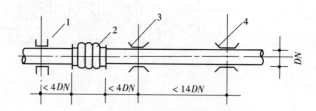

图 10-56　波纹补偿器安装位置

1—固定支架；2—波纹补偿器；3—第一导向支架；4—第二导向支架

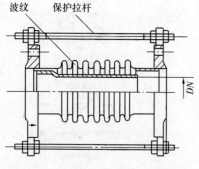

图 10-57　轴向内压型波纹补偿器

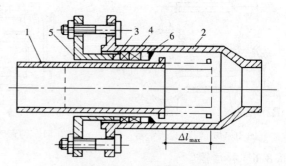

图 10-58　套筒式补偿器

1—内套筒；2—外壳；3—压紧环；

4—密封填料；5—填料压盖；6—填料支承环

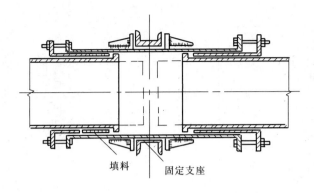

填料　固定支座

图 10-59　双向套筒补偿器

10.8.7　减压阀

减压阀主要是为了满足生活采暖和生产工艺用汽所需的压力的要求。

减压阀是使介质（水或蒸汽）通过启闭阀孔或阀瓣的大小进行节流，以加大蒸汽的阻力损耗而起到减压的作用。它的规格是根据介质的流量、节流前压力和所需减压后的压力来确定的，施工中不得任意变更型号及规格。

常用的减压阀有活塞式、波纹式和薄膜式。

图 10-60 和图 10-61 为活塞式和波纹式减压阀。

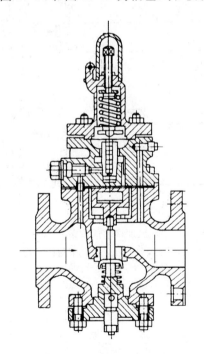 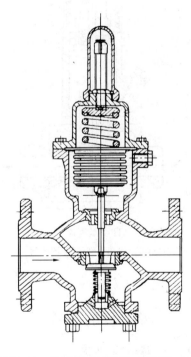

图 10-60　活塞式减压阀（Y43H—10）　　图 10-61　波纹管式减压阀（Y44T—10）

另外，采暖系统中的附件还有除污器、安全阀等。

图 10-62 为散热器温控阀外形图，图 10-63 为除污器，图 10-64 为自动温度调节阀，图 10-65 为温度调节阀安装示意图。

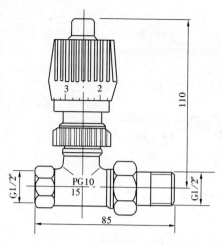

图 10-62 散热器温控阀外形图

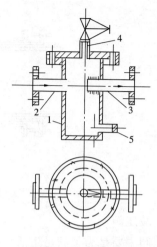

图 10-63 除污器

1—筒体；2—进水管；3—出水管；
4—排气管及阀；5—排污丝堵

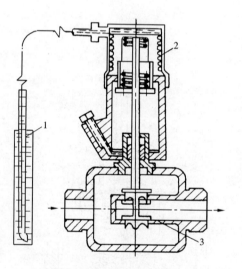

图 10-64 自动温度调节阀

1—温包；2—感温元件；3—调节阀

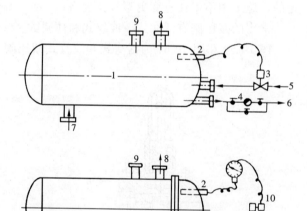

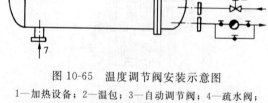

图 10-65 温度调节阀安装示意图

1—加热设备；2—温包；3—自动调节阀；4—疏水阀；
5—蒸汽；6—凝结水；7—冷水；8—热水；9—安全阀；
10—齿轮传动变速开关阀门

10.9 采暖系统的布置

10.9.1 采暖管道的布置

　　采暖管道布置主要是由所选用的采暖系统和锅炉房的位置决定的。管道布置应以管道最短、便于维护、不影响室内美观为原则。

　　布置供暖管网时，管路沿墙、梁、柱平行敷设，力求布置合理；安装、维护方便；有利于排气；水力条件很好；不影响室内美观。室内供暖管路敷设方式有明装、暗装两种。除了在对美观装饰方面有较高要求的房间内采用暗装外，一般均采用明装。明装有利于散热器的传热和管路的安装、检修。暗装时应确保施工质量，并考虑必要的检修措施。

1. 干管的布置与敷设

（1）上供式供暖系统

在上供式供暖系统中，供热干管一般都布置在建筑物顶部的设备层或吊顶内，对要求不高的建筑物可敷设在顶层的天花板下。有闷顶的建筑物，供热干管、膨胀水箱和集气罐都应设置在闷顶内。

在闷顶内敷设干管时，为节省管道，当房屋宽度 $b<10m$，立管较少时，可只在闷顶中间布置一根干管，见图 10-66a；如房屋宽度 $b>10m$，或闷顶内有通风装置时，则要用两根干管沿外墙内侧布置，见图 10-66b。为了便于检修和安装，闷顶内干管与外墙内侧的距离不应小于 1m。

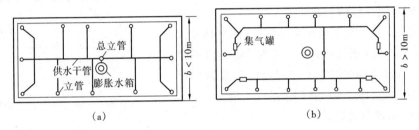

图 10-66　在闷顶内敷设干管等设备

（a）自然循环情况；（b）机械循环情况

回水干管或凝水干管一般敷设在地下室顶板之下或底层地面以下的暖沟内。

膨胀水箱通常放在闷顶内，为了防冻，在膨胀水箱外应有保温小室。

（2）下供式供暖系统

在下供式供暖系统中，供热干管、回水干管、凝水干管均敷设在建筑物地下室顶板之下或底层地板之下的管沟内，如图 10-67 所示。对于工业建筑和某些公共建筑，回水干管也可敷设在地面上。若干管必须穿越门洞时，应局部暗装在沟槽内，如图 10-68 所示。

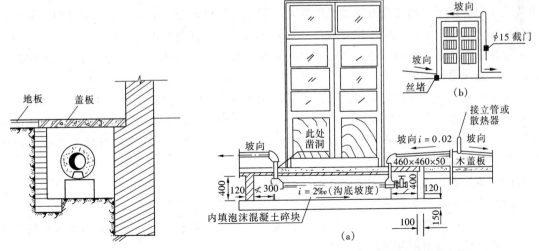

图 10-67　室内不通行地沟

图 10-68　干管必须穿越门洞时的安装

（a）干管过门敷设形式；（b）热水暖气过门管安装

供暖管道布置在地沟内或管槽内时应采取保温措施。

无论是明装还是暗装，回水干管均应保证坡度的要求。

在低处应设置泄水装置，高处应设置排气装置。

膨胀水箱通常放置在楼梯间上面的平台上。

暖沟的断面尺寸应由沟内敷设的管道数量、管径、坡度及安装、检修的要求确定，其净尺寸不应小于 800mm×1000mm×1200mm。沟底应有 3‰的坡向供暖系统引入口的坡度用以排水，暖沟上应设有活动盖板或检修人孔。

2. 立管的布置与敷设

立管可布置在房间窗间墙内或墙身转角处，对于有两面外墙的房间，立管宜设置在温度低的外墙转角处。楼梯间的立管尽量单独设置，以防冻结后影响其他立管的正常供暖。

要求暗装时，立管可敷设在墙体内预留的沟槽内，如图 10-69 所示，也可敷设在管道竖井内。管井应每层用隔板隔断，以减少由于井中空气对流而形成的立管热损失。此外，每层还应设检修门供维修之用。

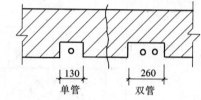

图 10-69　供暖立管墙槽

3. 支管的布置与敷设

支管的布置与散热器的位置及进水口和出水口的位置有关。支管与散热器的连接方式有三种，如图 10-70 所示。进水口、出水口可以布置在同侧，也可以在异侧。

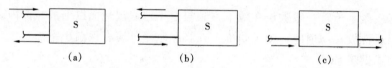

图 10-70　支管与散热器的连接

(a) 上进下出式；(b) 下进上出式；(c) 下进下出式

设计时应尽量采用上进下出式、同侧连接方式，这种连接方式传热系数大，管路最短，而且美观。下进下出的连接方式散热效果差，但安装简单，对分层控制散热量有利，可在水平串联系统使用。下进上出连接方式的散热效果最差，但有利于排气。

连接散热器的支管应有坡度以利于排气，坡度一般为 1%。进水、回水支管均沿流向顺坡。

10.9.2　散热器的布置

为了使室内温度更均匀，对散热器的安装位置应考虑以下因素：

(1) 散热器宜布置在外窗下，当室外冷空气从外窗渗透进室内时，散热器散发的热量会将冷空气直接加热，与室内空气形成了热对流，人处在暖流区就会感到舒适。若放在内墙处，容易造成温度分布不均匀。

(2) 散热器不宜布置在无门斗或无前厅的大门口处。

(3) 当楼梯间设有散热器时，应按比例布置在底部几层的平台上。

(4) 对带有壁龛的暗装散热器，在安装暖气罩时，应考虑有良好的对流和散热空间，并留有检修的活门或可拆卸的面板。

(5) 散热器不宜距电线过近，应有 300mm 净距。

(6) 散热器不宜安放在过高位置，以免影响采暖效果。

10.10 管道保温

为了减少管道的能量损失，保证管道输送热媒的参数，热力管道应做保温。设备及管道的保温施工应在设备及管道全部安装完毕，表面已做防腐处理并验收合格后进行。

1. 常用保温材料

良好的保温材料应具有较低的导热系数，受潮时不变质，耐热性能好，不腐蚀金属，质轻、空隙多，具有一定的机械强度，受到外力时不被破坏，易于加工，成本低廉。常用的保温材料及其性能见表10-5。

表 10-5 常用保温材料性能表

名 称	密度 ρ /kg·m^{-3}	热导率 K /W·(m·K)$^{-1}$	适用温度 t /℃	特 点
膨胀珍珠岩	81~300	0.025~0.053	−196~+1200	粉状，重量轻，适用范围广
沥青玻璃棉毡	120~140	0.035~0.04	−20~+250	适用于油罐及设备保温
沥青矿渣面毡	120~150	0.035~0.045	+250	适用于温度较高，强度较低
膨胀蛭石	80~280	0.045~0.06	−20~+1000	填充性保温材料
聚苯乙烯泡沫塑料	16~220	0.013~0.038	−80~+70	适用于 DN15~DN400 管道
聚氯乙烯泡沫塑料	33~220	0.037~0.04	−60~+80	适用于 DN15~DN400 管道
软木管壳	150~300	0.039~0.07	−40~+60	适用于 DN50~DN200 管道
酚醛玻璃棉板	120~140	0.03~0.04	−20~+250	适用于 DN15~DN600 管道

2. 保温结构

管道保温层一般有三部分：绝热层、防潮层、保护层。保温的结构形式如图10-71～图10-74 所示。

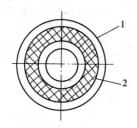

图 10-71 涂抹式结构

1—保护层；2—保温层

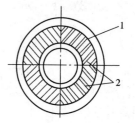

图 10-72 预制块式结构

1—保护层；2—预制件

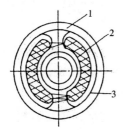

图 10-73 填充式结构

1—保护壳；2—保温材料；3—支撑环

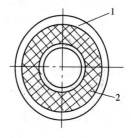

图 10-74 包扎式结构

1—保护层；2—保温层

3. 保温方法

(1) 涂抹保温

将保温材料和水调和成胶泥状，然后在保温管上均匀地缠上草绳，草绳间距为 5～10mm，再在草绳上涂抹石棉灰，达到设计要求的厚度为止。

(2) 绑扎保温

将成卷的棉毡按管径大小裁剪成适当宽度的条带，以螺旋状缠绕到管道上，边缠边压边抽紧，使保温层的厚度达到设计要求。若单层棉毡不能达到规定的保温层厚度时，可用两层或三层分别缠包到管道上，并将两层接缝错开。

(3) 预制瓦片保温

先在预制瓦块内涂以用水调和成的硅藻土或石棉硅藻浆，然后将保温瓦块扣在管道上并扎紧。在管道的弯头处，还需将预制瓦块按弯头形状锯断成若干节再安装。

保温瓦片安装完毕后，缝隙可用硅藻土浆填充，缝隙外面用抹子抹平。

图 10-75～图 10-78 分别为法兰、阀门、变管和弯管的保温结构。

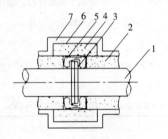

图 10-75　法兰保温结构

1—管道；2—管道保温层；3—法兰；

4—法兰保温层；5—散状保温材料；

6—镀锌铁丝；7—保护层

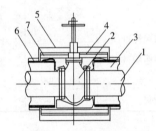

图 10-76　阀门保温结构

1—管道；2—阀门；3—管道保温层；

4—绑扎钢带；5—填充保温材料；

6—镀锌铁丝网；7—保护层

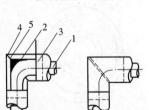

图 10-77　变管保温结构

1—管道；2—预制管壳；3—镀锌铁丝；

4—铁皮壳；5—填料保温材料

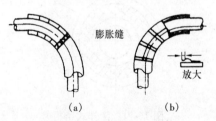

图 10-78　弯管保温结构

(a) 保温层（硬质材料）；(b) 金属保护层

4. 保温要求

管道保温时，应粘贴紧密，表面应平整，圆弧应均匀，无环形断裂。

保温层的厚度应符合设计规定。

管道采用预制瓦块保温时，在直线管道上，每隔 5～7m 应留一条膨胀缝，变管处也应留膨胀缝。

保温层的表面应做保护层。

10.11　采暖新技术

我国住宅供暖系统多为以区域锅炉房为热源集中供热，近年来，由于能源构成情况的变化，同时为了适应热计量的需要，住宅供暖系统呈现多元化发展趋势。独立的分散式供暖系统开始出现，这种系统由于规模小，容易解决室温不均而造成的能源浪费，也易于计量，避免了供热收割难的问题。与集中供热系统相比，总体投入小，不用建锅炉房、铺设管道，可节省用地，其隐含的经济效益也是很明显的。

10.11.1　集中供热采暖

1. 垂直式单管系统

如图 10-79、图 10-80 所示的加两通温控阀垂直单管系统和加三通温控阀垂直单管系统，取得了明显的节能效果，同时减少了垂直失调的现象。

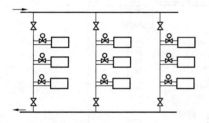
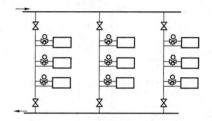

图 10-79　加两通温控阀垂直单管系统　　　　图 10-80　加三通温控阀垂直单管系统

2. 垂直式双管系统

如图 10-81 所示的供暖系统，在每组散热器入口处安装温控阀，不仅使系统具有可调性，而且增大了末端阻力。

3. 可按户设置热表的室内采暖系统

按户设置热表是指每户系统相对独立，每户入口处设一户型表，户内各散热器相互串联或并联。

地板辐射采暖系统和散热器采暖系统均可按户设置热表。图 10-82 所示为章鱼法布置的双管系统，这种方法全部支管均为埋地暗管，管材一般采用交联聚乙烯塑料管，造价相对较高。图 10-83 所示为环状布置的双管系统，这种方法增加了水平管的长度，而立管长度减少。

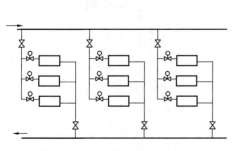
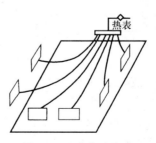
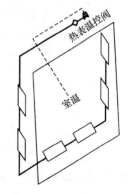

图 10-81　加温控阀的双管系统　　　图 10-82　章鱼法布置
　　　　　　　　　　　　　　　　　　　的双管系统

图 10-83　环状布置的
　　　　　双管系统

10.11.2 分户式燃气采暖

1. 燃气采暖水系统

这种供热方式就是用功率足够大的燃气热水器为各单元住宅供热及供应生活用水。它的优点是：舒适性强，用户可根据自己的需要任意选择和调节。设备小巧美观，安装简便，易于操作，便于计量，节约能源。缺点是：建设安装与运行成本高，存在低空排放污染问题。如图 10-84 所示。

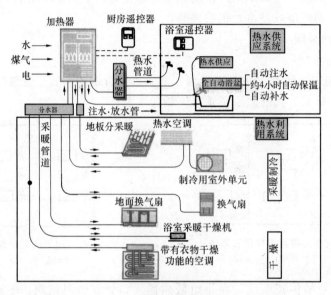

图 10-84　热水器的采暖功能

2. 燃气采暖风系统

该系统就是采用小型燃气采暖空调一体机，冬季以燃气为燃料加热空气，热空气经风管送入房间。夏季通过附加蒸发盘管及室外机制冷，将冷空气经风管送入房间。如图 10-85、图 10-86 所示。

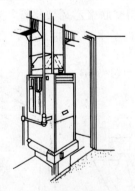

图 10-85　燃气采暖风系统壁橱式安装
注：带有制冷盘管及电子空气净化器。

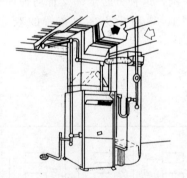

图 10-86　燃气采暖风系统专用间安装
注：带有制冷盘管及加湿器。

10.11.3 分户直接电采暖

1. 低温加热电缆地板采暖系统

该系统是由可加热柔韧电缆和感应器、恒温器等组成，适用于任何材质的地面，如图

10-87、10-88 所示。

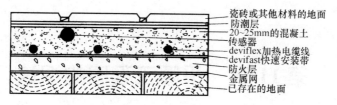

图 10-87 木地板上的薄地板安装

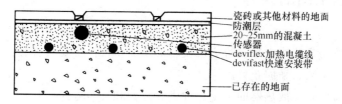

图 10-88 混凝土地面上的薄地板安装

2. 低温辐射电热膜采暖方式

该方式以电热膜为发热体，热量以辐射的方式送入房间。电热膜是一种通电后能发热的半透明聚酯薄膜。

3. 墙角电暖器采暖方式

墙角电暖器表面温度较低，并设有自动恒温控制，与常规电暖器相比，更安全、可靠。通常与建筑设计结合布置。

第 11 章　采暖工程图的识读

11.1　采暖施工图的内容

1. 平面图

平面图表示的是建筑物内采暖管道及设备的平面布置。主要内容有：

（1）建筑物的层数、平面布置。

（2）热力入口位置，散热器的位置、种类、片数和安装方式。

（3）管道的布置、干管管径和立管编号。

（4）主要设备或管件的布置。

2. 系统图

系统图与平面图配合，反映了采暖系统的全貌。通过系统图可以知道：

（1）管道布置方式。

（2）热力入口管道、立管、水平干管走向。

（3）立管编号、各管段管径和坡度、散热器片数、系统中所用管件的位置、个数和型号等。

3. 详图

详图又称大样图，是平面图和系统图表达不够清楚时而又无标准图时的补充说明图。

4. 设计与施工说明

设计与施工说明是设计图的重要补充，一般有以下内容：

（1）热源的来源、热媒参数、散热器型号。

（2）安装及调整运行时应遵循的标准和规范。

（3）施工图表示的内容。

（4）管道连接方式及材料等。

11.2　通风、空调、采暖工程常用图例

通风、空调采暖工程常用图例见表 11-1。

表 11-1　空调通风工程施工图常用图例

序　号	名　　称	图　　例	附　　注
1	系统编号		
（1）	送风系统	S———1	两个系统以上时，应进行系统编号
（2）	排风系统	P———2	
（3）	空调系统	K———3	

序　号	名　称	图　例	附　注
（4）	新风系统	X ——— 4	
（5）	回风系统	H ——— 5	
（6）	排烟系统	PY ——— 6	
（7）	制冷系统	L ——— 7	
（8）	除尘系统	C ——— 8	两个系统以上时，应进行系统编号
（9）	采暖系统	N ——— 9	
（10）	洁净系统	J ——— 10	
（11）	正压送风系统	ZS ——— 11	
（12）	人防送风系统	RS ——— 12	
（13）	人防排风系统	RP ——— 13	
2	风管		
（1）	送风管、新（进）风管		本图为可见面
			本图为不可见面
（2）	回风管、排风管		本图为可见面
			本图为不可见面
（3）	混凝土或砖砌风道		
（4）	异径风管		
（5）	天圆地方		
（6）	柔性风管		

序　号	名　　称	图　　例	附　注
(7)	风管检查孔		
(8)	风管测定孔		
(9)	矩形三通		
(10)	圆形三通		
(11)	弯　头		
(12)	带导流片弯头		
3	附件		
(1)	膨胀阀		
(2)	自动排气阀		
(3)	节流孔板		
(4)	固定支架		
(5)	丝堵或盲板		
4	风阀及附件		
(1)	插板阀		
(2)	蝶阀		

序 号	名 称	图 例	附 注
(3)	手动对开式多叶调节阀		
(4)	电动对开式多叶调节阀		
(5)	三通调节阀		
(6)	止回阀		
(7)	送风口		
(8)	回风口		
(9)	方形散流器		
(10)	圆形散流器		
(11)	三通阀		
(12)	减压阀		
(13)	浮球阀		
(14)	散热器三通阀		
(15)	底阀		

序 号	名 称	图 例	附 注
(16)	放风门		
(17)	疏水器		
(18)	方形伸缩器		
(19)	套筒伸缩器		
(20)	波形伸缩器		
(21)	除污器		
(22)	水过滤器		
(23)	伞形风帽		
(24)	锥形风帽		
(25)	筒形风帽		
5	设备类		
(1)	供暖设备		
①	散热器		
②	暖风机		

序 号	名 称	图 例	附 注
③	管道泵		
④	集气罐		
⑤	混水器		
(2)	通风、空调、制冷设备		
①	离心式通风机	(1) (2) (3)	(1) 平面，左：直联 右：皮带 (2) 系统 (3) 流程
②	轴流式通风机	(1) (2) (3)	(1) 平面 (2) 系统 (3) 流程
③	离心式水泵	(1) (2) (3)	(1) 平面 (2) 系统 (3) 流程
④	制冷压缩机		用于流程、系统
⑤	水冷机组		用于流程、系统
⑥	空气过滤器		
⑦	空气加热器		
⑧	空气冷却器		

序 号	名 称	图 例	附 注
⑨	空气加湿器		
⑩	窗式空调器		
⑪	风机盘管		
⑫	消声器		
⑬	减振器		左：平面；右：剖面
⑭	消声弯头		
⑮	喷雾排管		
⑯	挡水板		
⑰	水过滤器		
⑱	通风空调设备		用细实线绘画轮廓，框内 用拼音字母以示区别
6	各类水、汽管		
(1)	蒸汽管	—— Z ——	
(2)	凝结水管	—— N ——	
(3)	膨胀水管	—— P ——	
(4)	补给水管	—— G ——	
(5)	信号管	—— X ——	
(6)	溢排管	—— Y ——	
(7)	空调供水管	—— L_1 ——	
(8)	空调回水管	—— L_2 ——	
(9)	冷凝水管	—— n ——	
(10)	冷却供水管	—— LG_1 ——	
(11)	冷却回水管	—— LG_2 ——	
(12)	软化水管	—— RH ——	
(13)	盐水管	—— YS ——	

11.3 采暖施工图的识读

识读采暖施工图的基本方法是将平面图与系统图对照。从供热系统入口开始，沿水流方向按供水干管、立管、支管的顺序到散热器，再由散热器开始，按回水支管、立管、干管的顺序到出口为止。

1. 平面图的识读

如图 11-1 所示为某学校三层教室的采暖平面图。其散热器型号为铸铁柱形 M132 型。

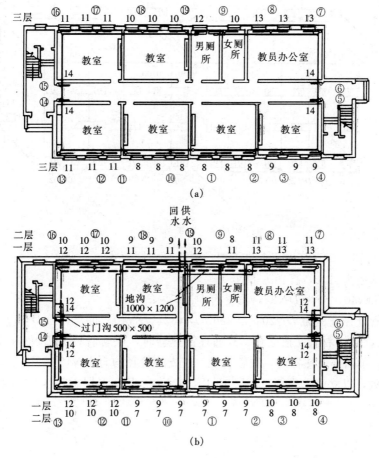

图 11-1 采暖平面图

(a) 顶层采暖平面图；(b) 底层采暖平面图

由图 11-1 可知，每层有 6 个教室，一个教员办公室，男女厕所各一间，左右两侧有楼梯。

从底层平面图 (b) 可知，供热总管从中间进入后即向上行；回水干管出口在热水入口处，并能看到虚线表示的回水干管的走向。

从顶层平面图 (a) 可以看出，水平干管左右分开，各至男厕所，末端装有集气罐。

各层平面图上标有散热器片数和各立管的位置。散热器均在窗下明装。

供热干管在顶层上，说明该系统属于上供下回式。

2. 系统图的识读

如图 11-2 为某学校三层教室的采暖系统图。

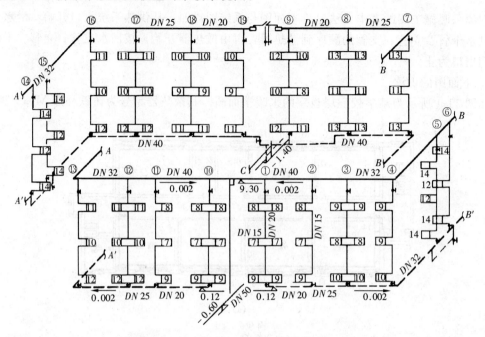

图 11-2　采暖系统图

由图 11-2 可知，该系统属于上供下回、单立管、同程式。

供热总管从地沟引入，直径为 $DN50$。

水平干管 $DN40$，变为 $DN32$，再变为 $DN25$、$DN20$。

两条回水管管径渐变为 $DN20$、$DN25$、$DN32$、$DN40$，再合并为 $DN50$。

左有 10 根立管，右有 9 根立管。双面连散热器时，立管管径为 $DN20$，散热器横支管管径为 $DN15$；单面连散热器时，立管管径、横支管管径均为 $DN15$。

散热器片数，以立管①为例，一层 18 片，二层 14 片，三层 16 片，共 6 组散热器。

第12章　燃气供应

气体燃料比液体燃料和固体燃料具有更高的热能利用率，燃烧温度高，火力调节容易，使用方便，易于实现燃烧过程自动化，燃烧时无灰渣，清洁卫生，而且可以采用管道输送或瓶装供应。

在建筑物内采用气体燃料，对改善人民的生活条件、减少空气污染、保护环境具有很重要的意义。

但燃气也存在有害的一面，如含有一氧化碳、硫化氢等有毒物质；可燃气体达到一定浓度时和空气的混合物遇到明火会引起爆炸；燃气管道内含有足够水分时将生成水化物，由此会缩小过流断面甚至堵塞管道等。对于燃气设备和管道的设计、加工和敷设，都应有严格的要求。同时，在日常使用中，必须加强维护和管理工作，对用户进行安全用气的宣传教育。

12.1　燃气的种类

根据来源的不同，燃气可分为人工煤气、液化石油气、天然气三种。

1. 人工煤气

人工煤气是将固体燃料（煤）或液体燃料经加工制取的。

2. 液化石油气

液化石油气是在石油进行加工和处理过程中得到的一种副产品。它在常温下为气态，但在温度下降或压力增大时，会变为液态即液化石油气。

石油气由气态变为液态时，体积可减小到 $1/250 \sim 1/300$。液化石油气气体体积在空气中含量超过 2% 时，遇到明火会发生爆炸。

3. 天然气

天然气是从钻井中开采出来的可燃气体，其主要成份为甲烷。

12.2　城市燃气的供应方式

1. 天然气、人工煤气管道输送

天然气或人工煤气经过净化后，输入城市燃气管网，城市燃气管网根据输送压力不同分为低压管网（$p \leqslant 5\mathrm{kPa}$），中压管网（$5\mathrm{kPa} < p \leqslant 150\mathrm{kPa}$），次高压管网（$150\mathrm{kPa} < p \leqslant 300\mathrm{kPa}$）和高压管网（$300\mathrm{kPa} < p \leqslant 800\mathrm{kPa}$）。

煤气管道是承受压力的，且所输送的煤气是有毒、易爆的气体，因此，要求煤气管道要具有足够的强度，耐腐蚀，不透气。城市煤气管道常用钢管和铸铁管。其中高压和次高压煤气管道必须使用钢管；中、低压煤气管道可采用铸铁管。在穿过城市主要干道时，必须采用钢管。室内煤气管道一般采用镀锌钢管，即"水煤气输送钢管"。

城市燃气管网包括街道燃气管网和庭院燃气管网两部分。

庭院燃气管网是指燃气总阀门井后至各建筑物前的户外管网。应敷设在土壤冰冻线以下 0.1~0.2m 的土层内，并且与建筑物、构筑物或相邻管道之间应有足够的水平和垂直距离。

图 12-1 为燃气管网平面布置。

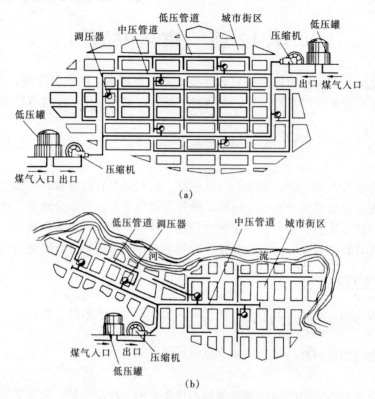

图 12-1 低压庭院燃气管网平面布置

（a）环状燃气管网示意图；（b）枝状燃气管网示意图

2. 瓶装供应

目前我国供应的液化石油气多采用瓶装。每个液化石油气站的供应范围一般不超过 1000 户。钢瓶有 10kg、15kg、20kg 和 25kg 装 4 种规格，其中 10kg、15kg 装主要供家庭用。

液化石油气在钢瓶内的充满程度不应超过钢瓶容积的 85%。使用时，需减压到 2.8±0.5kPa，才能输送到燃烧器具。

钢瓶在运输过程中，应严格遵守操作规定，严禁乱扔乱甩。

12.3 室内燃气供应

1. 系统的布置和敷设

室内燃气供应系统是由引入管、室内燃气管网、燃气计量表、燃气灶具等组成，如图 12-2 所示。

引入管一般从建筑物底层楼梯间或厨房靠近燃气灶具处进入，可穿越基础，也可从地面以上穿墙引入室内，但裸露在地面以上的管道必须有保温防冻措施。图 12-3 为引入管的敷设法。

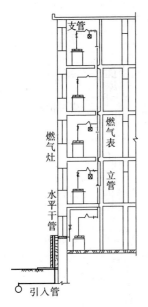

图 12-2　室内燃气管道系统

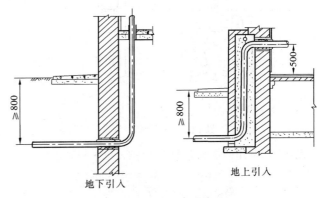

图 12-3　引入管敷设法

室内燃气管道可采用水煤气钢管或镀锌钢管，用丝扣连接，只有在管径大于 65mm 或特殊情况下用焊接。

2. 生活用燃气具

生活用燃气具包括灶具、燃气计量表、液化石油气供应气瓶、角阀等。

图 12-4 为煤气表及其安装图。

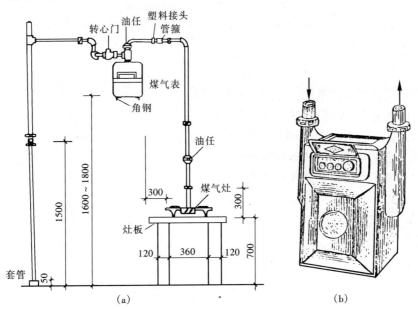

图 12-4　煤气表及其安装图

（a）住户煤气表安装图；（b）煤气表

图12-5为通风窗，图12-6为总烟道装置。

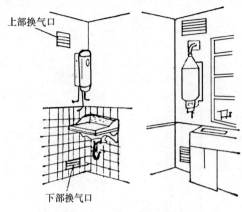

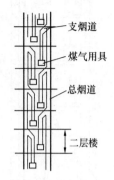

图 12-5 通风窗

图 12-6 总烟道装置

图 12-7 为几种燃流量计外形图。

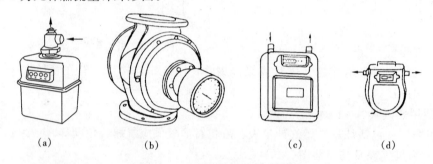

图 12-7 几种燃气流量计外形图

（a）户用煤气表；（b）罗茨流量计；（c）液化石油气流量表；（d）LMN 煤气计量计

习　题

1. 识读一套建筑工程采暖系统工程图并回答下列问题：

   （1）说明该建筑工程采暖系统的组成；（2）说明该建筑工程采暖系统的供暖方式；（3）指出哪些位置有手动放气阀；（4）说明该建筑工程采暖系统所用散热器的型号。

2. 现在建筑工程上常用的散热器是哪种？有哪些型号？

3. 建筑工程系统工程常用的附件有哪些？

第四篇
通风空调工程

第13章　通风工程

13.1　建筑通风的任务、意义

在室内或人口密集且较封闭的公共场所，人们呼出的二氧化碳、人的皮肤分泌物、人体排放出的异味、房间内使用燃气型热水器等均会给人带来不舒适甚至窒息的感觉。

随着工业生产的不断发展，规模的不断扩大，散发的工业有害物日益增加，对这些有害物如果不进行处理，就会严重污染室内外空气环境，对人们的身心健康造成极大的危害。

建筑通风可以促进室内的空气流动，控制气流流动的速度和气流温度，给人带来舒适感，所以通风是人们日常生活中非常重要的改善生活环境、劳动环境的手段。

13.2　通风方式的分类及组成

13.2.1　通风

通风就是把整个建筑物或局部地方不符合卫生标准的污浊空气排出，把生产工艺中生产的有害物质收集起来进行净化处理排出室外，然后把新鲜空气或经过净化处理符合卫生标准的空气送入室内，稀释有害物质，提供人们正常生活和生产所需的新鲜空气，前者称为排风，后者称为送风，统称通风。

通风系统按照动力的不同可分为自然通风和机械通风。

13.2.2　自然通风

自然通风是依靠室内外空气的温度差所造成的热压或室外风力造成的风压使空气流动。温度差和风力是自然通风的两个重要因素，两个因素可以共同起作用，也可以单独起作用。图 13-1 为流经建筑物的气流分布示意图。

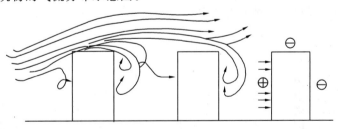

图 13-1　流经建筑物的气流分布示意图

自然通风是人们日常生活中最常用的通风方法，一般民用建筑和公共建筑的房间经常通过开启门窗进行通风换气，而工业厂房、车间经常采用设置高窗或天窗来达到换气的目的，如图 13-2 所示，还可以采用排气罩和风帽等方法进行局部的自然通风。

自然通风是一种最经济有效的通风方法，可以节约能源、降低工程造价，且无噪声污染，人的感觉舒适自然。但自然通风需依靠气象条件，如风向的变化、风力的大小均会影响自然通风的效果，可能对污浊空气不能进行处理。在屋顶设置通风帽可以改善风向变化对自然通风的影响。

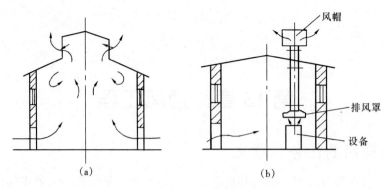

图 13-2　自然通风方法

(a) 靠天窗通风；(b) 靠风帽排风

13.2.3　机械通风

机械通风主要是依靠风机作为通风的动力，通过通风管道进行室内、外空气交换。风机能够提供足够的风量和风压，能把对空气进行过滤、加热、冷却、净化等各种处理的设备联成一个较大的系统，工作可靠，效果较稳定，但系统初期投资和运行费用较高。

机械通风主要由风机动力系统、空气处理系统、空气输送及排放风道系统、各种控制阀类、风口、风帽等组成。

机械通风根据有害物质分布的情况分为局部通风和全面通风。局部通风包括局部排风、局部送风、局部送排风系统；全面通风包括全面排风、全面送风、全面送排风系统。

1. 局部通风

(1) 局部排风

局部排风是在室内局部地点安装的排除某一空间范围内污浊空气的通风系统。如在工业厂房或车间、实验室的某一固定位置（工作台、操作区），在生产或实验过程中产生有害物质，为了不使其扩散到其他部位，造成更多的污染，多采用局部排风系统。图 13-3 为厨房灶台的局部排风系统，图 13-4 为局部机械排风示意，图中设备产生的有害物质通过排风罩（避免扩散）、风道、风机将其排入大气中。

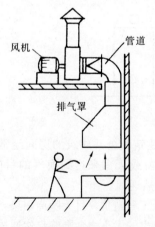

图 13-3　厨房灶台的局部排风系统

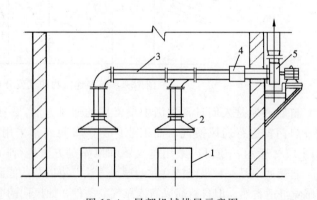

图 13-4　局部机械排风示意图

1—设备；2—排风罩；3—风道；4—空气处理设备；5—离心式风机

局部排风是依靠排风罩来实现的。排风罩的形式多种多样，它的性能对局部排风系统的技术经济效果有着直接的影响。局部排风罩按其作用原理有密闭式、柜式（通风柜）、外部吸气式、吹吸式、接受式等，如图13-5所示。

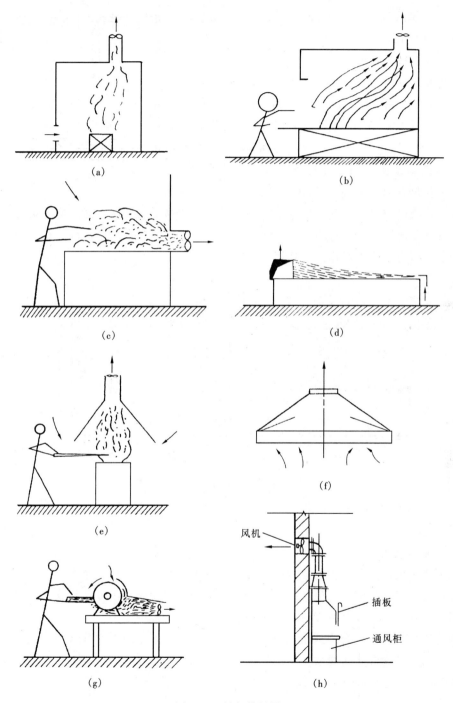

图 13-5　局部排风罩

（a）密闭式排风罩；（b）柜式排风罩；（c）外部吸气排风罩；（d）工业槽上的吹吸式排风罩；

（e）高温热源的接受罩；（f）伞形排风罩；（g）砂轮磨削的接受罩；（h）通风柜图式

（2）局部送风

局部送风是将符合卫生要求的空气送到人的有限活动范围，在局部地区形成一个保护性的空气环境，气流应从人体前侧上方倾斜地吹到头、颈、胸部。局部送风通常用来改善高温操作人员的工作环境，如图13-6所示。

（3）局部送排风系统

局部送排风系统就是对某一局部集中位置产生有害物质的情况，采用对该部位送入新鲜空气，改善工作环境，同时设置排风系统的方法将有害物质排出。

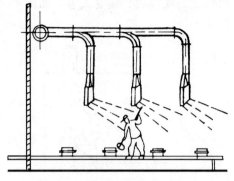

图13-6 局部机械送风系统

图13-7为食堂操作间局部送排风系统。当操作人员在此工作间工作时，通过送风系统送入一定量的新鲜空气，既可减轻高温气体的危害，又可稀释有害物质的浓度。通过排风系统可将油烟热气通过排气罩排风口将其排出室外。热气罩还可以收集油脂，控制油烟、热气的扩散，并能定期清洗，可有效改善操作区的环境。

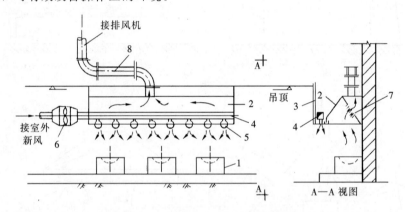

图13-7 食堂操作间局部送排风系统

1—炉灶；2—排烟罩；3—饰板；4—送风管道；5—球形送风口；6—斜流式送风机；7—油烟过滤器；8—排风管道

2. 全面通风

（1）全面排风系统

当局部通风无法控制有害物质的扩散时，可采用全面通风。即在整个房间内进行空气交换，一方面送入足够量的经过处理的新鲜空气来稀释有害物质的浓度，另外不断将有害物质经处理后排出室外，并使其浓度达到国家规定的排放标准范围之内。

全面排风系统一定要合理地组织气流，应使操作人员处于新鲜空气区内工作，并应能保证尽量减小污染范围和有害物质扩散的速度。

如图13-8所示为全面排风系统。图13-9为全面通风气流组织示意图。

（2）全面送风系统

当生产工艺要求稀释有害物质的浓度或需对进入室内的空气进行处理时，如要求加热、降温、过滤、加湿等处理，应考虑采用全面送风系统。

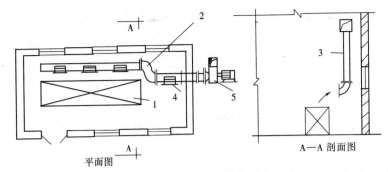

图 13-8　全面机械排风图式

1—工艺设备区；2—排风管道；3—支风道；4—吸风口；5—通风机

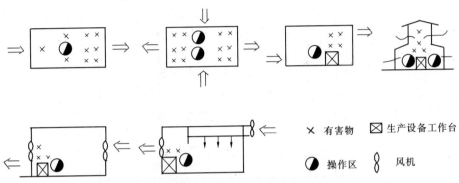

× 有害物　☒ 生产设备工作台

◑ 操作区　§ 风机

图 13-9　全面通风气流组织示意图

单独的全面送风系统会使室内形成正压，可通过门、窗的开启使室内空气处于平衡状态，如图 13-10 所示。

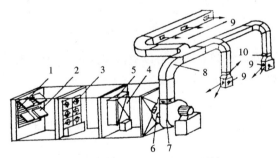

图 13-10　全面机械送风系统

1—百叶窗；2—保温阀；3—过滤器；4—空气加热器；5—旁通阀；6—启动阀；7—风机；8—风道；9—送风口；10—调节阀

（3）全面送排风系统

当室内既需要全面送风稀释空气，又需进行全面排风时，可采用全面送排风系统。

全面送排风系统的效果决定于能否合理地组织气流分布，气流分布不合理会导致室内的二次污染。

送排风系统气流组织分布应遵循以下原则：

（1）新鲜空气需先送入工作区，然后通过污染区；

（2）排风系统设置在靠近污染源侧；

（3）新风口与排风口不宜在同侧外墙布置，避免再次吸进有害物质。

图 13-11 为全面送排风系统，图 13-12 为某车间混合通风。

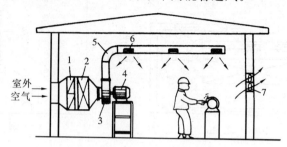

图 13-11　全面送排风系统

1—空气过滤器；2—空气加热器；3—风机；4—电动机；5—风管；6—送风口；7—轴流风机

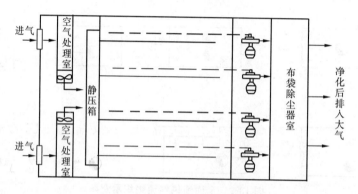

图 13-12　某车间混合通风

13.3　通风设备

13.3.1　通风机

通风机用于为空气气流提供必需的动力以克服输送过程中的阻力损失。通风工程中常用的风机有离心式风机和轴流式风机。

1. 离心式风机

离心式风机由叶轮、机壳和吸入口三个主要部分组成，如图 13-13 所示。

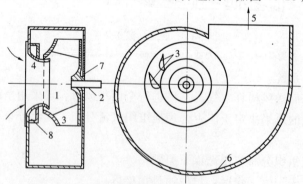

图 13-13　离心风机构造示意图

1—叶轮；2—机轴；3—叶片；4—吸气口；5—出口；6—机壳；7—轮毂；8—扩压环

离心式风机的原理与离心式水泵相同，由电机带动风机中的叶轮旋转，通过离心力的作用使气体产生压能和动能。

风机叶轮的叶片数量、弯曲的角度、叶片的形状决定产生的风压和风量的大小与风机的效率。

离心式风机的吸入口主要起收集气流的作用，它的形式如图13-14所示。

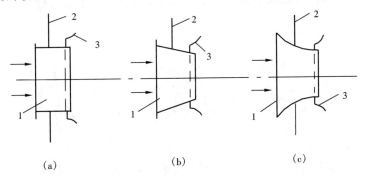

图 13-14　离心式风机吸入口形式

(a) 圆筒式；(b) 锥筒式；(c) 曲线式

1—吸入口；2—机壳；3—叶轮

离心式风机根据风压的大小分为低压风机（产生的风压在1000Pa以下）、中压风机（产生的风压在1000～3000Pa之间）、高压风机（产生的风压在3000～10000Pa之间）。一般通风系统多用低压风机，较大的或除尘通风系统采用中压风机，高压风机很少采用。

风机的通风量可按换气次数计算。居住及公共建筑的换气次数见表13-1。

表 13-1　居住及公共建筑的换气次数

房间名称	换气次数（次/小时）	房间名称	换气次数（次/小时）
住宅居室	1.0	食堂贮粮间	0.5
住宅浴室	1.0～3.0	托幼所	5.0
住宅厨房	3.0	托幼浴室	1.5
食堂厨房	1.0	学校礼堂	1.5
学生宿舍	2.5	教室	1.0～1.5

2. 轴流式风机

轮流式风机是借助叶轮的推力作用促使气流流动的，气流的方向与机轴平行。

轴流式风机的优点是结构紧凑、价格较低、通风量大、效率高。缺点是噪声大、风压小。因此，轴流式风机只能用于无须设置管道的场合及管道阻力较小的系统，而离心式风机则用在阻力较大的系统中，如图13-15所示。

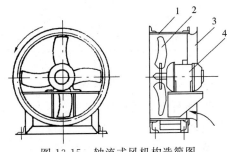

图 13-15　轴流式风机构造简图

1—圆筒形机壳；2—叶轮；3—进口；4—电动机

13.3.2 通风管道

制作通风管道的材料很多，一般通风系统常用薄钢板制作通风管道，截面呈圆形或矩形，如图 13-16 所示。根据用途和截面尺寸的不同，钢板的厚度也不相同。

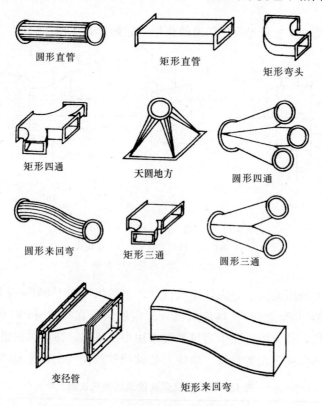

圆形直管　　　　矩形直管　　　　矩形弯头

矩形四通　　　天圆地方　　　圆形四通

圆形来回弯　　矩形三通　　　圆形三通

变径管　　　　　矩形来回弯

图 13-16　矩形、圆形风管及管件

确定风道的截面积时，应先确定其中的流速值。表 13-2 为风道中的空气流速。

表 13-2　风道中的空气流速　　　　　　　　　　　　m/s

风 道 名 称	辅助建筑和行政用房		工业建筑机械通风
	自然通风	机械通风	
总风道	0.5～1.0	5～8	5～12
支风道	0.5～1.0	1～5	2～8
排风竖风道	1.2～1.5	4	4～6

13.3.3 室外进、排风装置

1. 室外进风装置

室外进风口就是通风和空调系统采集新鲜空气的入口。根据进风室位置的不同，室外进风口可采用竖直风道塔式进风口，也可采用设在建筑物外围结构上的墙壁式或屋顶式进风口，如图 13-17 和图 13-18 所示。

图 13-19 为设在地下室和设在平台上的进风室。

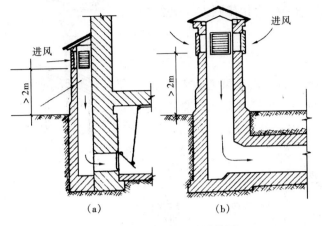
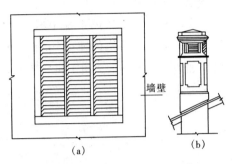

图 13-17 塔式室外进风装置

图 13-18 墙壁式和屋顶式进风装置
(a) 墙壁式；(b) 屋顶式

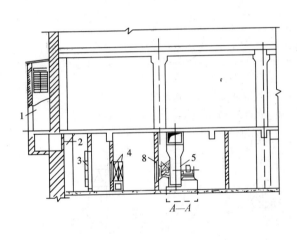
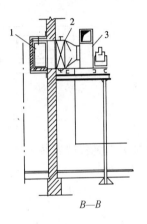

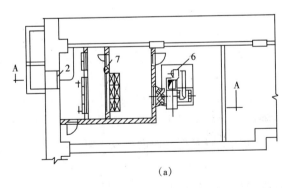
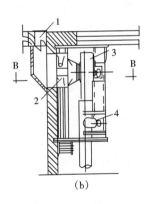

图 13-19 设在地下室和设在平台上的进风室

(a) 设在地下室的进风室：1—进风装置；2—保温阀；3—过滤器；4—空气加热器；
5—风机；6—电动机；7—旁通阀；8—帆布接头

(b) 设在平台上的进风室：1—进风口；2—空气加热器；3—风机；4—电动机

2. 室外排风装置

室外排风装置的任务是将室内被污染的空气直接排到大气中去。如图 13-20 所示为室外排风装置。

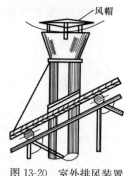

图 13-20　室外排风装置

13.3.4　室内送、排风口

室内送风口是送风系统中风道的末端装置。由送风道输入的空气通过送风口以一定的速度均匀地分配到指定的送风地点。室内送风口如图 13-21 所示。图 13-22 为工业车间内常用的室内送风口，即空气分布器。

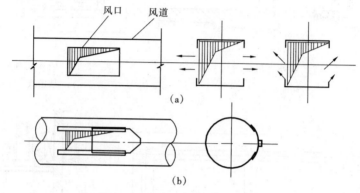

图 13-21　两种最简单的送风口

（a）风管侧送风口；（b）插板式送、吸风口

室内排风口是排风系统的始端吸入装置。

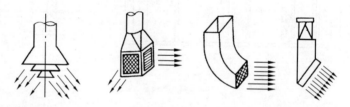

图 13-22　空气分布器

13.4　高层建筑防火排烟

建筑火灾，尤其是高层建筑火灾的经验教训表明，火灾中对人体伤害最严重的是烟雾，现代家居中的装饰、装潢、家具、其他陈设中使用了很多可燃、易燃物品，一旦着火，会产生大量的高温有毒的烟气，并消耗大量的氧气，同时烟气使能见度下降，给疏散和救援活动造成很大的障碍。

高层建筑火灾由于火势蔓延快，疏散困难，扑救难度大，且火灾隐患多，所以，在高层建筑设计中，不但要考虑防火的问题，还要重视防烟排烟的问题。图 13-23 为建筑物防火排烟系统流程图。

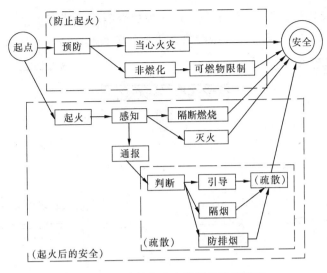

图 13-23　建筑物防火排烟系统流程图

13.4.1　建筑防火分区与防烟分区

1. 建筑防火分区

建筑防火分区的目的是防止起火后火势的蔓延和扩散，将火势控制在一定范围内，以便于人员疏散和火灾的扑救，减少火灾带来的损失。

防火分区的方法是根据建筑物内房间的用途和功能，把建筑物平面用防火隔墙、防火卷帘隔墙等划分为若干个防火单元，也可在竖直方向上以楼板作为分界进行防火分区。

我国高层建筑设计防火规范规定了防火单元的划分面积，见表 13-3。

表 13-3　高层民用建筑每个防火分区的允许最大建筑面积

建筑类别	每个防火分区建筑面积/m²
一类建筑	1000
二类建筑	1500
地下室	500

2. 高层建筑防烟分区

在建筑平面上进行防烟分区的目的是防止火灾发生时产生的烟气侵入作为疏散通道的走廊、楼梯间前室及楼梯间。防烟分区是防火分区的细分化，就是说防烟分区不应跨越防火分区，如图 13-24 所示。

防烟分区之间一般用防烟墙、挡烟垂壁和挡烟梁等作为分界，并在各防烟区内设置一个带有手动启动装置的排烟口。

挡烟垂壁如图 13-25 所示，它是由非燃材料制成（如钢板、夹丝玻璃、钢化玻璃等）的固定或活动的挡板。垂壁高度不小于 0.5m，这是因为火灾发生时，烟气聚集在顶棚处，若垂壁下垂高度未超出烟气层，则防烟无效；其下缘距地坪间距应大于 1.8m，以便于人的通过。

挡烟梁是从顶棚下突出的不小于 0.5m 的梁，如图 13-26 所

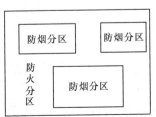

图 13-24　防火与防烟分区的关系

示。图 13-27 为挡烟隔墙。图 13-28 和图 13-29 为挡烟隔墙或挡烟垂壁在顶棚内不隔断和完全隔断示意图。图 13-30 为某百货大楼的防火防烟分区实例。

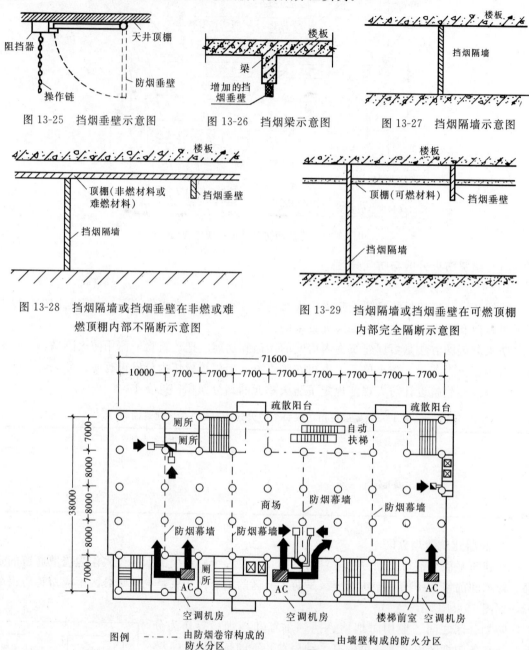

图 13-25　挡烟垂壁示意图　　图 13-26　挡烟梁示意图　　图 13-27　挡烟隔墙示意图

图 13-28　挡烟隔墙或挡烟垂壁在非燃或难燃顶棚内部不隔断示意图

图 13-29　挡烟隔墙或挡烟垂壁在可燃顶棚内部完全隔断示意图

图 13-30　防火防烟分区实例

13.4.2　排烟设施

高层建筑的排烟设施有自然排烟和机械排烟两种。

1. 自然排烟

自然排烟是利用房间可开启的外窗或室外阳台等，依靠火灾发生时所产生的热风及风压的作用，将室内产生的烟气排出，如图 13-31、图 13-32 所示。

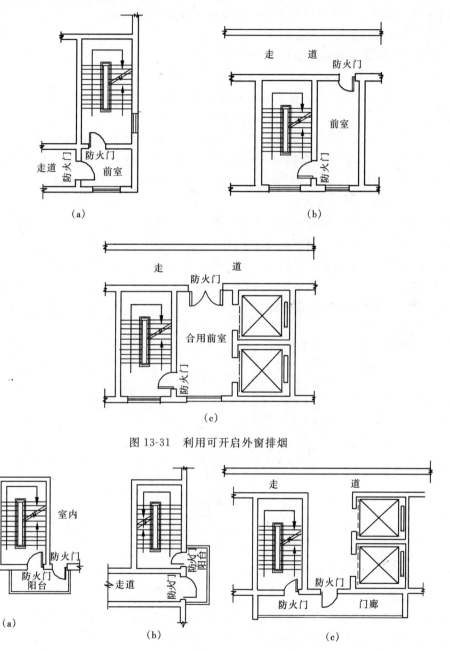

图 13-31　利用可开启外窗排烟

图 13-32　利用室外阳台或凹廊排烟

自然排烟方式不需要动力和复杂的装置，结构简单、经济方便，但受室外风力影响较大。

（1）自然排烟方式的设置位置

一类高层建筑和建筑高度超过 32m 的二类高层建筑的下列部位应设排烟设施：

① 长度超过 20m 的内走道。因为据火灾实地观测，人在浓烟中掩鼻行走的最长距离为 20～30m。

② 面积超过 100m²，且经常有人停留或可燃物较多的房间。

③ 高层建筑的中庭和经常有人停留或可燃物较多的地下室。

（2）采用自然排烟的开窗面积

采用自然排烟的开窗面积应符合下列规定：

① 长度不超过 60m 的内走道，可开启外窗或排烟口的面积不应小于走道面积的 2%。

② 靠外墙的防烟楼梯间前室或消防电梯前室，可开启外窗面积不应小于 2.0m²。

③ 靠外墙的合用前室，可开启外窗面积不应小于 3.0m²。

④ 靠外墙的防烟楼梯间，每五层内可开启外窗面积不应小于 2.0m²。

⑤ 超过 100m² 需排烟的房间，可开启外窗面积不应小于该房间面积的 2%。

⑥ 净高小于 12m 的中庭，可开启的天窗或侧外窗的面积不应小于该中庭面积的 5%。

⑦ 对于竖井自然排烟方式：

不靠外墙的防烟楼梯间前室或消防电梯前室，其进风口面积不应小于 1.0m²，进风道面积不应小于 2.0m²；排烟口面积不应小于 4.0m²，排烟竖井面积不应小于 6.0m²。

不靠外墙的合用前室，其进风口面积不应小于 1.5m²，进风道面积不应小于 3.0m²；排烟口面积不应小于 6.0m²，排烟竖井面积不应小于 9.0m²。

图 13-33 为自然排烟口的位置。

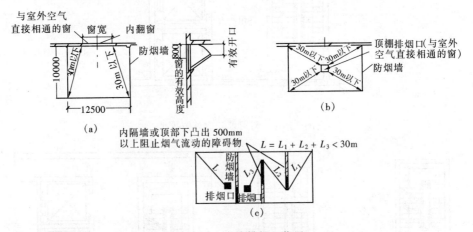

图 13-33 自然排烟口位置

（a）外窗至各墙的距离在 30m 以内；（b）天窗排烟口的位置；
（c）防烟区排烟口至最远点的距离

图 13-34、图 13-35 为自然排烟方式举例。图 13-35b 中为了减少室外风压对自然排风的影响，在排烟口部位设有与建筑物形体一致的挡风措施。

（3）下列条件下的建筑物各部位，不宜采取自然排烟措施：

① 建筑高度超过 50m 的一类公共建筑的防烟楼梯间及其前室、消防电梯前室及两者合用的前室，不宜采用可开启外窗的自然排烟措施。当建筑物高度超过 100m 时，这些部位不应采用可开启外窗的自然排烟措施。

② 净空高度超过 12m 的室内中厅。

③ 长度超过 60m 的内走道。

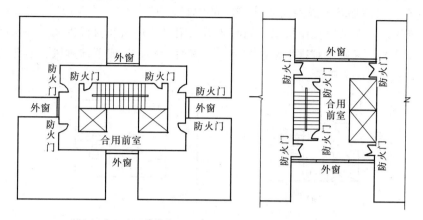

图 13-34　有两个不同朝向的可开启外窗防烟楼梯间合用前室

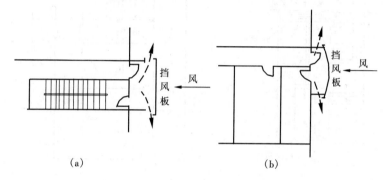

图 13-35　设有挡风措施的阳台、凹廊
（a）前室为门廊；（b）前室为阳台

2. 机械排烟

机械排烟的目的是将烟气排至室外，在建筑物发生火灾时提供不受烟气干扰的疏散路线和避难场所，它不受室外风力的影响，大大降低了火灾的影响范围，但投资多，耗用动力，且管道要占用一定的面积。如图 13-36 所示为机械排烟系统。

（1）机械排烟的设置位置

一类高层建筑和建筑高度大于 32m 的二类高层建筑的下列部位，应设置机械排烟设施：

① 无直接自然通风的 20m 以上的内走道。

② 长度超过 60m 的内走道（包括有自然通风的情况）。

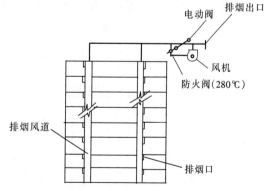

图 13-36　机械排烟系统

③ 面积超过 100m²，且经常有人停留或可燃物较多的地上无窗房间或设固定窗的房间。

④ 除设有开窗自然排烟的房间外，各房间总面积大于 200m² 或一个房间面积大于 50m²，且经常有人停留或可燃物较多的地下室。

⑤ 不靠外墙的防烟楼梯间前室，或可开启外窗的面积小于 2m² 时。

⑥ 不靠外墙的消防电梯前室，或可开启外窗的面积小于 2m² 时。

⑦ 不具有自然排烟条件或净高超过 12m 的中庭。

需要说明的是，在采用机械排烟的同时还需采用自然进风和机械进风。进风口一般设在靠近地面的墙壁上，以避免对排烟系统中烟气气流的干扰，形成下部进风、上部排烟的理想的气流组织，如图 13-37 所示。

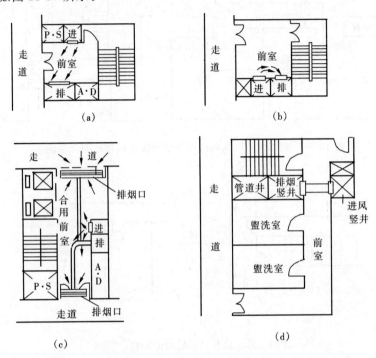

图 13-37　排烟口与进风口、前室入口、楼梯间入口的相对位置

(a) 排烟效果好，前室内烟气少；(b) 排烟效果差，前室内烟气多；
(c) 排烟效果好，前室内烟气少；(d) 排烟效果差，前室内烟气多

(2) 排烟口的设置

① 采用隔墙或挡烟垂壁划分防烟分区时，每个防烟分区应分别设置排烟口。同一分区可设置多个排烟口，所有的排烟口应能同时启动。

② 排烟口应尽量设置在防烟分区的中心部位，且距最远点的水平距离不超过 30m，如图 13-33c 所示。

③ 排烟口必须设置在距顶棚 800mm 以内的高度上。对于顶棚高度超过 3m 的建筑物，排烟口可设在距地面 2.1m 的高度上，或设置在地面与顶棚之间1/2以上高度的墙面上，如图 13-38 所示。图 13-39 为防烟幕墙。

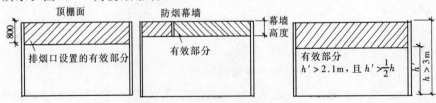

图 13-38　排烟口设置有效高度

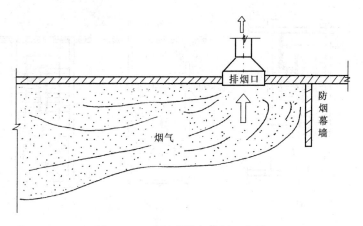

图 13-39　防烟幕墙与排烟口位置

④ 排烟口平时关闭，应设手动、自动远距离开启装置；排烟口风速不宜大于 10m/s。

（3）排烟道

由于排烟道内静压力较大，所以应具有一定的厚度；材料宜选用镀锌钢板等。风速不应大于 20m/s。

3. 机械加压送风防烟

机械加压送风系统如图 13-40 所示。

机械加压送风系统由加压送风机、送风道、加压送风口及自控装置等组成。

依靠加压风机将不经任何处理的室外空气压入防烟楼梯间及其前室，使这些部位的压力高于火灾房间的压力，从而阻止烟气侵入，保证疏散通路的安全。

（1）下列部位应设置独立的机械加压送风的防烟设施：

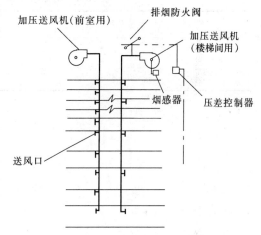

图 13-40　机械加压送风系统

① 不具备自然排烟条件的防烟楼梯间，消防电梯间前室或合用前室。

② 采用自然排烟措施的防烟楼梯间，其不具备自然排烟条件的前室。

③ 封闭避难层（间）。

（2）封闭避难层（间）的机械加压送风量应按避难层净面积每平方米不小于 30m³/h 计算。

（3）机械加压送风的防烟楼梯间和合用前室，宜分别独立设置送风系统，当必须共用一个系统时，应在通向合用前室的支风管上设置压差自动调节装置。

（4）楼梯间宜每隔 2～3 层设一个加压送风口；前室的加压送风口应每层设一个。

（5）机械加压送风机可采用轴流风机或中、低压离心风机，风机位置应根据供电条件、风量分配均衡、新风入口不受火烟威胁等因素确定。

不具备自然排烟条件的防烟楼梯间及其前室示意图见图 13-41。

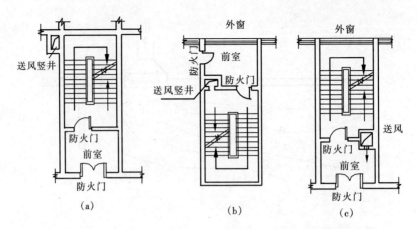

图 13-41 不具备自然排烟条件的防烟楼梯间及其前室示意图

加压送风量见表 13-4。

表 13-4 防烟楼梯间（前室不送风）的加压送风量

系统负担层数	加压送风量/$m^3 \cdot h^{-1}$
<20 层	25000～30000
20～32 层	35000～40000

第 14 章　空气调节

14.1　空气调节系统及其分类

14.1.1　空调系统的任务及组成

空气调节（简称空调）系统的任务是对空气进行加热、冷却、加湿、干燥及过滤等处理，使室内空气的温度、相对湿度、洁净度、气流速度等参数达到一定的要求，以满足人们对生活、生产或工作的需要。

目前空调系统工程的应用十分普遍，如各种大型会议厅、宾馆、饭店、车站候车室及对生产操作环境有特殊要求的工业企业用房等，都离不开空调系统的配合。

空调系统是由空气处理、空气输送、空气分配和调节系统等四个基本部分组成。室外新鲜空气（新风）和来自空调房间的一部分循环空气（回风）进入空气处理室，经混合后进行过滤、除尘、冷却、减湿（夏季）或加热、加湿（冬季）等各种处理，以达到符合要求的空调送风状态，然后由风机送入各空调房间。送入的空气吸收了余热（冬季是供热）、余湿及其他有害物质后，通过排风设备排至室外，有时为了节约能量，由回风管吸收部分回风循环使用。

当室内、外各种干扰因素发生变化时，为保证室内空气参数不超过允许的波动范围，必须进行运行调节。运行调节有手动和自动两种。

根据人们对生活、居住、办公等环境条件的要求，生产工艺中对空气的各项参数要求，对空气处理质量的特殊要求，空调可分为舒适性空调、工业空调和洁净式空调。舒适性空调主要是满足人们对新鲜空气量、温度、湿度、气流速度等的要求，并将这些参数控制在一定范围内；某些行业，为保证产品的质量和生产的顺利进行，需要有严格的空气温度、湿度要求，空调参数应优先满足生产工艺过程的需要，而不是考虑人在这种环境下的舒适度，这种空调称为工业空调，它的特点是必须将空调参数的变化控制在很小的波动范围内；某些要求空气洁净度很高的行业和房间，不仅对室内的空气温度、湿度、流动速度等有严格的要求，还对空气中的含尘量、含菌数等指标也有严格的要求，如制药业、食品加工业、医院的手术室等，在这种情况下需要有洁净式空调以保证无尘、无菌、无病毒、无污染的要求。

14.1.2　空调系统的分类

14.1.2.1　根据空调系统空气处理设备布置情况分类

根据空调系统空气处理设备布置的不同，空调系统可分为集中式空调系统、分散式空调系统、半集中式空调系统三种。

1. 集中式空调系统

集中式空调系统的空气处理设备及风机都集中在一个专用的空调房间里，以便集中管理。空气经处理后通过风管输送到各个空调房间。

集中式空调系统设备集中布置，集中调节和控制，可以严格地控制室内的空气温度和相对湿度，服务面积大，处理空气多；但往往只能送出同一参数的空气，难以满足不同的要求，且回风管复杂、截面大、占用吊顶空间大。

如图 14-1 所示为集中式空调系统。图 14-1 中，过滤器、喷水室、加热器等空气处理设备是集中在一起的。

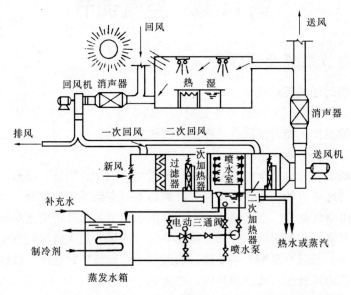

图 14-1　集中式空调系统

按照回风情况的不同，集中式空调系统又可分为直流式、回风式、封闭式三类，如图 14-2 所示。其中回风式系统又可分为一次回风系统和二次回风系统，如图 14-3 所示。

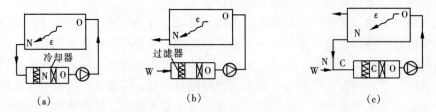

（a）　　　　　　　　　（b）　　　　　　　　　（c）

图 14-2　按处理空气的来源不同分类

（a）封闭式；（b）直流式；（c）回风式（N 表示室内空气，W 表示室外空气，
C 表示混合空气；O 表示冷却器后空气状态）

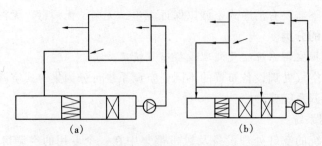

（a）　　　　　　　　　　　（b）

图 14-3　回风式系统示意图

（a）一次回风式；（b）二次回风式

直流式系统的空气处理设备所处理的空气全部采用室外新风，而由空调房间排出的空气全部排放至室外。

一次回风系统的新风和回风在进入空气冷却器之前混合（图14-3a）。二次回风系统的部分新风与回风在进入热湿处理设备前混合（图14-3b）。

封闭式空调系统的空气处理设备所处理的空气全部为空调房间的再循环空气（即回风）而无室外新鲜空气（新风）补充，在空调机房和空调房间之间形成了一个封闭的循环环路。

2. 分散式空调系统

分散式空调系统又称局部式空调系统或房间空调机组，它是将冷源、热源、空气处理、风机和自动控制等设备组装成一体，一般不需要专门设置空调机房。

分散式空调系统结构紧凑、体积小、安装方便、使用灵活、不需专人管理，但故障率高，噪声大，日常维护工作量大。

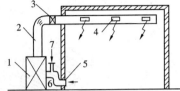

图 14-4　分散式空调系统示意图
1—空调机组；2—送风管道；
3—电加热器；4—送风口；5—回风口；
6—回风管道；7—新风入口

当建筑物中只有少数房间需要空调或空调房间很分散时，可采用分散式空调系统。

分散式空调系统如壁挂式空调器、窗式空调器、立柜式空调器等，如图14-4所示。

窗式空调机是一种直接安装在窗台上的小型空调机，它安装简单、噪声小、不需要水源，接上220V电源即可使用，如图14-5所示。

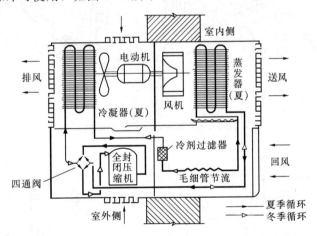

图 14-5　热泵式窗式空调机

壁挂式空调机有室内机组和室外机组（图14-6）。它的工作过程如图14-7所示。低温低压的湿蒸汽进入蒸发器吸热，变成低压蒸汽，然后通过连接管进入压缩机，在压缩机的作用下变成高温高压蒸汽，进入冷凝器放热，变成高压低温液体，经过毛细管节流变成低压低温湿蒸汽，完成一个循环。在这个工作过程中，压缩机耗电，蒸发器吸热，冷凝器放热。

恒温恒湿式空调机组的空调设备紧凑，可以实现空气的多种处理过程，适用于有恒温恒湿要求的房间。图14-8为恒温恒湿式空调机组。

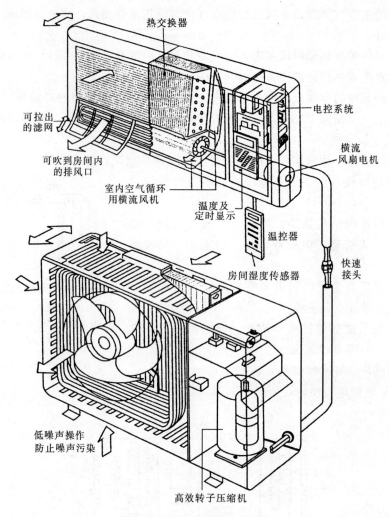

图 14-6 壁挂式空调机的结构

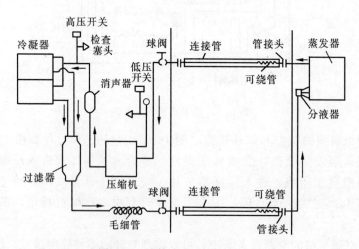

图 14-7 壁挂式空调机工作过程

3. 半集中式空调系统

半集中式空调系统的大部分空气处理设备在空调机房内，少量二次处理设备（又称末端设备）分散在各空调房间内。有诱导器系统和风机盘管系统两种。图 14-9 为诱导器系统的示意图。诱导器的结构如图 14-10 所示。

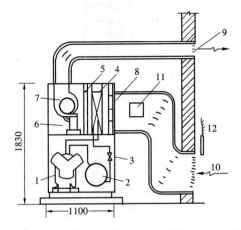

图 14-8　恒温恒湿空调机组

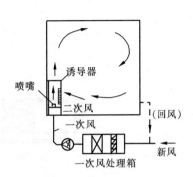

图 14-9　诱导器空调系统

1—压缩机；2—冷凝器；3—膨胀阀；4—冷却器；5—电加热；

6—电加湿器；7—通风机；8—过滤器；9—送风口；10—回风口；

11—新风入口；12—电接点温度计

风机盘管系统是在每个空调房间内设置风机盘管机组。风机盘管的形式有很多种，有立式明装、立式暗装、吊顶暗装等。

如图 14-11 所示为风机盘管系统。图 14-12 为立式明装的风机盘管机组。图 14-13 为风机盘管机组的新风引入方式。

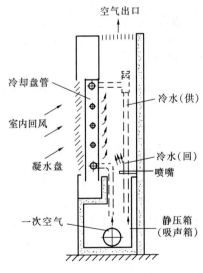

图 14-10　诱导器的结构

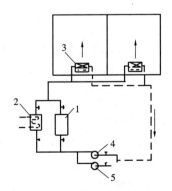

图 14-11　风机盘管空调系统

1—热水锅炉；2—水冷却器；3—风机盘管；

4—冬季用水泵；5—夏季用水泵

205

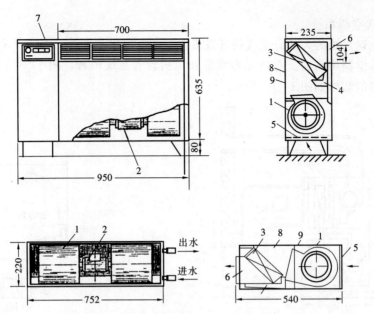

图 14-12　立式明装风机盘管构造

1—风机；2—电机；3—盘管；4—凝水盘；5—过滤器；

6—出风口；7—控制器；8—吸声材料；9—箱体

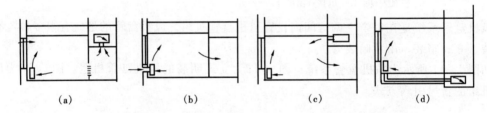

（a）　　　　　　（b）　　　　　　（c）　　　　　　（d）

图 14-13　风机盘管机组的新风引入方式

（a）室外渗入新风；（b）新风从外墙洞口吸入；（c）新风管道

单独送入室内；（d）新风系统送入风机盘管机组

　　半集中式空调系统，特别是风机盘管系统，造价低、风管占用空间少，安装方便，在宾馆中应用最多。

　　14.1.2.2　根据承担室内空调负荷所用的介质分类

　　根据承担室内空调负荷所用介质的不同可分为全空气空调系统、全水空调系统、空气—水空调系统、制冷剂系统。

　　1. 全空气空调系统

　　系统中空调房间的负荷全部由经集中式空气处理设备处理过的空气来承担，如图 14-14a 所示。

　　2. 全水空调系统

　　系统以处理过的水作为冷、热源来负担空调房间的全部负荷，如图 14-14b 所示。

　　3. 空气—水空调系统

　　系统以经过处理的空气和水共同负担室内的空调负荷，如图 14-14c 所示。

4. 制冷剂系统

系统依靠制冷剂的蒸发或凝结来承担空调房间的负荷，如图 14-14d 所示。

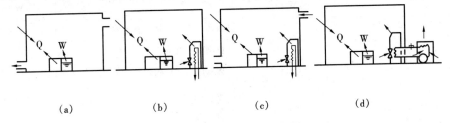

图 14-14 以承担空调负荷的介质分类示意图

（a）全空气系统；（b）全水系统；（c）空气—水系统；（d）制冷剂系统 Q—气体；W—水

空调系统还可按管道中空气的流速分为高速空调系统和低速空调系统。

14.1.2.3 按送风管道的不同情况分类

1. 单风道集中式系统，如图 14-15 所示。

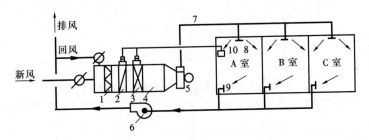

图 14-15 单风道空调系统

1—过滤器；2—冷却器；3—加热器；4—加湿器；5—送风机；6—回风机（排风机）；

7—风道；8—送风口；9—回风口；10—温度自动调节器

2. 双风道系统，如图 14-16 所示。

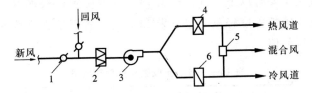

图 14-16 双风道空调系统

1—风阀；2—过滤；3—送风机；4—加热器；5—混合箱；6—冷却器

14.2 室内气流组织

14.2.1 空调房间的温、湿度标准

空调房间内的空气设计参数（温度、湿度、气流速度、洁净度等）的选取，要综合考虑舒适性、室外气象参数、节能要求、经济状况等多方面的因素。表 14-1 为我国部分建筑空调冷负荷设计指标的统计值。表 14-2 为不同类型建筑空调面积的百分比。

表 14-1　国内部分建筑空调冷负荷设计指标的统计值

建筑类型及房间名称	冷负荷指标 /W·m⁻²	建筑类型及房间名称	冷负荷指标 /W·m⁻²
旅游旅馆：客房（标准层）	80～110	商场、百货大楼：营业室	150～250
酒吧、咖啡厅	100～180	影剧院：观众席	180～350
西餐厅	160～200	休息厅（允许吸烟）	300～400
中餐厅、宴会厅	180～350	化妆室	90～120
商店、小卖部	100～160		
中庭、接待	90～120	体育馆：比赛馆	120～250
小会议室（允许少量吸烟）	200～300	观众休息厅（允许吸烟）	300～400
大会议室（不许吸烟）	180～280	贵宾室	100～120
理发室、美容室	120～180		
健身房、保龄球	100～200	展览厅、陈列室	130～200
弹子房	90～120	会堂、报告厅	150～200
室内游泳池	200～350		
舞厅（交谊舞）	200～250	图书馆	75～100
舞厅（迪斯科）	250～350		
办公	90～120	科研、办公室	90～140
医院：高级病房	80～110		
一般手术室	100～150	公寓、住宅楼	80～90
洁净手术室	300～500		
X光、CT、B超诊断	120～150	餐馆	200～350

表 14-2　不同类型建筑空调面积的百分比　　　　　　　　％

建筑类型	空调面积占建筑面积的百分比	建筑类型	空调面积占建筑面积的百分比
旅游旅馆、饭店	70～80	医院	15～35
办公、展览中心	65～80	百货商店	50～65
剧院、电影院、俱乐部	75～85		

14.2.2　新风量的确定

确定新风量的方法主要有以下三种：根据 CO_2 浓度确定；根据每人所占空调房间的容积大小确定；根据室内吸烟程度轻重确定。表 14-3 为设置舒适性空调的民用及公共建筑的最小新风量和推荐新风量值。

表 14-3　最小新风量与推荐新风量

房间名称	最小新风量 /m³·(人·h)⁻¹	推荐新风量 /m³·(人·h)⁻¹	吸烟情况
影剧院	8.5	12.6	无
图书馆、博物馆	8.5	12.6	无
体育馆	8.5	10	无
商店	8.5	12.6	无
办公室、医院门诊部	17	25.5	无
会议室、餐厅、舞厅	17	34	无
病房	17	34	无
特护病房	30	42.5	无
高级宾馆客房	30	42.5	吸烟小量

14.2.3 室内气流组织

室内空气状态的分布取决于送、排风方式所组织起来的室内气流分布情况，合理的气流组织形式可以提高空调系统的使用效果。

气流组织是指为保证空调效果和提高空调系统的经济性，实现某种特定的气流流程，而在空调房间内采取的一些技术措施。

合理地组织室内的空气流动，使室内空气的温度、湿度、流速等能满足人们舒适性的需要，这就是气流组织的任务。

不同用途的空调工程，对气流组织的要求不同。

影响气流组织的因素有很多，其中主要是送、回风口的形式、位置、数量以及送风射流的运动参数。

1. 送风口

根据空调精度、气流形式、送风口安装位置及对建筑装饰等的不同要求，可选用不同形式的送风口。常用的送风口有以下几种。

（1）侧送风口

这种送风口向房间横向送出气流。常用的侧送风口见表 14-4。

表 14-4 常用侧送风口的形式

风 口 图 式	射流特性及应用范围
	孔口和格栅送风口，属圆射流 用于一般空调工程
平行叶片	单层百叶送风口，属圆射流 叶片活动，可根据冷、热射流调节送风的上下倾角，用于一般空调工程
对开叶片	双层百叶送风口，属圆射流 叶片可活动，内层对开叶片用以调节风量，用于较高精度空调工程
	三层百叶送风口，属圆射流 叶片可活动，有对开叶片可调风量，又有水平、垂直叶片可调上下倾角和射流扩散角，用于高精度空调工程
调节板	带调节板活动百叶送风口，属圆射流 通过调节板调整风量 用于较高精度空调工程
	带出口隔板的条缝形风口，属平面射流 常设于工业车间的截面变化均匀送风管道上，用于一般精度的空调工程
	条缝形送风口，属平面射流 常配合静压箱（兼作吸声箱）使用，可作为风机盘管、诱导器的出风口，适用于一般精度的民用建筑空调工程

（2）散流器

散流器是由上向下送风的一种送风口，一般暗装在顶棚上，有方形、圆形和矩形。安装时底部可以与顶棚下表面平齐，也可以在顶棚下表面以下。

常用的散流器如表 14-5 所示。

表 14-5　常用散流器

风 口 图 式	风口名称及气流流型
	盘式散流器 属平送流型，用于层高较低的房间 挡板上可贴吸声材料，能起消声作用
	直片式散流器 平送流型或下送流型（降低扩散圈在散流器中的相对位置时可得到平送流型，反之则可得下送流型）
	流线型散流器 属下送流型，适用于净化空调工程
	送吸式散流器 属平送流型，可将送、回风口结合在一起

（3）孔板送风口

空气通过有圆形或条缝形小孔的孔板进入室内，这种送风口称为孔板送风口。它的特点是送风均匀，流速衰减快，如图 14-17 所示。

（4）喷射式送风口

大型的生产车间、体育馆、电影院常用喷射式送风口（图 14-18）。图14-19为球形转动风口，噪声低，射程长，既能调方向又能调风量。

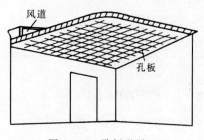

图 14-17　孔板送风口

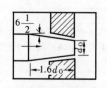

图 14-18　喷射式送风口

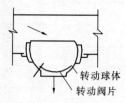

图 14-19　球形转动风口

2. 回风口

回风口的气流是从四面八方流向回风口，它的形状和位置根据气流组织要求决定。回风口构造比较简单，为了防止灰尘和杂物被吸入，孔口上需装金属网，回风口下缘距地面至少0.15m。图 14-20 为矩形网式回风口。图 14-21 为活动算板式回风口。表 14-6 为回风口风速。

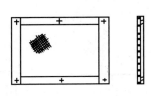

图 14-20　矩形网式回风口

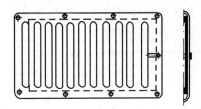

图 14-21　活动算板式回风口

表 14-6　回风口风速

回 风 口 位 置		回风速度/m·s⁻¹
房 间 上 部		4～5
房间下部	不靠近操作位置	3.0～4.0
	靠近操作位置	1.5～2.0
	用于走廊回风时	1.0～1.5

3. 常见的送风形式

（1）散流器送风形式如图 14-22 所示。

（2）孔板送风形式如图 14-23 所示。

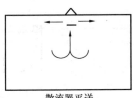
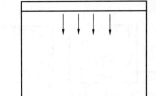

散流器下送　　　　散流器平送

图 14-22　散流器送风　　　　　　　　图 14-23　孔板送风

（3）侧送风形式如图 14-24 所示。

（4）地板送风形式如图 14-25 所示。

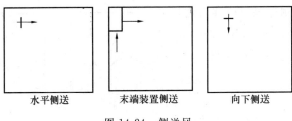
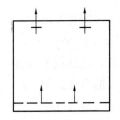

水平侧送　　　末端装置侧送　　　向下侧送

图 14-24　侧送风　　　　　　　　图 14-25　地板送风

（5）末端装置下送风形式如图 14-26 所示。

4. 气流组织

按送、回风口的相互关系和气流方向，气流组织形式一般可分为：

（1）上送风下回风

这是最基本的气流组织形式，空调送风由位于房间上部的送风口送入室内，而回风口设在房间的下部。图 14-27a、b 分别为单侧和双侧的上侧送风、下侧回风；图 14-27c 为散流器上侧送风，下侧回风；图 14-27d 为孔板顶棚送风，下侧回风。上送风下回风方式的送风在进入工作区前已经与室内空气充分混合，易于形成均匀的温度场和速度场，且能够用较大的送风温差，降低送风量。

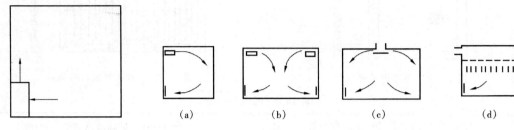

图 14-26 末端装置下送风

图 14-27 上送风下回风气流流型

(a) 单侧上侧送风，下侧回风；(b) 双侧上侧送风，下侧回风；
(c) 散热器上侧送风，下侧回风；(d) 孔板顶棚送风，下侧回风

（2）上送风上回风

图 14-28 是上送上回的几种常见布置方式。图 14-28a 为单侧上送上回形式，送、回风管叠置在一起，明装在室内，气流由上部送下，经过工作区后回流向上进入回风管。如房间进深较大，可采用双侧外送或双侧内送式，见图 14-28b、c。如果房间净高足够，则可以装设吊顶，将风管暗装，如图 14-28d 所示，或采用图 14-28e 的送吸式散流器，这两种布置用于有一定美观要求的民用建筑。

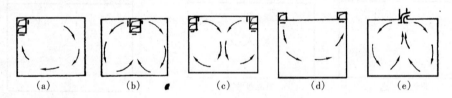

图 14-28 上送上回气流流型

（3）中送风

某些空间高大的空调房间，如采用上述的方式则要大量送风，空调耗冷（热）量也大，因此采用在房间高度的中部位置上，用侧送风口或喷口送风的方式。图 14-29a 是中送风下回风方式，图 14-29b 加顶部排风。中送风方式是把房间下部作为空调区，上部为非空调区。这种方式有显著的节能效果。

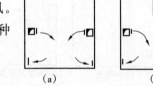

图 14-29 中送风气流流型

（4）下送风

图 14-30a 为地面均匀送风、上部集中排风。此种方式送风直接进入工作区，送风温差远小于上送方式，送风量大，送风速度较小，送风口面积大，数量多。另外，由于地面易有脏物，将会影响送风的清洁度。

这种送风方式常用于空调精度不高，人员暂时停留的场所，如会场和影剧院等。

图 14-30b 为送风口设在窗台下垂直上送风的方式，这样在工作区造成均匀的气流流动，

又避免了送风口过于分散的缺点。

综上所述，空调房间的气流组织有很多种，在实际使用时应综合灵活运用。此外，虽然回风口对气流组织影响较小，但对局部地区仍有一些影响，在对净化、温湿度及噪声无特殊要求的情况下，可利用中间走廊回风，以简化回风系统，见图 14-31。

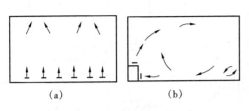

(a)　　　　　　(b)

图 14-30　下送风气流流型

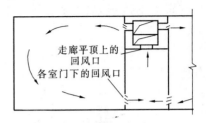

图 14-31　走廊回风示意图

图 14-32～图 14-34 为送、回风方式实例。

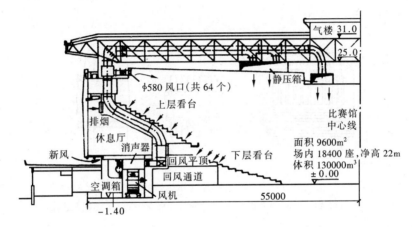

图 14-32　某体育馆空调系统的送、回风方式

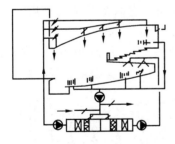

图 14-33　观众厅采用上送下回
的气流组织方式

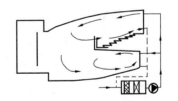

图 14-34　观众厅采用喷口送风的
气流组织方式

14.3　空气处理设备

空气处理设备包括对空气的过滤、净化、加热、冷却、加湿和减湿等设备。

1. 表面式换热器

表面式换热器可以对空气进行加热、冷却、减湿处理。常用的表面式换热器有空气加热器和表面冷却器两类。

空气加热器中，热媒（热水或蒸汽）在管内流动，空气在管外流动，空气与热媒通过金属表面换热。

表面冷却器以冷水或制冷剂做冷媒。按冷媒的不同，分为水冷式和直接蒸发式两种。水冷式采用冷冻水做为冷媒，直接蒸发式采用制冷剂的汽化来冷却空气。

图 14-35 为表面换热器。图 14-36 为肋片式管换热器的构造。图 14-37 为安装表冷器的空调箱。

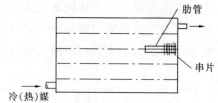

图 14-35　表面换热器结构图

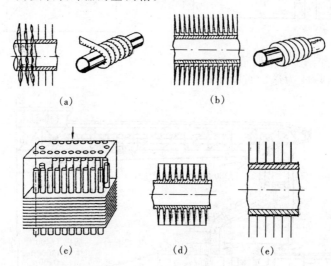

图 14-36　各种肋片管换热器的构造
(a) 皱褶绕片；(b) 光滑绕片；(c) 串片；(d) 轧片；(e) 二次翻边片

2. 电加热器

电加热器是让电流流过电阻丝发热来加热空气的设备，它的特点是发热均匀，热量稳定，效率高，结构紧凑，控制方便。

图 14-38 为裸线式电加热器。图 14-39 为抽屉电加热器。图 14-40 为管式电加热器。

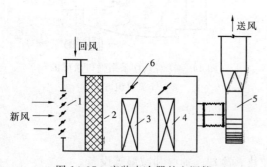

图 14-37　安装表冷器的空调箱
1—百叶窗；2—过滤器；3—表冷器；4—加热器；
5—风机；6—旁通阀

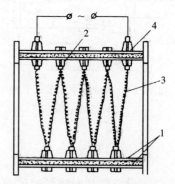

图 14-38　裸线式电加热器
1—钢板；2—隔热层；
3—电阻丝；4—瓷绝缘子

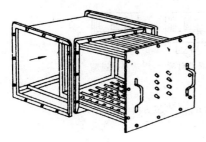

图 14-39 抽屉式电加热器

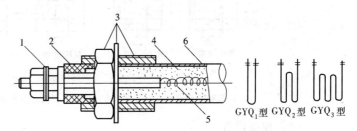

图 14-40 管式电加热器（管状元件）

1—接线端子；2—瓷绝缘子；3—紧固装置；

4—绝缘材料；5—电阻丝；6—金属套管

3. 喷水室

喷水室的构造如图 14-41 所示。

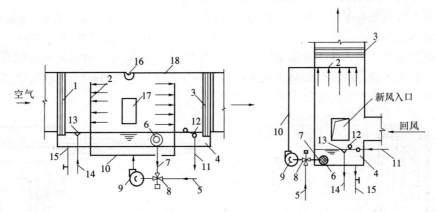

图 14-41 喷水室的构造

1—前挡水板；2—喷嘴与排管；3—后挡水板；4—底池；5—冷水管；

6—滤水器；7—循环水管；8—三通混合阀；9—水泵；10—供水管；

11—补水管；12—浮球阀；13—溢水器；14—溢水管；

15—泄水管；16—防水灯；17—检查门；18—外壳

喷水室是空气冷却设备，它直接向空气喷淋大量的不同温度的雾状水滴，被处理的空气与雾状水滴接触后，两者产生热、湿交换，使被处理的空气达到所要求的温、湿度。

图 14-42 为挡水板的断面形状。图 14-43 为喷嘴喷水方式。

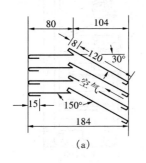

（a）

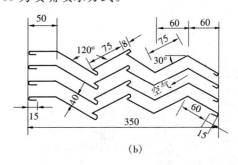

（b）

图 14-42 挡水板的断面形状

（a）前挡水板；（b）后挡水板

215

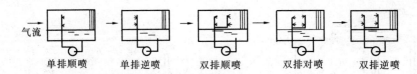

气流

单排顺喷　　单排逆喷　　双排顺喷　　双排对喷　　双排逆喷

图 14-43　喷嘴喷水方式

注：顺喷是指喷水方向与气流方向一致；逆喷是指喷水方向与气流方向相反。

4. 空气加湿设备

在空调工程中，有时需对空气进行加湿和减湿处理，常用加湿器如图14-44、图 14-45 所示。图 14-46 为干式蒸汽加湿器。

5. 空气的减湿处理方法

（1）加热通风法减湿

向空调房间送入热风或直接在空调房间进行加热来降低室内空气的相对湿度，即为加热通风减湿。

（2）固体减湿

固体减湿就是利用固体吸湿剂来吸收空气中的水蒸气来减湿。常用的吸湿剂有硅胶、铝胶等。还可以利用制冷设备，即减湿机来除掉空气中的水分。用 14-47 为氯化锂转轮除湿机结构原理图。图 14-48 为氯化钙固体减湿装置。

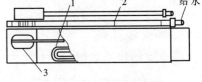

图 14-44　电热式加湿器

1—管状电加热器；2—防尘罩；3—浮球开关

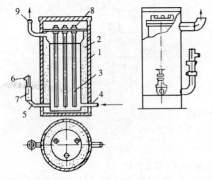

图 14-45　电极式加湿器

1—外壳；2—保温层；3—电极；4—进水管；5—溢水管；
6—溢水嘴；7—橡皮管；8—接线柱；9—蒸汽管

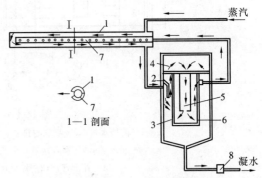

图 14-46　干式蒸汽加湿器

1—喷管外套；2—导流板；3—加湿器筒体；4—导流箱；
5—导流管；6—加湿器内筒体；7—加湿器喷管；8—疏水器

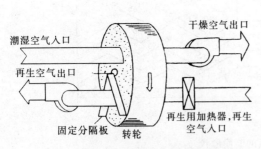

潮湿空气入口　　　　　干燥空气出口

再生空气出口

固定分隔板　转轮　　再生用加热器，再生空气入口

图 14-47　氯化锂转轮除湿机结构原理图

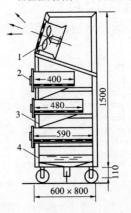

图 14-48　氯化钙固体减湿装置

1—轴流风机；2—活动抽屉吸湿层；3—进风口；4—主体骨架

216

6. 空气的净化

空气的净化就是去除空气中的灰尘，使被处理的空气有一定的洁净度。一般是使用空气过滤器和除尘器。图 14-49～图 14-51 为各种过滤器。图 14-52 为过滤器安装示意图。图 14-53～图 14-57 为各种除尘器。

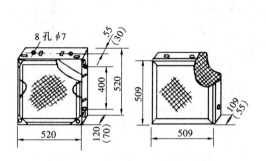

图 14-49　金属网格浸油空气过滤器

注：括号外尺寸适用于大型，括号内尺寸适用于小型。

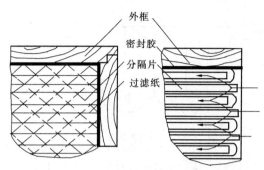

图 14-50　高效过滤器构造示意图

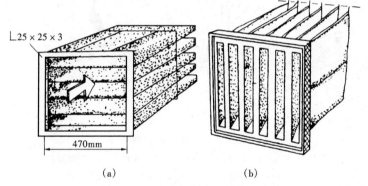

（a）　　　　　　　　　（b）

图 14-51　泡沫塑料和无纺布过滤器

（a）泡沫塑料过滤器；（b）无纺布过滤器

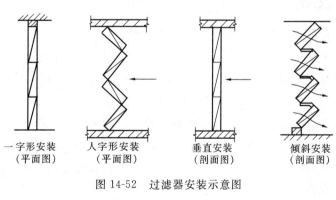

一字形安装　　人字形安装　　垂直安装　　倾斜安装
（平面图）　　（平面图）　　（剖面图）　　（剖面图）

图 14-52　过滤器安装示意图

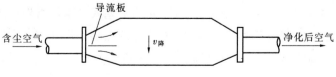

图 14-53　重力沉降室

217

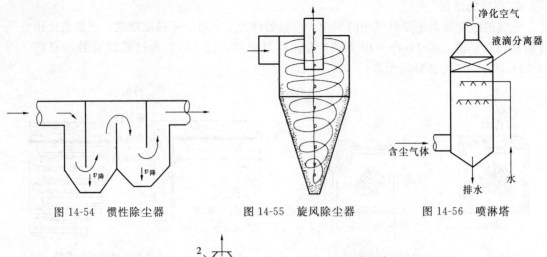

图 14-54 惯性除尘器   图 14-55 旋风除尘器   图 14-56 喷淋塔

图 14-57 冲激式除尘器

1—含尘气体进口；2—净化气体出口；3—挡水板；4—溢流箱；

5—溢流口；6—泥浆斗；7—刮板运输机；8—S 形通道

14.4 冷热源设备

冷热源设备是为空调系统提供冷量和热量的设备。

1. 冷源设备

对于降温去湿的空调系统来说，必须配备有冷源。冷源主要有天然冷源和人工冷源两大类。

天然冷源，即不消耗或少消耗能量而获得的冷源。如天然冰、深井水和地道风等。天然冷源往往受地理条件限制，所以使用范围很窄，在空调系统中采用不多。

人工冷源是以消耗一定的能量为代价，用人工的方法获得冷量，从而获得降温。液体汽化吸热制冷，是当前普遍采用的制冷方式。

常用的冷源设备是冷水机组。如图 14-58 所示为活塞式冷水机组外形图。

图 14-59 为装配式空调箱示意。图 14-60 为几种减振器。图 14-61 为软木减振基础及减振器安装。图 14-62 为管路上几种减振措施。图 14-63 为风道上几种消声器。

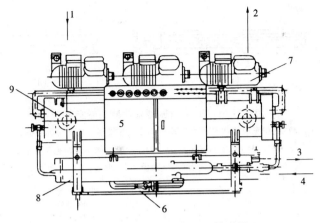

图 14-58　活塞式冷水机组外形图

1—冷冻水入口；2—冷冻水出口；3—冷却水出口；4—冷却水入口；
5—控制箱；6—制冷剂充注口；7—压缩机；8—冷凝器；9—蒸发器

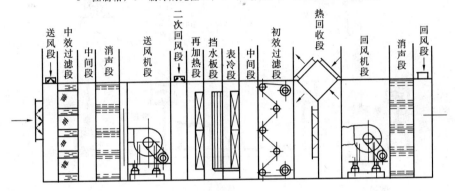

图 14-59　装配式空调箱示意图

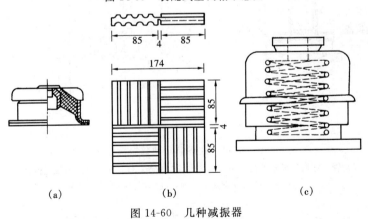

图 14-60　几种减振器

(a) JG 型橡胶减振器；(b) SD 型橡胶隔振垫；(c) 金属减振器

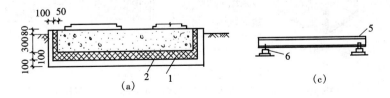

219

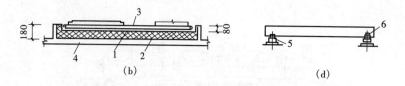

图 14-61 软木减振基础及减振器安装

(a) 设在底层的软木弹性基础；(b) 设在楼层的软木弹性基础；

(c) 型钢基座减振器安装；(d) 钢筋混凝土板基座减振器安装

1—软木；2—油毡；3—钢筋；4—楼板；5—型钢；6—钢筋混凝土板

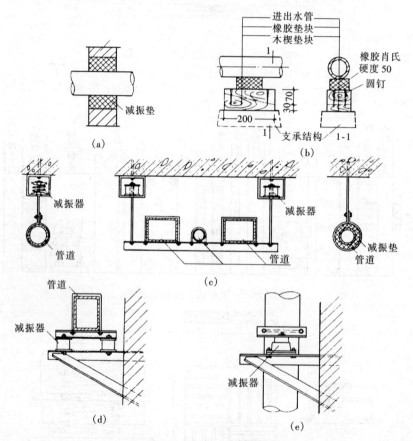

图 14-62 管路上几种减振措施

(a) 管子穿墙的减振措施；(b) 水管的减振措施；(c) 水平管道吊架减振措施；

(d) 水平管道支座减振措施；(e) 垂直管道减振措施

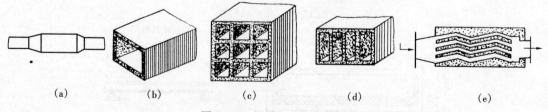

图 14-63 风道上几种消声器

(a) 消声器外形；(b) 管式；(c) 片式；(d) 格式；(e) 折板式

第15章 通风空调工程图的识读

15.1 通风空调工程图的内容

通风空调工程图主要包括：图纸目录、设计施工说明、设备及主要材料表、平面图、系统图、剖面图、原理图、详图等。

1. 设计施工说明

设计施工说明的主要内容是：

（1）建筑概貌。

（2）通风空调系统采用的设计气象参数。

（3）空调房间的设计条件。包括夏季、冬季空调房间内的空气温度、相对湿度、平均风速、新风量、含尘量、噪声等级、人员密度等。

（4）冷热源设备、风管系统、水管系统。

（5）管道的防腐及除锈。

（6）有关施工及验收规范等。

2. 设备及主要材料表

设备及主要材料表是看图的辅助材料，设备与主要材料的型号及规格、数量等都列于表中。

3. 平面图

平面图是最重要的图样。包括风管系统、水管系统、空气处理设备和各种管道、设备、部件的尺寸标注。

4. 剖面图

剖面图也是重要的图纸，与平面图总是对应的，用来说明平面图上无法表明的内容。

5. 轴测图

轴测图的作用主要是说明系统的组成及各种尺寸、型号、数量等。

6. 详图

详图用来说明在其他图纸中无法表达但又必须表达清楚的内容，有安装详图、结构详图、标准图等。看懂详图有助于管道的安装与施工。

15.2 通风设备图的识读

按照以上顺序识读，并相互对应、相互查阅，即可看懂通风设备图。

通风设备图的看图步骤是：先看设计施工说明，设备及材料表；再看系统图，重点是沿着空气流向看平面图和剖面图；最后，局部和细部看详图。

图 15-1～图 15-3 为某排风系统的平面图、剖面图和系统图。

图 15-4 和图 15-5 为某车间排风平面图、系统图。

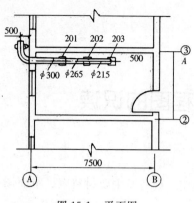

图 15-1　平面图

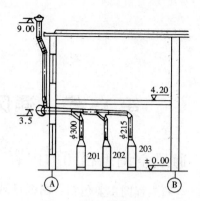

图 15-2　排风系统剖面图

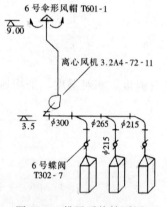

图 15-3　排风系统轴测图

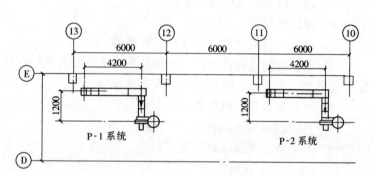

图 15-4　排风平面图

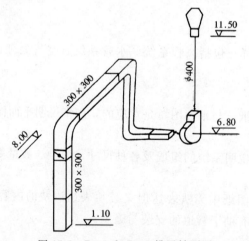

图 15-5　P—1 和 P—2 排风轴测图

15.3　空调设备图的识读

一般来说，空调设备图分进风段、空气处理段和排风段，应按空气流动路线识读，还应结合建筑施工图一起看。

读图识图的步骤是：先看设计施工说明，设备及材料表；再看系统图、平面图和剖面图。

如图 15-6～图 15-8 所示为某多功能厅空调平面图、剖面图和系统图。

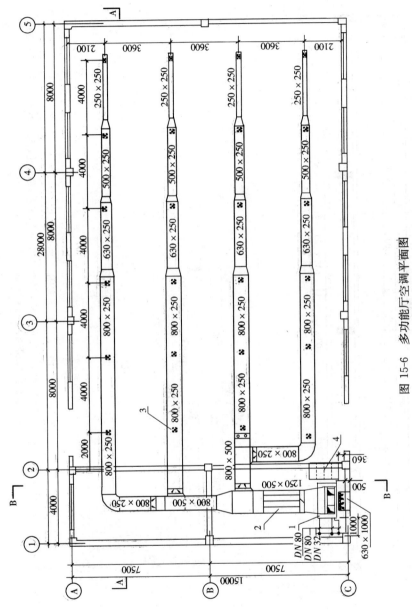

图 15-6 多功能厅空调平面图

1—变风量空调箱 BFP×18，风量 18000m³/h，冷量 150kW，余压 400Pa，电机功率 4.4kW；2—微穿孔板消声器 1250mm×500mm；3—铝合金方形散流器 240mm×240mm，共 24 只；4—阻抗复合式消声器 1600mm×800mm

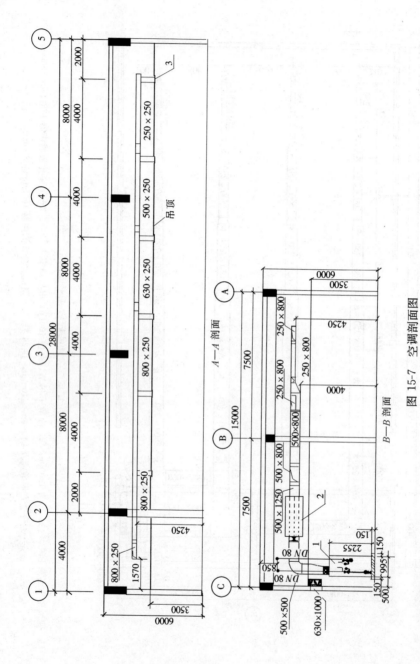

图 15-7 空调剖面图

1—变风量空调箱 BFP×18，风量 18000m³/h，冷量 150kW，电机功率 4.4kW；2—微穿孔板消声器 1250mm×500mm；
3—铝合金方形散流器 240mm×240mm，共 24 只；

224

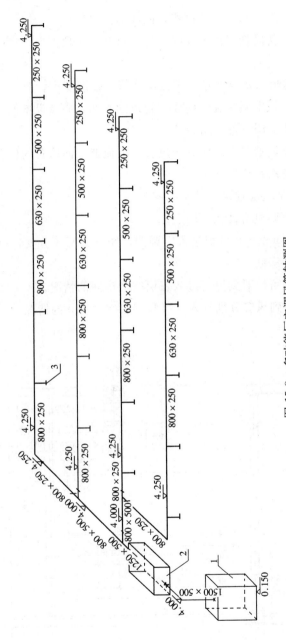

图 15-8　多功能厅空调风管轴测图

1—变风量空调箱 BFP×18，风量 18000m³/h，冷量 150kW，余压 400Pa，电机功率 4.4kW；
2—微穿孔板消声器 1250mm×500mm；3—铝合金方形散流器 240mm×240mm，共 24 只

从平面图上看，新鲜空气由设在机房 C 轴外墙上的进风口进入，经空调箱微穿孔板消声器进入新风管，再经由铝合金方形散流器进入多功能厅。新风管共有 4 条分支，管径从 800mm×500mm 变到 800mm×250mm，再变到 630mm×250mm、500mm×250mm，最后变到 250mm×250mm。

在机房②轴内墙上有一阻抗复合式消声器，此即为回风口。

从 A—A 剖面图上看，新风管设在吊顶内，送风口开在吊顶面上。风管底标高为 4.25m 和 4.0m。气流组织为上送下回。

从 B—B 剖面可见，送风管从空调箱上部接出，管径逐渐变小。

从系统图上可以看出：该空调系统的构成，管道的空间走向及设备的布置情况。

图 15-9～图 15-12 为某空调设备详图。

从平面图上可以看到空调器、进风管、送风管、散流器、回风管的位置。综合平面图和剖面图可知风管及其他设备的结构尺寸。

图 15-13～图 15-16 为某三层建筑空调系统图。

从一层平面图可知，空调机房设在二层上。

新鲜空气经 630mm×800mm 百叶窗进入空调器，风管有两条分支，一条通向二层及三层各房间，一条通向一层各房间。

从 A—A 剖面图上右侧可以看到风管进入三层空调房间的情况。

从 B—B 剖面图可以看到风管分别进入二层和三层空调房间的情况。

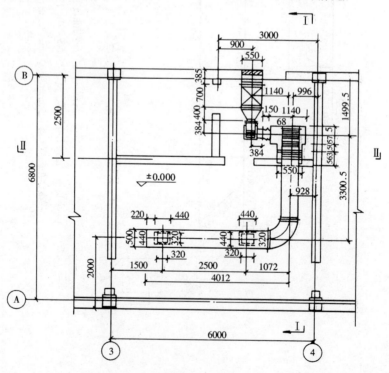

图 15-9　平面图

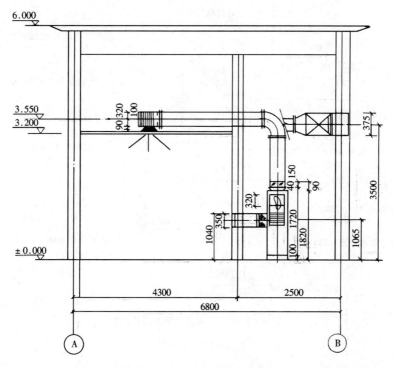

图 15-10 Ⅰ－Ⅰ剖面图

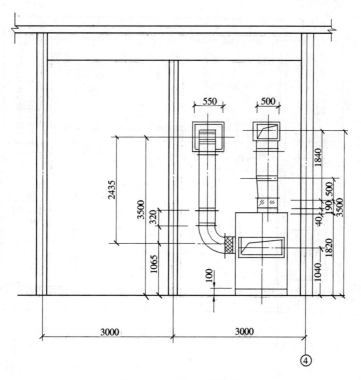

图 15-11 Ⅱ－Ⅱ剖面图

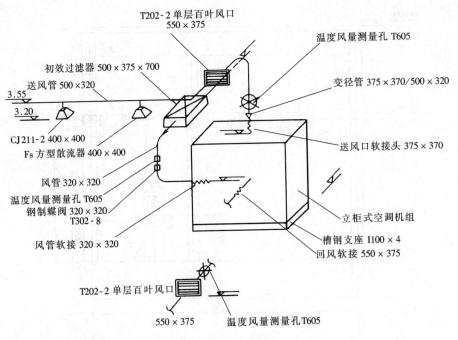

图 15-12　系统图

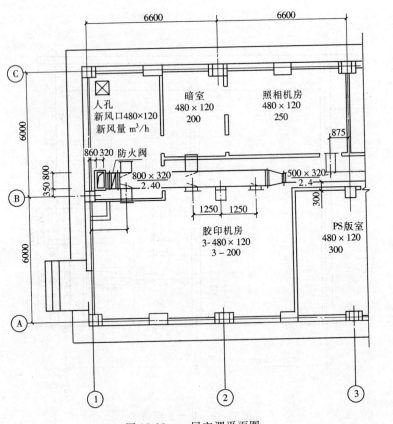

图 15-13　一层空调平面图

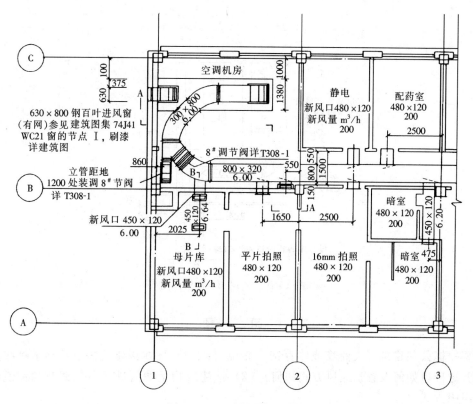

图 15-14　二层空调平面图

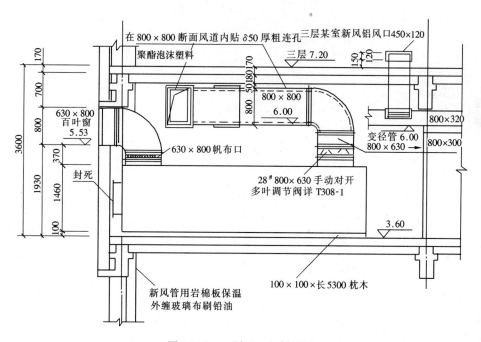

图 15-15　二层 $A-A$ 剖面图

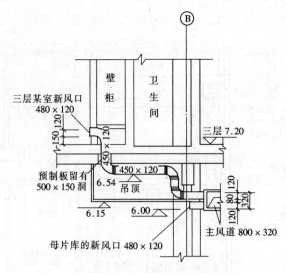

图 15-16　二层 $B-B$ 剖面图

习　题

1. 考察一栋公共建筑（大商场或体育馆）并说明：（1）你在该建筑物中看到了哪些通风设备？送排口如何设置？通风方式如何？（2）该建筑物是如何进行空气调节的？说明其气流组织方式。

第五篇

安　装

第16章 室内给水系统安装

16.1 施工准备

16.1.1 材料要求

给水管道必须采用与管材相适应的管件。生活给水系统所涉及的材料必须达到饮用水卫生标准。

1. 室内给水系统管材应采用给水铸铁管、镀锌钢管、给水塑料管、复合管、铜管。

2. 给水系统所使用的主要材料、成品、半成品、配件、器具和设备必须具有中文质量合格证明文件、规格、型号及性能检测报告，应符合国家技术标准或设计要求。进场时应做检查验收，并经监理工程师核查确认。

3. 所有材料进场时应对品种、规格、外观等进行验收。包装应完好，表面无划痕及外力冲击破损。

4. 主要器具和设备必须有完整的安装使用说明书。在运输、保管和施工过程中，应采取有效措施防止损坏或腐蚀。

5. 阀门安装前，应做强度和严密性试验。试验应在每批（同牌号、同型号、同规格）中抽查10%，且不少于一个。对于安装在主干管上起切断作用的闭路阀门，应逐个做强度和严密性试验。

6. 阀门的强度试验压力为公称压力的1.5倍；严密性试验压力为公称压力的1.1倍。试验压力在试验持续时间内应保持不变。

16.1.2 主要机具

1. 机械

套丝机、台钻、电焊机、切割机、煨弯机、坡口机、滚槽机、试压泵等。

2. 工具

工作台、套丝板、管子压力钳、钢锯弓、割管器、电钻、热熔连接工具、管子钳、手锤、活动扳手、套筒扳手、梅花扳手、链钳、弯管弹簧、管剪、扩圆器、捻凿、焊钳、氧气乙炔瓶、减压表、皮管、割炬、链条葫芦、钢丝绳、滑轮、梯子等。

3. 量具

水准仪、水平尺、钢卷尺、钢板尺、角尺、焊接检验尺、线坠、压力表等。

16.1.3 作业条件

1. 施工图纸经过批准并已进行图纸会审。

2. 施工组织设计或施工方案通过批准，经过必要的技术培训、技术交底、安全交底等工作。

3. 根据施工方案安排好现场的工作场地，加工车间库房。

4. 配合土建施工进度做好各项预留孔洞、管槽的复核工作。

5. 材料、设备确认合格，准备齐全，送到现场。

6. 地下管道敷设之前必须将地沟土回填夯实或挖到管底标高，将管道敷设位置清理干净，管道穿楼板处已预留管洞或安装的套管，其洞口尺寸和套管规格符合要求，坐标、标高正确。

7. 暗装管道时，其型钢支架应在地沟封盖或吊顶封闭之前安装完毕并符合要求。

8. 明装托、吊干管必须在安装层的结构顶板完成后进行。将沿管线安装位置的模板及杂物清理干净。每层均应有明确的标高线，暗装竖井管道，应把竖井内的模板及杂物清理干净并有防坠落措施。

16.1.4 施工组织

1. 室内给水系统分室内给水管道及配件、室内消火栓系统、自动喷淋系统和给水设备四个分项。

2. 安装过程中应按照先难后易、先大后小的施工方法，并遵守小管让大管、电管让水管、水管让风管、有压管让无压管的配管原则。

3. 分项施工完毕，随即进行管道试压。系统施工完毕，进行严密性试验和系统调试工作。

16.2 给水管道及配件安装

16.2.1 材料质量要求

1. 铸铁给水管及管件的规格应符合设计压力要求，管壁厚薄均匀，内外光滑整洁，不得有砂眼、裂纹、毛刺和疙瘩；承插口的内外径及管件造型规矩；管内表面的防腐涂层应整洁均匀，附着牢固。

2. 镀锌碳素钢管及管件规格种类应符合设计要求，管壁内外镀锌均匀，无锈蚀、毛刺。管件无偏扣、乱扣、丝扣不全或角度不准等现象。

3. 水表规格应符合设计要求并经供水公司确认，表壳铸造规矩，无砂眼、裂纹，表玻璃无损坏，铅封完整。

4. 阀门规格型号符合设计要求，阀体铸造规矩，表面光洁、无裂纹，开关灵活、关闭严密，填料密封完好，手轮完整、无损坏。

5. 给水塑料管、复合管及管件应符合设计要求，管材和管件内外壁应光滑、平整，无裂纹、脱皮、气泡，无明显的痕迹；管材轴向不得有扭曲或弯曲，且色泽一致；管材端口必须垂直于轴线且平整。管件应完整，无缺损、变形；管材和管件的壁厚偏差不得超过14％。

6. 铜及铜合金管：管件内外表面应光滑、清洁，不得有裂缝、起层、凹凸不平、绿锈等现象。

16.2.2 工艺流程

工艺流程见图16-1。

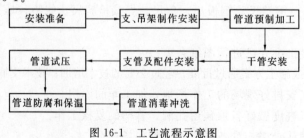

图 16-1 工艺流程示意图

16.2.3 管材及连接方式

室内给水管道的管材及连接方式见表 16-1。

表 16-1　管材的使用及连接方式

序　号	系统类别	管　材			连接方式
1	生活给水	明设	DN≥150	宜采用给水铸铁管	1. 石棉水泥接口 2. 水泥接口 3. 胶圈接口 4. 青铅接口
		暗设或埋地	DN≥75		
		明　设	DN≤125	宜采用镀锌钢管	螺纹连接
		暗设或埋地	DN≤65		
		明　设	DN≥150	宜采用镀锌无缝钢管	法兰连接
2	生活热水	明设或暗设	DN≥150	镀锌钢管	法兰连接
			DN≤125		螺纹连接
3	生产给水	按工艺要求确定			

注：1. 凡与生活给水合用的系统，按生活给水系统选材。
　　2. 镀锌钢管 DN≥100 螺纹连接有困难时，在质检主管部门允许的条件下可采用焊接法兰盘连接，焊接部位内外应作防腐处理。
　　3. DN≥150 的镀锌钢管或镀锌无缝钢管焊接法兰连接时，焊接部位内外应作防腐处理。

16.2.4　管道施工预留孔洞及固定支架预埋要求

室内给水管道的安装在主体工程完成后进行，但在土建施工时，管道施工人员就应按图纸要求预留孔洞、预埋支架等，以保证施工质量。

预留孔洞尺寸及固定支架间距见表 16-2～表 16-5。表 16-6 为给水管道与其他管道和建筑结构之间的最小净距。

表 16-2　预留孔洞尺寸

项　次	管道名称		明　管	暗　管
			留孔尺寸　长×宽/mm	墙槽尺寸　宽×深/mm
1	给水立管	管径≤25mm	100×100	130×130
		管径 32～50mm	150×150	150×130
		管径 70～100mm	200×200	200×200
2	一根排水立管	管径≤50mm	150×150	200×130
		管径 70～100mm	200×200	250×200
3	两根给水立管	管径≤32mm	150×100	200×130
4	一根给水立管和一根排水立管在一起	管径≤50mm	200×150	200×130
		管径 70～100mm	250×200	250×200

项 次	管 道 名 称		明 管	暗 管
			留孔尺寸 长×宽/mm	墙槽尺寸 宽×深/mm
5	两根给水立管和一根排水立管在一起	管径≤50mm	200×150	200×130
		管径 70～100mm	350×200	380×200
6	给水支管	管径≤25mm	100×100	60×60
		管径 32～40mm	150×130	150×100
7	排水支管	管径≤80mm	250×200	—
		管径 100mm	300×250	
8	排水主干管	管径≤80mm	300×250	
		管径 100mm	350×300	
9	给水引入管	管径≤80mm	300×200	
10	排水排出管穿基础	管径≤80mm	300×300	—
		管径 100～125mm	（管径＋300）×（管径＋200）	

注：给水引入管，管顶上部净空一般不小于100mm。

表 16-3 镀锌钢管管道最大支撑间距

公称直径/mm		15	20	25	32	40	50	65	80	100	125	150	200	250	300
支架的最大间距/m	保温管	2	2.5	2.5	2.5	3	3	4	4	4.5	6	7	7	8	8.5
	不保温管	2.5	3	3.5	4	4.5	5	6	6	6.5	7	8	9.5	11	12

表 16-4 塑料管及复合管的支撑最大间距

公称直径/mm		12	14	16	18	20	25	32	40	50	63	75	90	110
支撑的最大间距/m	立管	0.5	0.6	0.7	0.8	0.9	1.0	1.1	1.3	1.6	1.8	2.0	2.2	2.4
	水平管	0.4	0.4	0.5	0.5	0.6	0.7	0.8	0.9	1.0	1.1	1.2	1.35	1.55

注：塑料管采用金属管卡作支架时，管卡与塑料管之间应用塑料带或橡胶物隔垫，并不宜过大或过紧。

表 16-5 铜管管道最大支撑间距

公称直径/mm		15	20	25	32	40	50	65	80	100	125	150	200
支撑的最大间距/m	立管	1.8	2.4	2.4	3.0	3.0	3.0	3.5	3.5	3.5	3.5	4.0	4.0
	水平管	1.2	1.8	1.8	2.4	2.4	2.4	3.0	3.0	3.0	3.0	3.5	3.5

表 16-6 给水管道与其他管道和建筑结构之间的最小净距　　　　　　　　　　mm

给水管道名称	室内墙面	地沟壁和其他管道	梁、柱、设备	排 水 管		说 明
				水平净距	垂直净距	
引入管	—	—	—	1000	150	在排水管上方
横干管	100	100	50 此处无焊缝	500	150	在排水管上方

236

给水管道名称		室内墙面	地沟壁和 其他管道	梁、柱、 设备	排　水　管		说　明
					水平净距	垂直净距	
立管	管径/mm						
	<32	25					
	32~50	35					
	75~100	50					
	125~150	60					

16.2.5　管道安装

管道安装顺序应结合具体条件，合理安排。一般的原则是：先地下、后地上；先大管、后小管；先主管、后支管。

1. 干管安装

室内给水干管一般分下供埋地式（由室外进到室内各立管）和上供架空式（由顶层水箱引至室内各立管）两种。

（1）埋地干管安装

埋地干管安装时，首先确定干管的位置、标高、管径等，正确地按设计图纸规定的位置开挖土（石）方至所需深度，若未留墙洞，则需要按图纸的标高和位置在工作面上划好打眼位置的十字线，然后打洞。十字线的长度应大于孔径，以便打洞后按剩余线迹来检验所定管道的位置正确与否。埋地总管一般应坡向室外，以保证检查维修时能排尽管内余水。埋地管道安装好后要试压、防腐，在回填土之前，要填写"隐蔽工程记录"（见表16-7）。

表 16-7　隐蔽工程记录

编号：　　　　　　　　　　　　　　　　　　　　　　　　　　年　　月　　日

建设项目				施工单位				
单位工程				分项工程			施工日期	年　月　日
项　目　名　称		规格	单位	数量	质　量　要　求		实测数据	
附图或说明								
施工技术人员：			班长：			检查人员：		
技监人员：			小组检查人员：					

（2）架空干管的安装

地上干管安装时，首先确定干管的位置、标高、管径、坡度、坡向等。正确地按图示位置、间距和标高确定支架的安装位置，在安装支架的部位画出长度大于孔径的十字线，然后打洞埋支架，也可以采用预埋螺栓或膨胀螺栓固定支架。

干管安装一般可在支架安装完毕后进行。可先在主干管中心线上定出各分支主管的位置，标出主管的中心线，然后将各主管间的管段长度测量记录并在地面进行预制和预组装（组装的长度应以方便吊装为宜），预制时同一方向的主管应保证在同一直线上，且管道的变径应在分出支管之后进行。组装好的管子，应在地面进行检查有无歪斜扭曲，如有则应进行调直。

上管时，应将管道滚落在支架上，随即用预先准备好的 U 形卡将管子固定，防止管道滚落伤人。干管安装后，还应进行最后的校正调直，保证整根管子水平面和垂直面都在同一直线上，最后将管道固定牢。

安装方式有螺纹连接、承插连接、法兰连接、粘结、热熔连接、焊接等。

螺纹连接时，需先在管端螺纹外面敷上填料，用手拧入 2～3 扣，再用管子钳一次装紧，不得倒回，装紧后应留有螺尾。管道连接后，应把挤到螺栓外面的填料清除掉。

承插连接是在承口与插口的间隙内加填料，使之密实，并达到一定的强度。承插口内填料分为两层，内层用油麻或胶圈，外层用水泥接口。

塑料管粘结安装时，应先用割管机将管材割为所需的长度，然后用钢锉刀将毛刺去掉并倒成 2×45°角，并在管子表面根据插口长度做出标识。选用黏度适宜的粘合剂，搅拌均匀，并迅速均匀地涂刷。

2. 立管安装

首先根据图纸要求或给水配件及卫生器具的种类确定支管的高度，在墙面上画出横线；再用线坠吊在立管的位置上，在墙上弹出或画出垂直线，并根据立管卡的高度在垂直线上确定出立管卡的位置并画好横线，然后再根据所画横线和垂直线的交点打洞栽管卡。立管管卡的安装，当层高小于或等于 5m 时，每层需安装一个，管卡距地面为 1.5～1.8m；层高大于 5m 时，每层不少于两个，管卡应均匀安装。成排管道或同一房间的立管卡和阀门等的安装高度应保持一致。

立管明装时，每层从上至下统一吊线安装卡件，将预制好的立管按编号分层排开，按顺序安装。支管留甩口均加好临时丝堵。安装完毕用线坠吊直找正，配合土建堵好楼板洞。

立管暗装时，竖井内立管安装的卡件宜在管井口设置型钢，上下统一吊线安装卡件。安装在墙内的立管应在结构施工时预留管槽，立管安装后吊直找正，用卡件固定。支管留甩口加好临时丝堵。

3. 支管安装

安装支管前，先按立管上预留的管口在墙上画出或弹出水平支管安装位置的横线，并在横线上按图纸要求画出各分支线或给水配件的位置中心线，再根据横线中心线测出各支管的实际尺寸进行编号记录，根据尺寸进行预制和组装（组装长度以方便上管为宜），检查调直后进行安装。

当冷热水管或冷、热水龙头并行安装时，上下平行安装，热水管应在冷水管上方；垂直安装时，热水管应在冷水管的左侧；在卫生器具上安装冷、热水龙头，热水龙头应安装在左侧。

支管上有 3 个或 3 个以上配水点的始端，以及给水阀门后面按水流方向均应设可装拆的连接件（活接头）。

横支管的支架间距可根据表 16-8 设置。支管支架宜采用管卡作支架。为保证美观，其支架宜设置于管段中间位置（即管件之间的中间位置）。

表 16-8　管径 15～150mm 的水平钢管支、吊架间距

管径/mm		15	20	25	32	40	50	70	80	100	125	150
支架最大间距/m	保温	1.5	2	2	2.5	3	3	3.5	4	4.5	5	6
	不保温	2	2.5	3	3.5	4	4.5	5	5.5	6	6.5	7

　　支管明装时，将预制好的支管从立管甩口依次逐段进行安装，根据管道长度适当加好临时固定卡，核定不同卫生器具的冷热水预留口高度，上好临时丝堵。支管装有水表时，应先在其位置装上连接管，试压后在交工前拆下连接管，换装水表。

　　支管暗装时，确定支管高度后画线定位，剔出管槽，将预制好的支管敷在槽内，找平、找正定位后用钩钉固定。卫生器具的冷热水预留口要做在明处，加好丝堵。

　　4. 支、吊架安装

　　图 16-2 为常用的支、吊架。图 16-3 为预埋吊环、螺栓的做法。

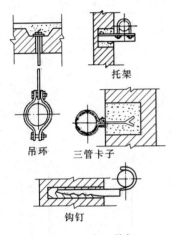

图 16-2　支、吊架

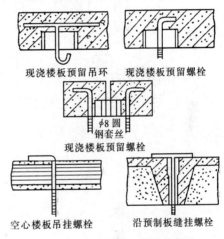

图 16-3　预埋吊环、螺栓的做法

　　水平支架位置的确定和分配可采用以下方法：

　　先按图纸要求测出一端的标高，并根据管段长度和坡度定出另一端的标高；两端标高确定之后，再用拉线的方法确定出管道中心线（或管底线）的位置，然后按图纸要求来确定和分配管道支架。支架形式应根据图纸要求或管径正确选用，其承重能力必须达到设计要求。

　　埋支架的孔洞不宜过大，且深度不得小于 120mm。支架的安装应牢固可靠，成排支架的安装应保证其支架顶面处在同一水平面上，且垂直于墙面。装好的支架，应使埋固砂浆充分牢固后方可安装管道。

　　管道支架一般在地面制作，支架上的孔眼宜用钻床钻孔，若钻孔有困难可采用气割，但必须将孔洞上的氧化物清除干净，以保证支架的洁净美观和安装质量。支架的下料宜采用锯断的方法，如用气割则应保证美观和质量。

　　室内给水管道安装完毕即可进行试压，试验压力不小于 0.6MPa。生活饮用水和生产、消防合用的管道，试验压力为工作压力的 1.5 倍，但不得超过 1.0MPa。

　　管道在试压完毕后应用自来水连续冲洗，冲洗洁净后办理验收手续。

　　5. 水表安装

　　图 16-4 为水表的安装图。

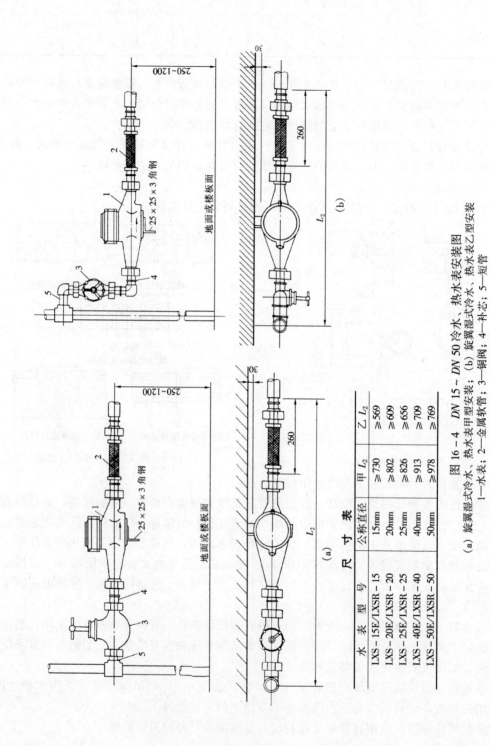

尺　寸　表

水　表　型　号	公称直径	甲 L_2	乙 L_2
LXS－15E/LXSR－15	15mm	≥730	≥569
LXS－20E/LXSR－20	20mm	≥802	≥609
LXS－25E/LXSR－25	25mm	≥826	≥656
LXS－40E/LXSR－40	40mm	≥913	≥709
LXS－50E/LXSR－50	50mm	≥978	≥769

图16－4　$DN\,15\sim DN\,50$ 冷水、热水表安装图

(a) 旋翼湿式冷水、热水表甲型安装；(b) 旋翼湿式冷水、热水表乙型安装

1—水表；2—金属软管；3—铜阀；4—补芯；5—短管

16.3 室内消火栓系统安装

16.3.1 材料质量要求

消火栓系统管材应根据设计要求选用，一般采用镀锌钢管，管材不得有弯曲、锈蚀、凹凸不平等现象。

消火栓箱体的规格类型应符合设计要求，箱体表面平整、光洁。金属箱体无锈蚀、划伤，箱门开启灵活。箱体方正，箱内配件齐全。栓阀外形规矩、无裂纹、启闭灵活、关闭严密、密封填料完好、有产品出厂合格证。

16.3.2 工艺流程

工艺流程见图 16-5。

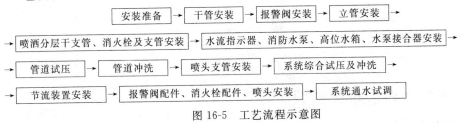

图 16-5　工艺流程示意图

16.3.3 安装准备

1. 认真熟悉经消防主管部门审批的设计施工图纸，编制施工方案，进行技术、安全交底。

2. 核对有关专业图纸，查看各种管道的坐标、标高是否恰当。

3. 检查预埋件和预留洞是否准确。

4. 检查管材、管件、阀门、设备及组件等是否符合设计要求和质量标准。

5. 安排合理的施工顺序。

6. 不同种类探测器有不同的保护宽度和距离，不同距离范围应设置不同灵敏度。

7. 探测器距侧墙距离不应小于 0.6m。

8. 探测器与墙体及调整螺栓的固定应牢固，保证光轴对准。

9. 接收头尽量避开阳光正面直射的位置，当多种分离式探测器并排安装时，应使接收头与发射头交错安装。

图 16-6 为火灾报警探测器安装。图 16-7 为喷淋头安装。

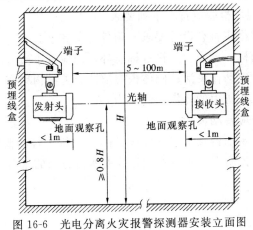

图 16-6　光电分离火灾报警探测器安装立面图

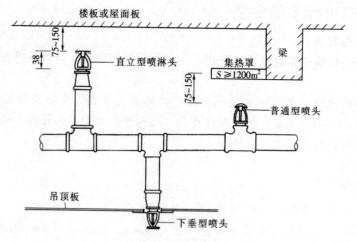

图 16-7　喷淋头安装

16.4　自动喷水灭火系统安装

16.4.1　材料质量要求

1. 系统组件、管件及其他设备、材料应进行现场检查，并符合下列条件：

（1）系统组件、管件及其他设备、材料，应符合设计要求和国家现行有关标准的规定，并应具备出厂合格证；

（2）喷头、报警阀、压力开关、水流指示器等主要系统组件应经国家消防产品质量监督检验中心检测合格。

2. 管材、管件应进行现场外观检查。

3. 喷头的现场检验应符合下列要求：

（1）喷头的型号、规格应符合设计要求。

（2）喷头的标高、型号、公称动作温度、制造厂及生产年月日等标志应齐全。

（3）喷头外观应无加工缺陷和机械损伤。

（4）喷头螺纹密封面应无伤痕、毛刺、缺丝或断丝的现象。

（5）闭式喷头应进行密封性能试验，并以无渗漏、无损伤为合格。

4. 阀门及其附件的现场检验应符合下列要求：

（1）阀门的型号、规格应符合设计要求，附件配备齐全。

（2）报警阀除应有商标、型号、规格等标志外，尚应有水流方向的永久性标志。

（3）报警阀和控制阀应动作灵活；阀体内应清洁、无异物堵塞。报警阀应逐个进行渗漏试验。试验压力为额定工作压力的 2 倍，时间为 5min。

（4）水力警铃的铃锤应转动灵活。

（5）压力开关、水流指示器及水位、气压、阀门限位等自动监测装置应有清晰的铭牌、安全操作指示标志和产品说明书；水流指示器应有水流方向的永久性标志。安装前应逐个进行主要功能检查。

16.4.2　工艺流程

工艺流程见图 16-8。

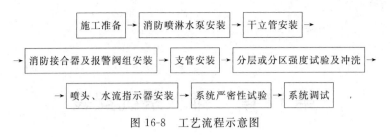

图 16-8　工艺流程示意图

16.4.3　施工准备

1. 认真熟悉经消防主管部门审批的设计施工图纸，编制施工方案，进行技术、安全交底。

2. 搞好设备基础验收，核查预埋铁件和预留孔洞，落实施工现场临时设施和季节性施工措施等。

3. 组织材料、设备进场、验收入库工作，落实施工力量、施工计划。

第17章　排水系统安装

17.1　施工准备

17.1.1　材料要求

1. 钢材、管材、管件及附属制品等，在进入施工现场时应认真检查，必须符合国家或部颁标准有关质量、技术要求，并有产品出厂合格证明。

2. 各种连接管件不得有砂眼、裂纹、偏扣、乱扣、丝扣不全或角度不准等现象。

3. 黏结剂、油麻、线麻、水泥、电焊条等质量都必须符合设计及规范要求。

17.1.2　主要机具

1. 主要施工机具

套丝机、电焊机、台钻、冲击钻、电锤、砂轮机、活动扳手、套丝板、手锤、大锤、手锯、断管器、錾子、捻凿、麻钎、台虎钳、管钳、小车。

2. 主要检测工具

经纬仪、水准仪、塔尺、水平靠尺、吊线靠尺、游标卡尺、焊接检测尺、钢卷尺、钢板尺、钢角尺、水平尺、小锤、钢针、线坠、尼龙小线。

17.1.3　作业条件

1. 土建基础工程基本完成，管沟已按图纸要求挖好，其位置、标高、坡度经检查符合工艺要求，沟基做了相应处理并已达到施工要求强度。

2. 基础及过墙穿管的孔洞已按图纸位置、标高和尺寸预留好。

3. 楼层内排水管道的安装，应与结构施工隔开1～2层，且管道穿越结构部位的孔洞已预留完毕，室内模板及杂物已清除，室内弹出房间尺寸线及准确的水平线。

4. 暗装管道（包括设备层、竖井、吊顶内的管道）首先应核对各种管道的标高、坐标的排列有无矛盾。预留孔洞、预埋件已配合完成。土建模板已拆除，操作场地清理干净，安装高度超过3.5m应搭好架子。

17.2　排水管道安装

17.2.1　材料质量要求

1. 铸铁排水管及管件应符合设计要求，有出厂合格证。

2. 塑料排水管内外表层应光滑，无气泡、裂纹，管壁厚薄均匀，色泽一致。直管段挠度不大于1%。管件造型应规矩、光滑，无毛刺。有出厂合格证及产品说明书。

3. 镀锌钢管及管件镀锌均匀，无锈蚀，内壁无毛刺，管件无偏扣、乱扣、丝扣不全等现象。

4. 接口材料应有相应的出厂合格证、材质证明书、复验单等资料，管道材质按设计采用。

5. 防腐材料应按设计选用。

17.2.2 工艺流程

工艺流程见图 17-1。

图 17-1　工艺流程示意图

17.2.3 管道安装

1. 干管安装

按设计图纸上管道的位置确定标高并放线，经复核无误后，将管沟开挖至设计深度。

埋地铺设的管道宜分两段施工。第一段先做 ±0.00 以下的室内部分，至伸出外墙为止。待土建施工结束后，再铺设第二段，从外墙接入室外检查井。

（1）在挖好的管沟底部，用土回填到管底标高处，在铺设管道时，应将预制好的管段按照承口朝来水方向，由出水口处向室内顺序排列。挖好捻灰口用的工作坑，将预制好的管段徐徐放入管沟内，封闭堵严总出水口，做好临时支撑，按施工图纸的坐标、标高找好位置和坡度，以及各预留管口的方向和中心线，将管段承插口相连。

（2）管道铺设捻好灰口后，再将立管首层卫生洁具的排水预留管口，按室内地坪线，坐标位置及轴线找好尺寸，接至规定高度，将预留管口临时封堵。

（3）按照施工图对铺设好的管道坐标、标高及预留管口尺寸进行自检，确认准确无误后即可从预留管口处灌水做闭水实验，水满后观察水位是否下降，各接口及管道有无渗漏，并填写隐蔽工程验收记录。

（4）管道系统经隐蔽验收合格后，临时封堵各预留管口，配合土建填堵孔洞，按规定回填土。

2. 托、吊管道安装

（1）安装在管道设备层内的铸铁排水干管可根据设计要求做托、吊架或砌砖墩架设。

（2）安装托、吊干管要先搭设架子，托架按设计坡度栽好吊卡，量准吊杆尺寸，将预制好的管道托、吊牢固，并将立管预留口位置及首层卫生洁具的排水预留管口，按室内地坪线、坐标位置及轴线找好尺寸，接至规定高度，将预留管口临时封堵。

（3）托、吊排水干管在吊顶内者，需做闭水实验，按隐蔽工程办理验收手续。

3. 立管安装

（1）根据施工图校对预留管洞尺寸有无差错，如系预制混凝土楼板则需剔凿楼板洞，应按位置画好标记，对准标记剔凿。如需断筋，必须征得土建单位有关人员同意，按规定要求处理。

（2）立管检查口设置按设计要求。如排水支管设在吊顶内，应在每层立管上安装检查口，以便做闭水试验。

（3）立管支架在核查预留洞孔无误后，用吊线锤及水平尺找出各支架位置尺寸，统一编号进行加工，同时在安装支架位置进行编号以便支架安装时，能按编号进行就位，支架安装完毕后进行下道工序。

（4）安装立管需两人上下配合，一人在上一层楼板上，由管洞内投下一个绳头，下面一人将预制好的立管上半部拴牢，上拉下托将立管下部插口插入下层管承口内。

（5）立管插入承口后，下层的人把甩口及立管检查口方向找正，上层的人用木楔将管在楼板洞处临时卡牢、打麻、吊直、捻灰。复查立管垂直度，将立管临时固定卡牢。

（6）立管安装完毕后，配合土建用不低于楼板混凝土等级的混凝土将洞灌满堵实，并拆除临时固定。高层建筑或管井内，应按照设计要求设置固定支架，同时检查支架及管卡是否全部安装完毕并固定。

（7）高层建筑考虑管道胀缩补偿，可采用法兰柔性管件，如图 17-2 所示，但在承插口处要留出 3mm 的胀缩补偿余量。

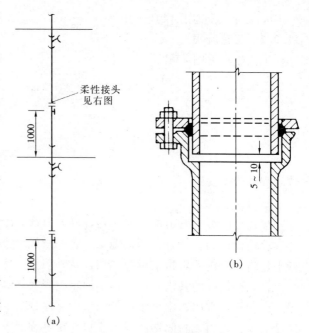

图 17-2　RK－1 型柔性抗震排水铸铁管接口
（a）污水立管示意图；（b）接口详图

4. 支管安装

（1）支管安装应先搭好架子，将吊架按设计坡度安装好，复核吊杆尺寸及管线坡度，将预制好的管道托到管架上，再将支管插入立管预留口的承口内，固定好支管，然后打麻捻灰。

（2）支管设在吊顶内，末端有清扫口者，应将清扫口接到上层地面上，便于清掏。

（3）支管安装完毕后，可将卫生洁具或设备的预留管安装到位，找准尺寸并配合土建将楼板孔洞堵严，将预留管口临时封堵。

5. 塑料排水管安装

（1）预制加工

根据图纸要求并结合实际情况，按预留口位置测量尺寸，绘制加工草图，根据草图量好管道尺寸，进行断管，断口要平齐。

（2）干管安装

首先根据设计图纸要求的坐标标高预留槽洞或预埋套管。埋入地下时，按设计坐标、标高、坡向、坡度开挖槽沟并夯实。采用托、吊管安装时应按设计坐标、标高、坡向做好托、吊架。施工条件具备时，将预制加工好的管段，按编号运至安装部位进行安装。各管段粘连时也必须按黏结工艺依次进行。全部粘连后，管道要直，坡度均匀，各预留口位置准确。安装立管需装伸缩节，伸缩节上沿距地坪或蹲便台 70~100mm。干管安装完后应做闭水试验，出口用充气橡胶堵封闭，达到不渗漏，水位不下降为合格。地下埋设管道应先用细砂回填至管上皮 100mm，上覆过筛土，夯实时勿碰损管道。托吊管粘牢后再按水流方向找坡度，最后将预留口封严和堵洞。

（3）立管安装

按设计坐标要求，将洞口预留或后剔。安装前清理场地，根据需要支搭操作平台，并将已预制好的立管运到安装部位。清理已预留的伸缩节，将锁母拧下，取出 U 形橡胶圈，清理杂物，复查上层洞口是否合适。立管插入端先划好插入长度标记，然后涂上肥皂液，套上锁母及 U 形橡胶圈。安装时先将立管上端伸入上一层洞口内，垂直用力插入至标记为止（一般预留胀缩量为 20～30mm）。合适后即紧固于伸缩节上沿。找正找直，并测量顶板距三通口中心是否符合要求。无误后即可堵洞，并将上层预留伸缩节封严。

（4）支管安装

图 17-3 所示为立管穿越楼层隔墙防水套管安装图。

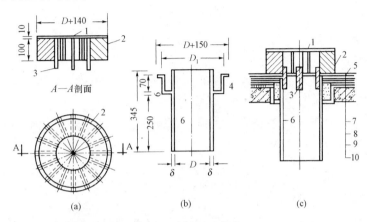

图 17-3　79 型雨水斗

(a) 顶盖及导流罩；(b) 短管；(c) 雨水斗组合

1—顶盖；2—导流罩；3—定位销子；4—安装架；5—压板；6—短管；

7，9—玛琋脂；8—沥青麻布；10—天沟底板

剔出吊卡孔洞或复查预埋件是否合适。清理场地，按需要支搭操作平台。将预制好的支管按编号运至场地。清除各粘结部位的污物及水分。将支管水平初步吊起，涂抹粘结剂，用力推入预留管口。根据管段长度调整好坡度。合适后固定卡架，封闭各预留管口和堵洞。

（5）器具连接管安装

核查建筑物地面和墙面做法、厚度。找出预留口坐标、标高。然后按准确尺寸修整预留洞口。分部位实测尺寸做记录，并预制加工、编号。安装时，必须将预留管口清理干净，再进行粘结。粘牢后找正、找直，封闭管口和堵洞。打开下一层立管扫除口，用充气橡胶堵封闭上部，进行闭水试验。合格后，撤去橡胶堵，封好扫除口。

（6）排水管道安装后，按规定要求必须进行闭水试验，见图 17-4。

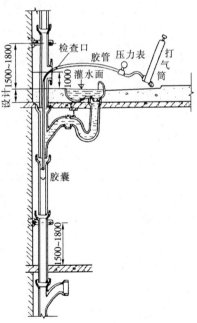

图 17-4　室内排水管灌水试验

注：灌水高度高于大便器上沿 5mm，观察 30min，无渗漏为合格。

第18章 卫生器具安装

18.1 施工准备

18.1.1 主要机具

1. 主要电动机具

套丝机、砂轮切割机、角向砂轮切割机、手电钻、冲击电钻、打孔机、电烙铁等。

2. 主要工具

管钳、手锯、活动扳手、吊扳手、手锤、布剪刀、手铲、錾子、钢丝钳、方锉、圆锉、螺钉旋具（螺丝刀）等。

3. 其他

水平尺、角尺、钢卷尺、划规、线坠等。

18.1.2 作业条件

1. 根据设计要求和土建确定的基准线，确定好卫生器具的标高。

2. 所有与卫生器具连接的管道水压、灌水试验已完毕，并已办好隐蔽、预检手续。

3. 浴盆安装应待土建做完防水层及保护层后，配合土建施工进行。

4. 其他卫生器具安装应待室内装修基本完成后进行。

5. 蹲式大便器应在其台阶砌筑前安装，坐式大便器应在其台阶砌筑后安装。

18.2 卫生器具安装

18.2.1 材料质量要求

1. 进入现场的卫生器具及其配件必须具有中文质量合格证明文件，规格、型号及性能检测报告，应符合国家技术标准或设计要求。进场时做检查验收，并经监理工程师核查确认。

2. 所有卫生器具、配件进场时应对品种、规格、外观等进行验收。包装应完好，表面无划痕及外力冲击破损。

3. 主要器具和设备必须有完整的安装使用说明书。

4. 在运输、保管和施工过程中，应采取有效措施防止其损坏或腐蚀。

18.2.2 工艺流程

卫生设备安装操作工艺流程见图 18-1。

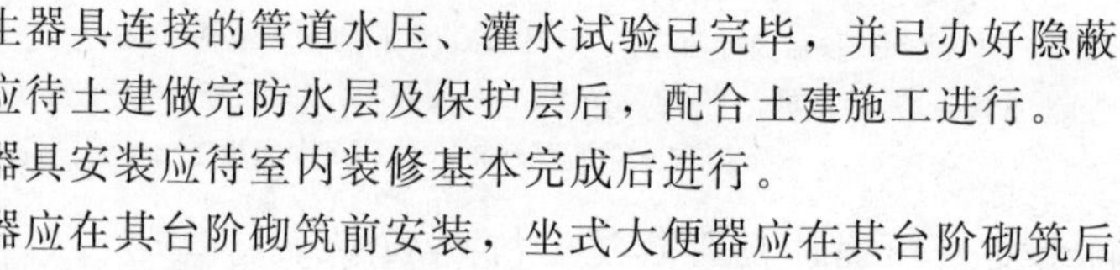

安装准备 → 卫生器具及配件检验 → 卫生器具配件预装 →

→ 卫生器具稳装 → 进水管、冲洗管和排水管同卫生器具镶接 →

→ 卫生器具与墙、地缝处理 → 卫生器具整体外观检查 → 通水试验

图 18-1 卫生设备安装操作工艺流程

18.2.3 安装要点

1. 卫生器具的位置、标高、间距等尺寸，要按施工图纸或《全国通用给水排水标准图集》将线放好。

2. 卫生器具的安装尺寸和安装质量必须符合《全国通用给水排水标准图集》。安装高度如设计无要求时，应符合表 18-1 的规定。

表 18-1　卫生器具的安装高度

序号	卫生器具名称	卫生器具边缘离地面高度/mm	
		居住和公共建筑	幼儿园
1	架空式污水盆（池）（至上边缘）	800	800
2	落地式污水盆（池）（至上边缘）	500	500
3	洗涤盆（池）（至上边缘）	800	800
4	洗手盆（至上边缘）	800	500
5	洗脸盆（至上边缘）	800	500
6	盥洗槽（至上边缘）	800	500
7	浴盆（至上边缘）	600	—
8	蹲、坐式大便器（从台阶面至高水箱底）	1800	1800
9	蹲式大便器（从台阶面至低水箱底）	900	900
10	坐式大便器（至低水箱底）		
	外露排出管式	510	—
	虹吸喷射式	470	370
11	坐式大便器（至上边缘）		
	外露排出管式	400	—
	虹吸喷射式	380	—
12	大便槽（从台阶至水箱底）	不低于 2000	
13	立式小便器（自地面至上边缘）	1000	
14	挂式小便器（自地面至下边缘）	600	450
15	小便槽（至台阶面）	200	150
16	化验盆（至上边缘）	800	—
17	净身器（至上边缘）	360	—
18	饮水器（至上边缘）	1000	—

3. 连接卫生器具的排水管管径和最小坡度，如设计无要求，应符合表 5-3 的规定。器具排水管上需设置水封（存水弯），卫生器具本身有水封可不另设，以防排水管中有害气体进入室内。

4. 卫生器具给水配件的安装，如设计无要求时，应符合表 18-2 的规定。

表 18-2　卫生器具给水配件距地（楼）面高度

序号	卫生器具名称		给水配件距地（楼）面高度/mm
1	坐便器	挂箱冲落式	250
		挂箱虹吸式	250
		坐箱式（亦称背包式）	200
		延时自闭式冲洗阀	792（穿越冲洗阀上方支管 1000）
		高水箱	2040（穿越冲洗水箱上方支管 2300）
		连体旋涡虹吸式	100
2	蹲便器	高水箱	2150（穿越水箱上方支管 2250）
		自闭式冲洗阀	1025（穿越冲洗阀上方支管 1200）
		高水箱平蹲式	2040（穿越水箱上方支管 2140）
		低水箱	800

序号	卫生器具名称		给水配件距地（楼）面高度/mm
3	小便器	延时自闭冲洗阀立式	1115
		自动冲洗水箱立式	2400（穿越水箱上方支管 2600）
		自动冲洗水箱挂式	2300（穿越水箱上方支管 2500）
		手动冲洗阀挂式	1050（穿越阀门上方支管 1200）
		延时自闭冲洗阀壁挂式	唐山 1200，太平洋 1300，石湾 1200
		光电控壁挂式	唐山 1300，太平洋 1400，石湾 1300（穿越支管加 150）
4	小便槽	冲洗水箱进水阀	2350
		手动冲洗阀	1300
5	大便槽	自动冲洗水箱	2804
6	淋浴器	单管淋浴调节阀	1150 给水支管 1000
		冷热水调节阀	1150 冷水支管 900，热水支管 1000
		混合式调节阀	1150 冷水支管 1075，热水支管 1225
		电热水器调节阀	1150 冷水支管 1150
7	浴盆	普通浴盆冷热水嘴	冷水嘴 630，热水嘴 730
		带裙边浴盆单柄调温壁式	北京 DN20＃800，长江 DN15＃770
		高级浴盆恒温水嘴	宁波 YG 型 610
		高级浴盆单柄调温水嘴	宁波 YG8 型 770，天津洁具 520，天津电镀 570
		浴盆冷热水混合水嘴	带裙边浴盆 520，普通浴盆 630
8	洗脸盆	普通洗脸盆 单管供水龙头	1000
		普通洗脸盆 冷热水角阀	450 冷水支管 250，热水支管 350
		台式洗脸盆 冷热水角阀	450
		立式洗脸盆 冷热水角阀	450 热水支管 525，冷水支管 350
		延时自闭式水嘴角阀	450 冷水支管 350
9	净身器	双孔，冷热水混合水嘴	角阀 150，热水支管 225，冷水支管 75
		单孔，单把调温水嘴	角阀 150，热水支管 225，冷水支管 75
10	洗涤盆	单管水龙头	1000
		冷热水（明设）	1000 冷水支管 925，热水支管 1075
		双把肘式水嘴（支管暗设）	1075 冷水支管 1000，热水支管 1075
		双联、三联化验龙头	1000 给水支管 850
		脚踏开关	距墙 300，盆中心偏右 150，北京支管 40，风雷支管埋地
11	化验盆	双联、三联化验龙头	960
12	污水池	架空式	1000
		落地式	800
13	洗涤池	单管供水	1000
		冷热水供水	冷水支管 1000，热水支管 1100
14	污水盆	给水龙头	1000
15	饮水器	喷嘴	1000
16	洒水栓		1000
17	家用洗衣机		1000

5. 安装卫生器具时，宜采用预埋支架或用膨胀螺栓进行固定。如采用木螺丝固定时，宜采用预埋经沥青漆浸泡后作防腐处理的木砖，且木砖应凹入净墙面 10mm。

6. 卫生器具的陶瓷件与支架接触处应平稳妥贴，必要时应加软垫。如陶瓷件直接用预埋螺栓或膨胀螺栓固定在墙上或地面，螺栓应加软垫圈。

7. 管道或附件与卫生器具的陶瓷件连接处，应垫以橡胶板、油灰等垫料或填料。

8. 固定洗脸盆、洗手盆、洗涤盆、浴盆、污水盆等卫生器具的排水口接头时，应通过旋紧螺母来实现，不得强行旋转落水口，落水口与盆底应相平或略低于盆底。

9. 需装设冷水或热水龙头的卫生器具，应将冷水龙头装在右手侧，热水龙头装在左手侧。

10. 安装好的卫生器具要平、稳、准、牢、无渗漏、使用方便、性能良好。平，就是同一房间内同种器具上口边缘要水平；稳，就是器具安装好后无摆动现象；牢，就是器具安装牢固，无脱落松动现象；准，就是卫生器具平面位置，高度尺寸准确，所有尺寸应符合设计要求或规范规定，特别是同类型卫生器具要整齐美观；不渗漏，即卫生器具给水、排水管接口连接必须严密不漏；使用方便，即零部件布局合理、阀门及手柄的位置朝向合理；性能良好，即阀门、水嘴使用灵活，管内通畅。

18.2.4 操作工艺

1. 小便器安装（图 18-2～图 18-5）

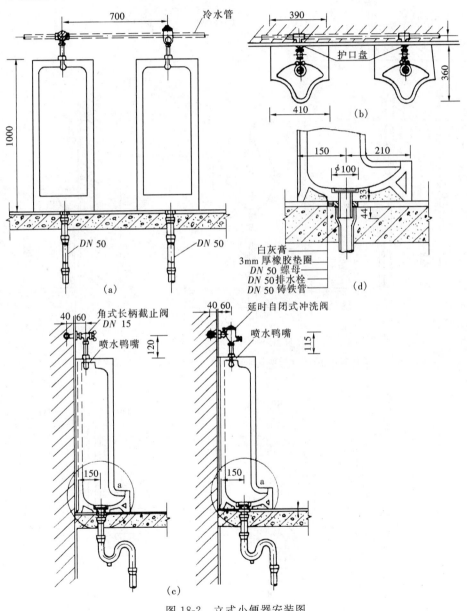

图 18-2 立式小便器安装图

（a）立面图；（b）平面图；（c）侧面图；（d）a 放大

注：存水弯采用 S 形或 P 形由设计决定。

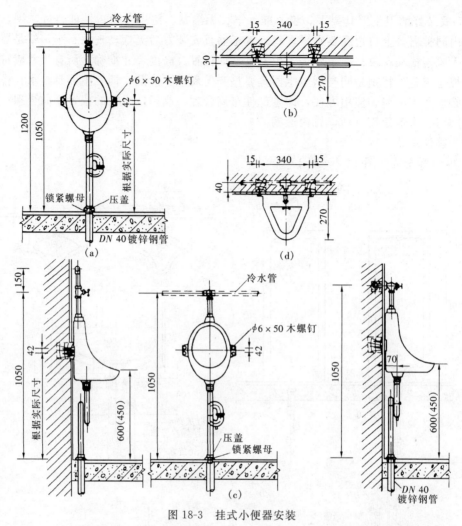

图 18-3　挂式小便器安装

（a）给水管明装；（b）给水管明装平面；（c）给水管暗装；（d）给水管暗装平面

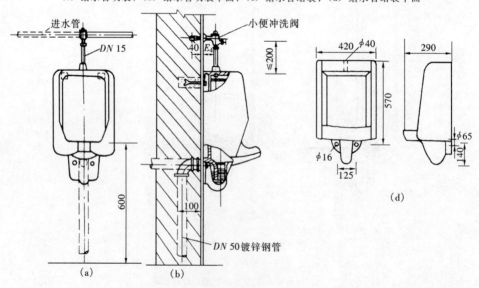

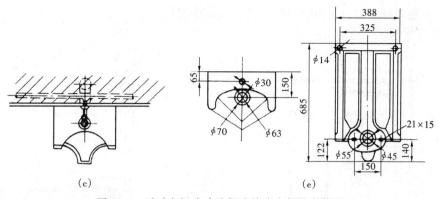

图 18-4　延时自闭式冲洗阀壁挂式小便器安装图

（a）立面图；（b）侧面图；（c）平面图；（d）挂式小便器；（e）挂式小便器

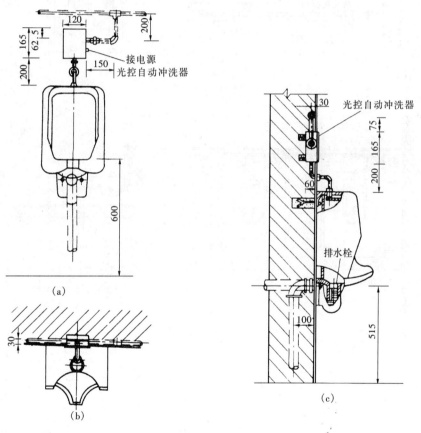

接电源
光控自动冲洗器

光控自动冲洗器

排水栓

图 18-5　光控自动冲洗壁挂式小便器安装图

（a）立面图；（b）平面图；（c）侧面图

（1）小便器上水管一般要求暗装，用角阀与小便器连接；

（2）角阀出水口中心应对准小便器进出口中心；

（3）配管前应在墙面上划出小便器安装中心线，根据设计高度确定位置，划出十字线，按小便器中心线打眼、揳入木针或塑料膨胀螺栓；

（4）用木螺钉加尼热圈轻轻将小便器拧靠在木砖上，不得偏斜、离斜；

（5）小便器排水接口为承插口时，应用油腻子封闭。

2．大便器安装（图18-6～图18-8）

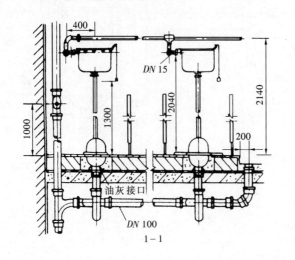

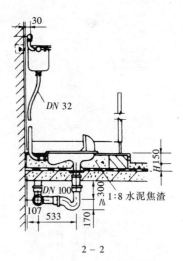

1－1

2－2

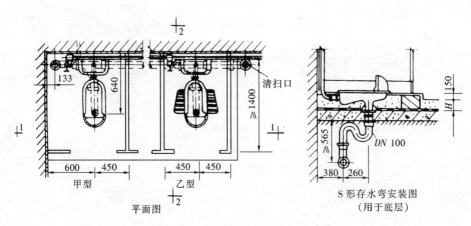

甲型　　　乙型

平面图

S形存水弯安装图
（用于底层）

图 18-6　高水箱蹲式大便器安装图

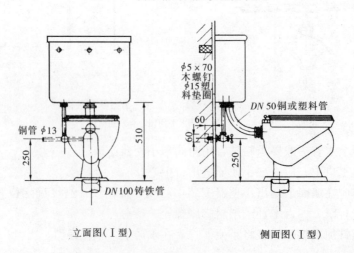

立面图（Ⅰ型）　　　　　　　侧面图（Ⅰ型）

254

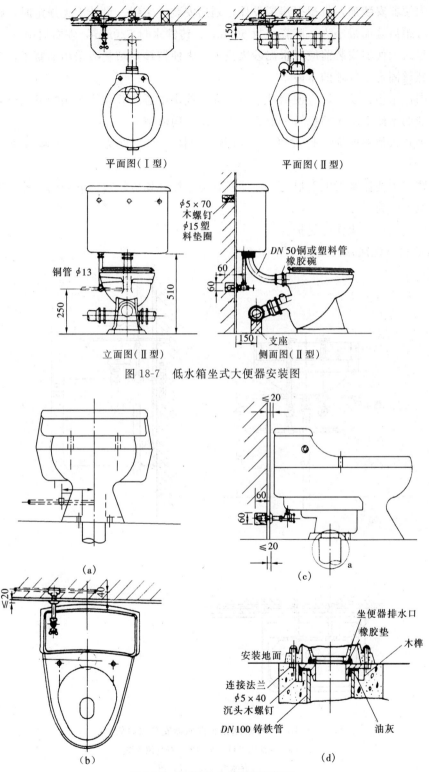

平面图(Ⅰ型)　　　　　平面图(Ⅱ型)

$\phi5\times70$木螺钉 $\phi15$ 塑料垫圈

铜管 $\phi13$

510

250

$DN50$铜或塑料管 橡胶碗

60

60

150 支座

立面图(Ⅱ型)　　　　　侧面图(Ⅱ型)

图 18-7　低水箱坐式大便器安装图

≤20

(a)

60

60

≤20

a

(c)

≤20

40

(b)

坐便器排水口

橡胶垫

木榫

安装地面

连接法兰
$\phi5\times40$
沉头木螺钉

$DN100$ 铸铁管

油灰

(d)

图 18-8　连体坐式大便器安装图

(a) 立面图；(b) 平面图；(c) 侧面图；(d) a 放大

（1）大便器安装前，应根据房屋设计，划出安装十字线。设计上无规定时，蹲式大便器下水口中心距后墙面最小为：陶瓷水封660mm，铸铁水封620mm，左右居中。

（2）坐式大便器安装前应用水泥砂浆找平，大便器接口填料应采用油腻子，并用带尼龙垫圈的木螺丝固定于预埋的木砖上。

（3）高位水箱安装应以大便器进水口为准，找出中心线并划线，用带尼龙垫圈的木螺钉固定于预埋的木砖上。水箱拉链一般宜位于使用方向右侧。

（4）蹲式大便器四周在打混凝土地面前，应抹一圈厚度为3.5mm麻刀灰，两侧砖挤牢固。

（5）蹲式大便器水封上下口与大便器或管道连接处均应填塞油麻两圈，外部用油腻子或纸盘白灰填实密封。

（6）安装完毕，应作好保护。

3. 洗脸盆（洗涤盆）安装（图18-9）

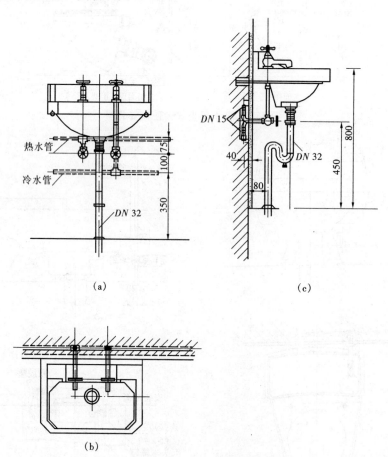

（a）

（b）

（c）

图18-9　冷热水龙头洗面器安装（暗管）

（a）立面图；（b）平面图；（c）侧视图

注：存水弯形式按设计图。

（1）根据洗脸盆中心及洗脸盆安装高度划出十字线，将支架用带有钢垫圈的木螺钉固定在预埋的木砖上；

（2）安装多组洗脸盆时，所有洗脸盆应在同一水平线上；

（3）洗脸盆与排水口连接处应用浸油石棉橡胶板密封；

（4）洗涤盆下有地漏时，排水短管的下端，应距地漏不小于 100mm。

4. 浴盆（淋浴盆）安装（图 18-10）

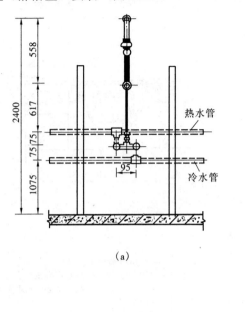

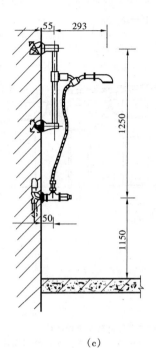

安装说明

1. 冷、热水管管径由设计决定。

2. 室内地漏位置及排水沟做法由设计决定。

3. L 建议 1100mm 或由设计决定。

图 18-10　淋浴器——升降式安装（暗管）

（a）立面图；（b）平面图；（c）侧面图

（1）浴盆应平稳地安装在地面上，用具有 0.005 的坡度，坡向排水栓；

（2）溢流管与排水口应采用 ϕ50 管，并设有水封，与排水管道接通；

（3）热水管道如暗配时，应将管道敷设保温层后埋入墙内；

（4）淋浴器管道明装时，冷热水管间距一般为 180mm，管外表面距离墙面不小于 20mm。

5. 地漏安装（图 18-11）

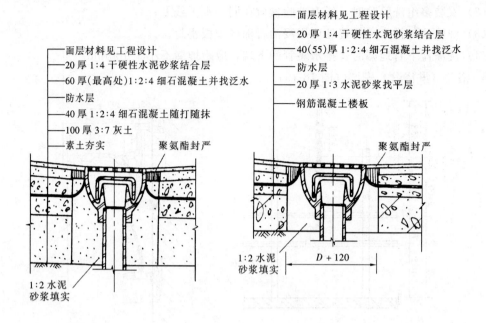

面层材料见工程设计
20 厚 1:4 干硬性水泥砂浆结合层
60 厚（最高处）1:2:4 细石混凝土并找泛水
防水层
40 厚 1:2:4 细石混凝土随打随抹
100 厚 3:7 灰土
素土夯实
聚氨酯封严
1:2 水泥砂浆填实

面层材料见工程设计
20 厚 1:4 干硬性水泥砂浆结合层
40(55) 厚 1:2:4 细石混凝土并找泛水
防水层
20 厚 1:3 水泥砂浆找平层
钢筋混凝土楼板
聚氨酯封严
1:2 水泥砂浆填实
D + 120

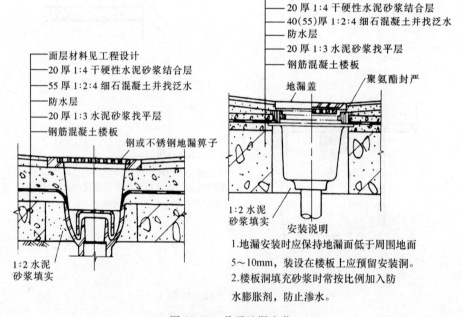

面层材料见工程设计
20 厚 1:4 干硬性水泥砂浆结合层
55 厚 1:2:4 细石混凝土并找泛水
防水层
20 厚 1:3 水泥砂浆找平层
钢筋混凝土楼板
钢或不锈钢地漏箅子
1:2 水泥砂浆填实

面层材料见工程设计
20 厚 1:4 干硬性水泥砂浆结合层
40(55) 厚 1:2:4 细石混凝土并找泛水
防水层
20 厚 1:3 水泥砂浆找平层
钢筋混凝土楼板
地漏盖
聚氨酯封严
1:2 水泥砂浆填实

安装说明
1. 地漏安装时应保持地漏面低于周围地面 5～10mm，装设在楼板上应预留安装洞。
2. 楼板洞填充砂浆时常按比例加入防水膨胀剂，防止渗水。

图 18-11　普通地漏安装
（a）地面安装；（b）楼面安装（薄垫层）；（c）楼面安装（厚垫层）；（d）带盖安装

（1）核对地面标高，按地面水平线采用 0.02 的坡度，再低 5～10mm 为地漏表面标高；

（2）地漏安装后，用 1:2 水泥砂浆将其固定。

图 18-12 为清扫口安装。

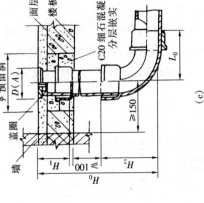

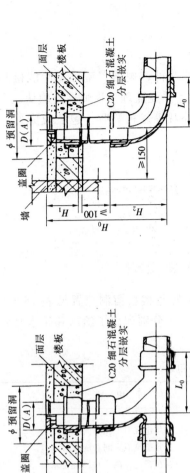

(b)

(c)

安 装 说 明

1. 清扫口安装在楼板上应预留安装洞，盖面与地面平。
2. 本图适用于螺纹式和承开式清扫口的安装。
3. 是否采用方盖圈由设计者确定。$D(A)$ 为方盖圈外形尺寸。
4. IV型适用于楼板厚度 ≤120mm 的场所。

尺 寸 表

mm

DN	H_1	I 型			II 型			III 型			IV 型			$D(A)$	ϕ
		H_0	H_2	L_0	H_0	H_2	L_0	H_0	H_2	L_0	H_0	H_2	L_0		
50	90	≥438	248	223	≥385	195	175	≥380	190	175	≥220	190	175	79	160
75	100	≥483	283	244	≥473	273	220	≥420	220	187	≥255	220	187	104	185
100	110	≥524	314	264	≥533	323	264	≥460	250	210	≥290	250	210	122	210

图18-12 清扫口安装图 DN 50～DN 100
(a) I 型；(b) II 型；(c) III 型；(d) IV 型

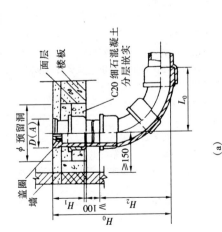

(a)

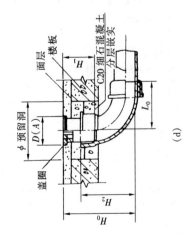

(d)

18.3 卫生器具给水配件安装

18.3.1 材料质量要求

1. 卫生器具给水配件必须具有中文质量合格证明文件，规格、型号及性能检测报告应符合国家技术标准或设计要求。进场时应做检查验收，并经监理工程师核查确认。

2. 应对进场的卫生器具给水配件品种、规格、外观等进行验收。包装应完好，表面无划痕及外力冲击破损。

3. 卫生器具给水配件必须有完整的安装使用说明书。

18.3.2 工艺流程

工艺流程见图18-13。

图18-13 卫生器具给水配件安装工艺流程

卫生器具选用可参照表18-3。卫生器具排水配件穿越楼板留洞位置见表18-4。卫生器具排水管穿越楼板留洞尺寸见表18-5。表18-6和表18-7分别列出了给水和排水立管占平面尺寸的大小。

表18-3 卫生器具选用表

卫生器具名称		规格型号	适 用 场 合
大便器	坐式	挂箱虹吸式S形	适用于一般住宅、公共建筑卫生间和厕所内
		挂箱冲落式S形	适用于一般住宅、公共建筑卫生间和厕所内
		挂箱虹吸式P形	适用于污水立管布置在管道井内，且器具排水管不得穿越楼板的
		挂箱冲落式P形	中高级高层住宅、旅馆
		挂箱冲落式P形软管连接	同上，但立管明敷，可防止结露水下跌，一般用于北京地区
		坐箱虹吸式P形	污水立管布置在管道井内，一般适用于高级高层旅馆
		坐箱虹吸式S形	适用于中高级旅馆
		坐（挂）箱式节水型	缺水地区的中等居住建筑
		自闭式冲洗阀	供水压力有0.04～0.4MPa的公共建筑物内，住宅水表口径和支管口径不小于25mm
		高水箱型	旧式维修更换用，用水量小，冲洗效果好
		超豪华旋涡虹吸式连体型	高级宾馆、宾馆中的总统客房、使馆、领事馆、康复中心等对噪声有特殊要求的卫生间
		儿童型	适合于幼儿园使用
	蹲式	高水箱	中低级旅馆、集体宿舍等公共建筑
		低水箱	由于建筑层高限制不能安装高水箱的卫生间
		高水箱平蹲式	粪便污水与废水合流，既可大便冲洗又可淋浴冲凉排水
		自闭式冲洗阀	同坐式大便器
		脚踏式自闭冲洗阀	医院、医疗卫生机构的卫生间
		儿童用	幼儿园

卫生器具名称	规格型号	适 用 场 合
小便器	手动阀冲洗立式	24h服务的公共卫生间内
	自动冲洗水箱冲洗立式	涉外机构、机场、高级宾馆的公共厕所间
	自动冲洗水箱冲洗挂式	中高级旅馆、办公楼等
	手动阀冲洗挂式	较高级的公共建筑
	自闭式手动冲洗立式	供水压力0.03～0.3MPa，旅馆、公共建筑
	光电控制半挂式	缺水地区，高级公共建筑物
小便槽	手动冲洗阀	车站、码头供国人使用，24h服务的大型公共建筑
	水箱冲法	一般公共建筑、学校、机关、旅馆
大便槽		蹲位多于2个时，低级的公共建筑、客运站、长途汽车站、工业企业卫生间、学校的公共厕所
化验盆	双联化验龙头	医院、医疗科研单位的实验室
	三联化验龙头	需要同时供2人使用，且有防止重金属掉落入排水管道内的要求时，化学实验室
洗涤盆	双联化验龙头	医疗卫生机构的化验室，科研机构的实验室
	三联化验龙头	
	脚踏开关	医疗门疹、病房医疗间、无菌室和传染病房化验室
	单把肘式开关	医院手术室，只供冷水或温水
	双把肘式开关	医院手术室，同时供应冷水和热水
	回转水嘴	厨房内需要对大容器洗涤
	光电控自动水嘴	公共场所的洗手盆（池）
	普通龙头	高级公寓厨房内
洗涤池	普通龙头	住宅、中低级公共食堂的厨房内
洗菜池	普通龙头	中低档公共食堂的厨房内
污水池	普通龙头	住宅厨房、公共建筑和工业企业卫生间内
洗脸盆	普通龙头	适用于住宅、中级公共建筑的卫生间内，公共浴室
	单把水嘴台式	浴盆、洗脸盆两用的盒子卫生间内
	混合水嘴台式	高级宾馆的卫生间内
	立式	宾馆、高级公共建筑的卫生间内
	角式	当地方狭小时
	理发盆	公共理发室、美容厅
洗手盆	自闭式节水水嘴	水压0.03～0.3MPa公共建筑物内
	光电控水嘴	高级场所的公共卫生间内，工作电压180～240V，50Hz，水压0.05～0.6MPa，有效距离8～12cm
盥洗槽		集体宿舍、低级旅馆、招待所、学校、车站码头
浴盆	普通龙头	住宅、公共浴室、较低级旅馆的卫生间内
	带淋浴器的冷热水混合龙头	中级旅馆的卫生间
	带软管淋浴器冷热水混合龙头	中级旅馆
	带裙边，单把暗装门	
	带裙边，单柄混合水嘴软管	高级旅馆、公寓的卫生间
	淋浴	适用于有供热水水温稳定的热水供应系统的高级宾馆
	电热水器供热水	无集中热水供应系统和居住建筑物内，供电充足的地区

卫生器具名称	规格型号	适 用 场 合
淋浴器	单管供水	标准较低的公共浴室、工业企业浴室、气候炎热的南方居住建筑
	单管带龙头	医院入院处理间
	脚踏开关单管式	缺水地区、公共浴室
	脚踏开关调温节水阀	缺水地区、公共浴室
	双管供水	公共浴室，工业企业浴室
	管件斜装	有防止烫伤要求时
	移动式	适用于不同身高的人使用
	电热式	供电充足的无集中热水供应系统的居住建筑
妇洗器	单孔	高级医院
	双孔	高级宾馆的总统房卫生间及高级康复中心
	恒温消毒水箱，蹲式	最大班女工在 100 人以上的工业企业

注：卫生器具的选用应根据工程项目的标准高低、气候特点和人们生活习惯合理选用，当设计指定时，按设计要求确定。

表 18-4 卫生器具排水配件穿越楼板留洞位置一览表

序号	卫生器具名称			排水管距墙距离/mm
1	坐便器	挂箱虹吸式 S 形		420
		挂箱冲落式 S 形		272
		自闭式冲洗阀虹吸式 S 形		340
		自闭式冲洗阀冲落式 S 形		162
		坐箱虹吸式 S 形	国标 坐便器 高度 340	300
			360	420
			390	480
			唐陶 1 号	475
			唐建陶前进 1 号	490
			唐建陶前进 2 号	500
			太平洋	270
			广州华美	305
		挂箱虹吸式 P 形		横支管在地坪上 85mm 穿入管道井
		挂箱冲落式 P 形	硬管连接	横支管在地坪上 150mm
			软管连接	软管在地坪上 100mm 与污水立管相连接
		坐箱虹吸式 P 形		横支管在地坪上 85mm 穿入管道井
		高水箱虹吸式 S 形		与排水横支管为顺水正三通连接时为 420mm 与排水横支管为斜三通连接时为 375mm
		旋涡虹吸连体型		245mm
2	蹲便器	平蹲式后落水		295
		前落水		620
		前落水陶瓷存水弯		660

序号	卫生器具名称			排水管距墙距离/mm	
3	浴盆	裙板高档铸铁搪瓷			
		普通型，有溢流排水管配件		靠墙留 100mm×100mm 见方的孔洞	
		低档型，无溢流排水管配件		200（如浴盆排水一侧有排水立管，则应从浴盆边缘算起）	
4	大便槽	排水管径为 100mm 时 排水管径为 150mm 时		距墙 420mm×580mm 距墙 420mm×670mm	
5	小便槽			125	
6	小便器	立式（落地） 挂式小便斗 半挂式小便器		150 以排水距墙 70mm 为圆心，以 128mm 为半径 510mm 标高穿入墙内暗敷	
7	净身器	单孔、双孔		≥380	
8	洗脸盆	台式	普通型	距墙 175mm 为圆心	北京以 128mm 为半径内 天津以 135mm 为半径内 上海气动以 167mm 为半径内 上海气动以 125～140mm 为半径内（塑料瓶式） 平南以 130mm 为半径内 广东洁丽美以 128mm 为半径内
			高档型	排水管穿入墙内暗设	
		立式			
9	污水盆	采用S弯		以 250mm 为圆心，160mm 为半径内	
10	洗涤盆	采用S弯		以 155～230mm 为圆心，160mm 为半径内	
11	化验盆	构造内已有存水弯		195	

注：留洞位置以选用卫生器具实际尺寸为准。

表 18-5　卫生器具排水管穿越楼板留洞尺寸一览表

卫生器具名称		留洞尺寸/mm
大便器		200×200
大便槽		300×300
浴 盆	普通型	100×100
	裙边高级型	250×300
洗脸盆		150×150

卫生器具名称		留洞尺寸/mm
小便器（斗）		150×150
小便槽		150×150
污水盆、洗涤盆		150×150
地漏	50~70mm	200×200
	100mm	300×300

注：如留圆形洞，则圆洞内切于方洞尺寸。

表 18-6　给水立管占平面尺寸表　　　　　　　　　　　mm

管　径	L×B	管　径	L×B
15	50×70	32	80×80
20	50×70	40	80×85
25	50×70	50	100×100

注：表中 B、L 见图 18-14。

表 18-7　排水立管占平面尺寸表　　　　　　　　　　　mm

管径	L×B	管径	L×B
50	100×125	150	200×225
75	100×150	100	150×180

注：如果平面布置时，给水立管紧靠排水立管旁，则两 L 相加，表中 B、L 见图 18-14。

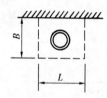

图 18-14　给水立管与平面尺寸

第19章 采暖系统安装

19.1 施工准备

19.1.1 材料要求

1. 主要材料、成品、半成品、配件、器具和设备必须具有中文质量合格证明文件，规格、型号及性能应符合国家技术标准或设计要求。进场时应做检查验收，并经现场监理工程师核查确认。

2. 所有材料进场时应对品种、规格、外观等进行验收。包装应完好，表面无划痕及外力冲击破损。

3. 主要器具和设备必须有完整的安装使用说明书。

19.1.2 主要机具

砂轮锯，电动套丝机，台钻，管子台虎钳，成套焊、割工具，手锤，活扳手，组对操作台，组对钥匙（专用扳手），管子钳，管子铰板，钢锯，割管器，套筒扳手，平口錾，尖口錾，千斤顶，铁剪刀，钢丝钳。

19.1.3 作业条件

1. 管道安装

（1）地下管道敷设时，地沟应已回填夯实或挖到管底标高，管道穿墙处已安装套管。

（2）暗装管道应在地沟未盖沟盖或吊顶未封闭前进行安装。

（3）明装干管应在安装层的结构顶板完成后进行，托、吊、卡件均已安装牢固。

（4）立管应在主体结构达到安装条件后适当插入进行，每层均应有明确的标高线。

（5）支管安装应在墙体砌筑完毕，墙面未装修前进行。

2. 散热器安装

（1）散热器经检查验收合格。

（2）由土建给出各房间准确地面标高线，或待地面和墙面装饰工程已完成（或散热器背面墙装饰已完）。

（3）供回水干管和立管已安装完毕。

（4）散热器安装预埋铁件核对无误。

3. 地辐射采暖系统安装

（1）地辐射采暖工程施工之前，土建除地面外，所有湿作业及可能对楼（地）面进行凿打的作业都必须完成。

（2）楼（地）面保持平整，清除杂物，特别是油漆污渍必须清除干净。

（3）门窗或临时门窗应安装完毕，可提供一个能关闭的施工现场，以利于成品保护。

19.2 管道及配件安装

19.2.1 材料要求

1. 管材

（1）碳素钢管、无缝钢管。管材不得弯曲、锈蚀，无毛刺、重皮及凹凸不平现象。

（2）塑料管、复合管管材和管件的内外壁应光滑平整，无气泡、裂口、裂纹、脱皮、凹陷，色泽基本一致。

管材上必须有热水管的延续、醒目的标志。

管材的端面应垂直于其轴线。

管件应完整，无缺损、无变形，合模缝浇口应平整、无开裂。

2. 管件

无偏扣、方扣、乱扣、断丝和角度不准确等现象。

3. 阀门

（1）铸造规矩、无毛刺、无裂纹、开关灵活严密，丝扣无损伤、直度和角度正确，强度符合要求，手轮无损伤。

（2）安装前进行强度、严密性试验。对于安装在主干管上起切断作用的阀门，应逐个做强度和严密性试验。

阀门的强度试验压力为公称压力的 1.5 倍；严密性试验压力为公称压力的 1.1 倍。试验压力在试验持续时间内应保持不变，且壳体填料及阀瓣密封面无渗漏。

（3）阀门的选用。热水采暖管道，$DN \leqslant 40mm$ 的采用截止阀，$DN \geqslant 50mm$ 的采用闸阀；高温热水采暖管道应采用截止阀，$DN \geqslant 40mm$ 的宜采用法兰截止阀；蒸汽采暖管道 $DN \leqslant 150mm$ 的采用截止阀，$DN \geqslant 200mm$ 的采用闸阀。

4. 补偿器、平衡阀、调节阀、蒸汽减压阀和管道及设备上安全阀的型号、规格、公称压力应符合设计要求。

19.2.2 工艺流程

工艺流程见图 19-1。

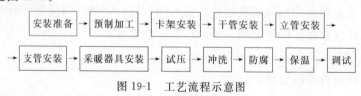

图 19-1 工艺流程示意图

19.2.3 操作工艺

1. 支架安装

（1）管道支架的安装

① 位置正确，埋设平整牢固。

② 固定支架与管道接触紧密，固定牢靠。

③ 滑动支架应灵活，滑托与滑槽两侧间应留有 3~5mm 的间隙，并留有一定的偏移量。

④ 无热伸长管道的吊架、吊杆应垂直安装。

⑤ 有热伸长管道的吊架、吊杆应向热膨胀的反方向偏移。

⑥ 固定在建筑结构上的管道支、吊架不得影响结构的安全。

（2）钢管水平安装的支、吊架间距不应大于表 19-1 的规定。

表 19-1　钢管管道支架的最大间距

公称直径/mm		15	20	25	32	40	50	70	80	100	125	150	200	250	300
支架间 最大间距/m	保温管	2	2.5	2.5	2.5	3	3	4	4	4.5	6	7	7	8	8.5
	不保温管	2.5	3	3.5	4	4.5	5	6	6	6.5	7	8	9.5	11	12

（3）采暖系统的塑料管及复合管垂直或水平安装的支架间距应符合表 19-2 的规定。采用金属制作的管道支架，应在管道与支架间加衬非金属垫或套管。

表 19-2　塑料管及复合管管道支架的最大间距

管径/mm			12	14	16	18	20	25	32	40	50	63	75	90	110
最大 间距 /m	立管		0.5	0.6	0.7	0.8	0.9	1.0	1.1	1.3	1.6	1.8	2.0	2.2	2.4
	水平管	冷水管	0.4	0.4	0.5	0.5	0.6	0.7	0.8	0.9	1.0	1.1	1.2	1.35	1.55
		热水管	0.2	0.2	0.25	0.3	0.3	0.35	0.4	0.5	0.6	0.7	0.8		

（4）采暖系统的金属管道立管管卡安装时，楼层高度小于或等于 5m，每层必须安装 1 个；楼层高度大于 5m，每层不得少于 2 个。管卡安装高度，距地面应为 1.5～1.8m，两个以上管卡应均匀安装，同一房间管卡应安装在同一高度上。

管道支架的安装方法见图 19-2。

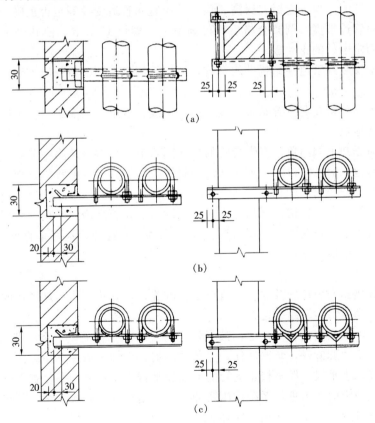

图 19-2　管道支架安装

（a）平面图；（b）双管滑动支架立面图；（c）双管固定支架立面图

2. 管道坡度

室内管道安装要注意坡向、坡度，管路布置要合理、平直，不能出现水封和气塞。

热水采暖及汽水同向流动的蒸汽和凝结水管道，坡度为 0.003。

汽水逆向流动的蒸汽管道，坡度不得小于 0.005。

连接散热器的支管全长小于等于 500mm 的，坡度值为 5mm，全长超过 500mm 或一根立管接往两根支管，其中一根超过 500mm 时，其坡度均为 10mm。

3. 干管安装

(1) 按施工草图，进行管段的加工预制，包括：断管、套丝、上零件、调直、核对好尺寸，按环路分组编号，码放整齐。

(2) 安装卡架，按设计要求或规定间距安装。安装托架上的管道时，先把管就位在托架上，把第一节管装好 U 形卡，然后安装第二节管，以后各节管均照此进行，紧固好螺栓。

(3) 干管安装应从进户或分支路点开始，装管前要检查管腔并清理干净。在丝头处涂好铅油缠好麻丝，一人在末端扶平管道，一人在接口处把管相对固定对准丝扣，慢慢转动入扣，用一把管钳咬住前节管件，用另一把管钳转动管至松紧适度，对准调直时的标记，要求丝扣外露 2～3 扣，并清掉麻头。

(4) 分路阀门离分路点不宜过远。如分路处是系统的最低点，必须在分路阀门前加泄水丝堵。集气罐的进出水口，应开在偏下约为罐高的 1/3 处。集气罐位于系统末端时，应装托、吊卡。

(5) 管道安装完，检查坐标、标高、预留口位置和管道变径等是否正确，然后找直，用水平尺校对复核管道坡度，调整合格后，再调整吊卡螺栓 U 形卡，使其松紧适度，平正一致，最后焊牢固定卡处的止动板。

(6) 摆正或安装好管道穿结构处的套管，填堵管洞口，预留口处应加好临时管堵。

4. 立管安装

(1) 核对各层预留孔洞位置是否垂直，然后吊线、剔眼、栽卡子。将预制好的管道按编号顺序运到安装地点。

(2) 安装前先卸下阀门盖，有钢套管的先穿到管上，按编号从第一节开始安装。将立管丝口涂铅油缠麻丝，对准接口转动入扣，一把管钳咬住管件，一把管钳拧管，拧到松紧适度并对准调直时的标记要求，丝扣外露 2～3 扣，预留口平正为止，并清除管口外露麻丝头。

(3) 检查立管的每个预留口标高、方向、半圆弯等是否准确、平正。将事先栽好的管卡子松开，把管放入卡内拧紧螺栓，用吊杆、线坠从第一节管开始找好垂直度，扶正钢套管，最后填堵孔洞，预留口必须加好临时丝堵。

5. 支管安装

(1) 检查散热器安装位置及立管预留口是否准确，量支管尺寸和灯叉弯的大小（散热器中心距墙与立管预留口中心距墙之差）。

(2) 配支管，按量出支管的尺寸，减去灯叉弯量，然后断管、套丝、煨灯叉弯和调直。将灯叉弯两头抹铅油缠麻丝，装好油任，连接散热器，把麻头清理干净。

(3) 用钢尺、水平尺、线坠校正支管的坡度和平行距墙尺寸，并复查立管及散热器有无移动。按设计或规定的压力进行系统试压及冲洗，合格后办理验收手续，并将水泄净。

(4) 立、支管变径，不宜使用铸铁补芯，应使用变径管箍或焊接法。

6. 套管安装

(1) 管道穿过墙壁和楼板，应设置金属或塑料套管。

（2）安装在楼板内的套管，其顶部应高出装饰地面 20mm；安装在卫生间及厨房内的套管，其顶部应高出装饰地面 50mm，底部应与楼板底面相平；安装在墙壁内的套管其两端与饰面相平。穿过楼板的套管与管道之间缝隙，应用阻燃密实材料和防水油膏填实，端面光滑。穿墙套管与管道之间缝隙宜用阻燃密实材料填实，且端面应光滑。管道的接口不得设在套管内。

（3）管道过墙套管安装：穿过地下室外墙的管道，应安装柔性防水套管；穿过其他外墙的管道，应安装刚性套管，并应与内墙饰面平齐；穿过内墙壁的管道，应安装 $\delta=0.5$mm 镀锌铁皮或钢套管，两端与饰面平齐；立管穿过楼板时，应安装 $\delta=0.5$mm 镀锌铁皮套管，并要高于楼板面 20mm。

7. 减压阀安装

（1）减压阀装置组装。若设计无规定，按照图 19-3 进行组装。截止阀用法兰连接，旁通管用弯管相连，采用焊接。

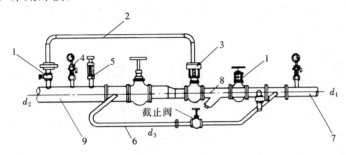

图 19-3 减压阀接法

1—截止阀；2—ϕ15 压气管；3—减压阀；4—压力表；5—安全阀；
6—旁通阀；7—高压蒸汽管；8—过滤器；9—低压蒸汽管

（2）减压阀只允许安装在水平管道上，阀前后压差不得大于 0.5MPa，否则应两次减压（第一次用截止阀），如需减压的压差很小，可用截止阀代替减压阀。

（3）减压阀的中心距墙面不小于 200mm，减压阀应成垂直状。减压阀的进出口方向按阀身箭头所示，切不可安反。

19.3 散热器安装

19.3.1 材料质量要求

1. 铸铁、钢制散热器的型号、规格、使用压力必须符合设计要求，并有出厂合格证。散热器不得有砂眼、对口面不平、偏口、裂缝和上下口中心距不一致等现象。翼形散热器翼片完好，钢串片翼片不得松动、卷曲、碰损。钢制散热器应制造美观，丝扣端正，松紧适宜，油漆完好，整组炉片不翘楞。

2. 散热器的组对零件，如对丝、补芯、丝堵等应符合质量要求，无偏扣、方扣、乱丝、断扣等现象。丝扣端正，松紧适宜，石棉橡胶垫以 1mm 厚为宜（不超过 1.5mm 厚），并符合使用压力要求。

3. 泵、水箱等辅助设备的规格、型号必须符合设计要求，并有出厂合格证。外观检查无裂缝、损伤，油漆无脱落。

4. 其他材料：圆钢、拉条垫、托钩、固定卡、膨胀螺栓、钢管、冷风门、麻线、防锈漆及水泥等的选用应符合质量和规范要求。

19.3.2 工艺流程

工艺流程见图19-4。

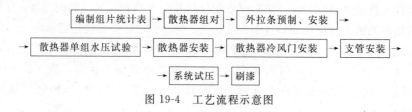

图 19-4　工艺流程示意图

19.3.3 散热器组对

1. 按施工图分段、分层、分规格统计出散热器的组数、每组片数，列成表以便组对和安装时使用。

2. 各种型号的铸铁柱型散热器组对。图19-5为散热器补芯和丝堵。图19-6为散热器组对器件对丝。

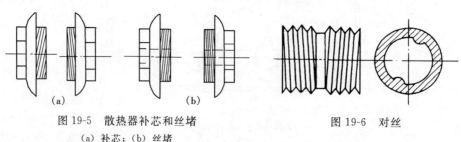

图 19-5　散热器补芯和丝堵　　　　　图 19-6　对丝
(a) 补芯；(b) 丝堵

（1）长翼60型散热器组对

组对时两人一组，将散热器平放在操作台（架）上，使相邻两片散热器之间正丝口与反丝口相对，中间放着上下两个经试装选出的对丝，将其拧1～2扣在第一片的正丝口内。套上垫片，将第二片反丝口瞄准对丝，找正后，两人各用一手扶住散热器，另一手将对丝钥匙插入第二片的正丝口里。先将钥匙稍微拧紧一点，当听到"喀嚓"声，对丝两端已入扣。缓缓均衡地交替拧紧上下的对丝，以垫片挤紧为宜，但垫片不得漏出径外。按上述程序逐片组对，待达到设计片数为止。散热器组装应平直而紧密。将组对后的散热器慢慢立起，送至打压处集中试压。

（2）柱形散热器组对

柱形散热器组对，15片以内两片带腿，16～24片为三片带腿，25片以上四片带腿。组对时，根据片数定人分组，由两人持钥匙（专用扳手）同时进行。将散热器平放在专用组装台上，散热器的正丝口朝上，把经过试扣选好的对丝，将其正丝与散热器的正丝口对正，拧上1～2扣，套上垫片然后将另一片散热器的反丝口朝下，对准后轻轻落在对丝上，两个同时用钥匙（专用扳手）向顺时针（右旋）方向交替地拧紧上下的对丝，以垫片挤出油为宜。如此循环，待达到需要数量为止。垫片不得漏出颈外。将组对好的散热器运至打压地点。

（3）圆翼型散热器组对

圆翼型散热器的连接方式，一般有串联和并联两种，根据设计图的要求进行加工草图的测绘。按设计连接形式，进行散热器支管连接的加工草图测绘。计算出散热器的片数、组数，进行短管切割加工。切割加工后的连接短管进行一头丝扣加工预制。将短管丝头的另一端分别按规格尺寸与正心法兰盘、偏心法兰盘焊接成型。散热器组装前，需清除内部污物、刷净法兰对口的铁锈，除净灰垢。将法兰螺栓上好，试装配找直，再松开法兰螺栓，卸下一根，把抹好铅油的石棉垫或石棉橡胶垫放进法兰盘中间，再穿好全部螺栓，安上垫圈，用扳子对称均匀地拧紧螺母。

19.3.4 散热器安装

1. 散热器的选用

（1）住宅、学校、医院、办公室及娱乐场所，应采用柱型散热器；

（2）厂房、车间等生产用房，宜采用长翼型和圆翼型散热器；

（3）变配电间、控制室、计算机房，可采用光滑排管散热器；

（4）高层住宅，应采用钢串片或板式等钢质散热器。

2. 柱形散热器安装（图19-7）

（1）按设计图要求，利用所作的统计表将不同型号、规格和组对好并试压完毕的散热器运到各房间，根据安装位置及高度在墙上画出安装中心线。

（2）散热器托钩和固定卡安装：

① 柱型带腿散热器固定卡安装。从地面到散热器总高的3/4画水平线，与散热器中心线交点画印记，此为15片以下的双数片散热器的固定卡位置。单数片向一侧错过半片。16片以上者应装两个固定卡，高度仍在散热器3/4高度的水平线上，从散热器两端各进去4～6片的地方装入。

② 挂装柱型散热器。托钩高度应按设计要求并从散热器的距地高度上返45mm画水平线。托钩水平位置采用画线尺来确定。

3. 长翼60型散热器安装

（1）装散热器钩子（固定卡）

长翼形散热器安装在砖墙上时，均设托钩；安装在轻质结构墙上需设置固定卡子，下设托架。

（2）安装散热器

① 将丝堵和补芯，加散热器胶垫拧紧。待固定钩子的砂浆达到强度后，方可安装散热器。

② 挂式散热器安装，需将散热器轻轻抬起，将补芯正丝扣的一侧朝向立管方向，慢慢落在托钩上，挂稳、立直、找正。

③ 带腿或自制底架的散热器安装时，散热器就位后，找直、垫平、核对标高无误后，上紧固定卡的螺母。

④ 散热器的掉翼面应朝墙安装。

4. 圆翼形散热器安装

（1）先按设计要求将不同片数、型号、规格的散热器运到各个房间，并根据地面标高或地面相对标高线，在墙上画好安装散热器的中心线。

（2）托钩安装：

① 根据连接方式及其规定，确定散热器的安装高度。画出托钩位置，做好记号。

② 用电动工具或錾子在墙上打出托钩孔洞。

③ 挂、托钩位置的水平线上，用水冲净洞里杂物，填进1：2水泥砂浆，至洞深一半时，将托钩插入洞内，塞紧石子或碎砖，找正钩子的中心，使它对准水平拉线，然后再用水泥砂浆填实抹平。托钩达到强度后方可安装散热器。

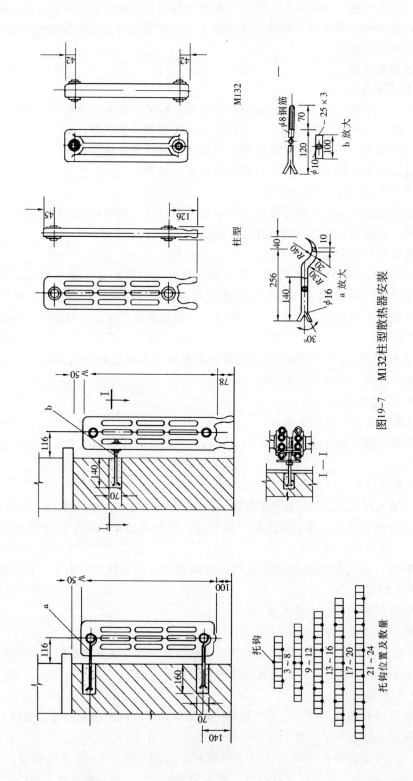

图19-7 M132柱型散热器安装

④ 多根成排散热器安装时，需先将两端钩子栽好，然后拉线定位，装进中间各部位托钩。

⑤ 散热器掉翼面应朝下或朝墙安装。水平安装的圆翼形散热器，纵翼应竖向安装。

5. 散热器应平行于墙面安装。

6. 散热器与管道的连接处，应设置可供拆卸的活接头。

7. 散热器底部距地面距离一般不小于150mm；当地面标高一致时，散热器的安装高度也应该一致，尤其是同一房间内的散热器。

19.4 低温热水地板辐射系统安装

19.4.1 材料质量要求

1. 管材和管件的颜色应一致，色泽均匀，无分解变色。

2. 管材的内外表面应光滑、清洁，不允许有裂纹、气泡、起皮、痕纹和夹杂，但允许有轻微的、局部的、不使外径和壁厚超出允许公差的划伤、凹坑、压入物和斑点等缺陷。轻微的矫直和车削痕迹、细划痕、氧化色、发暗、水迹和油迹，可不作为报废处理。

19.4.2 工艺流程

工艺流程见图19-8。

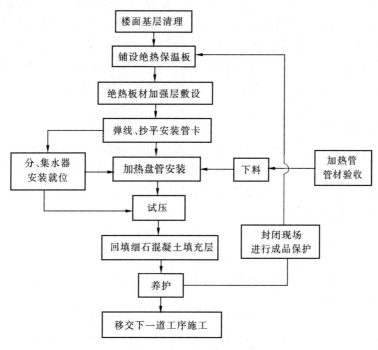

图19-8 工艺流程示意图

19.4.3 操作工艺

1. 楼地面基层清理

在楼地面施工时，必须严格控制表面的平整度，仔细压抹，其平整度允许误差应符合混凝土或砂浆地面要求。在保温板铺设前应清除楼地面上的垃圾、浮灰、附着物，特别是油漆、涂料、油污等有机物。

2．绝热板材铺设

（1）绝热板应清洁、无破损，在楼地面铺设平整、搭接严密。绝热板拼接紧凑间隙10mm，错缝铺设，板接缝处全部用胶带粘结，胶带宽度40mm。

（2）房间周围边墙、柱的交接处应设绝热板保温带，其高度要高于细石混凝土回填层。

（3）房间面积过大时，以6000mm×6000mm为方格留伸缩缝，缝宽10mm。伸缩缝处，用厚度10mm绝热板立放，高度与细石混凝土层平齐。

3．绝热板材加固层的施工（以低碳钢丝网为例）

（1）钢丝网规格为方格不大于200mm，在采暖房间满布，拼接处应绑扎连接。

（2）钢丝网在伸缩缝处应不能断开，铺设应平整。

4．加热盘管敷设

（1）加热盘管在钢丝网上面敷设，管长应根据各回路长度确定，填充层内不许有接头。

（2）按设计图纸要求，事先将管的轴线位置用墨线弹在绝热板上，抄标高、设置管卡，按管的弯曲半径大于等于10D（D指管外径）计算管的下料长度，其尺寸误差控制在±5%以内。必须用专用剪刀切割，管口应垂直于断面处的管轴线。严禁用电、气焊、手工锯等工具分割加热管。

（3）按测出的轴线及标高垫好管卡，用尼龙扎带将加热管绑扎在绝热板加强层钢丝网上，或者用固定管卡将加热管直接固定在敷有复合面层的绝热板上。同一通路的加热管应保持水平，确保管顶平整度为±5mm。

（4）加热管固定点的间距，弯头处间距不大于300mm，直线段间距不大于600mm。

（5）在过门、过伸缩缝、过沉降缝时，应加装套管，套管长度大于等于150mm。套管比盘管大两号，内填保温边角余料。

5．分、集水器安装

（1）分、集水器安装可在加热管敷设前安装，也可在敷设管道回填细石混凝土后与阀门、水表一起安装。安装必须平直、牢固，在细石混凝土回填前安装需做水压试验。

（2）当水平安装时，一般宜将分水器安装在上，集水器安装在下，中心距宜为200mm，且集水器中心距地面不小于300mm。

（3）当垂直安装时，分、集水器下端距地面应不小于150mm。

（4）加热管始末端出地面至连接配件的管段，应设置在硬质套管内。加热管与分、集水器分路阀门的连接，应采用专用卡套式连接件或插接式连接件。

6．细石混凝土敷设层施工

（1）在加热管系统试压合格后方能进行细石混凝土层回填施工。

（2）敷设细石混凝土前，必须将敷设完管道后的工作面上的杂物、灰渣清除干净（宜用小型空压机清理）。在过门、过沉降缝处、过分格缝部位宜嵌双玻璃条分格（玻璃条用3mm玻璃裁划，比细石混凝土面低1～2mm），其安装方法同水磨石嵌条。

（3）细石混凝土在盘管加压（工作压力或试验压力不小于0.4MPa）状态下铺设，回填层凝固后方可泄压，填充时应轻轻捣固，铺设时不得在盘管上行走、踩踏，不得有尖锐物件损伤盘管和保温层，要防止盘管上浮，应小心下料、拍实、找平。

（4）细石混凝土接近初凝时，应在表面进行二次拍实、压抹，以防止顺管轴线出现塑性沉缩裂缝。表面压抹后应保湿养护14d以上。

第20章 通风空调工程安装

20.1 风管的制作

20.1.1 材料要求

1. 所使用的板材、型材等主要材料应符合国家有关产品标准的规定，并具有合格证明书或质量鉴定文件。

2. 钢板或镀锌钢板的厚度应符合设计要求，当设计无规定时，钢板厚度不得小于表20-1的规定。

表 20-1 钢板风管板材的厚度　　　　　　　　　　　　　mm

风管直径 D 或边长尺寸 b	圆形风管	矩形风管		除尘系统风管
		中低压系统	高压系统	
D (b) ≤320	0.5	0.5	0.75	1.5
320<D (b)≤450	0.6	0.6	0.75	1.5
450<D (b)≤630	0.75	0.6	0.75	2.0
630<D (b)≤1000	0.75	0.75	1.0	2.0
1000<D (b)≤1250	1.0	1.0	1.0	2.0
1250<D (b)≤2000	1.2	1.0	1.2	按设计
2000<D (b)≤4000	按设计	1.2	按设计	

注：1. 螺旋风管的钢板厚度可适当减小 10％～15％。

　　2. 排烟风管钢板厚度可按高压系统。

　　3. 特殊除尘系统风管钢板厚度应符合设计要求。

　　4. 不适用于地下人防与防火隔墙的预埋管。

镀锌钢板表面应平整光滑，有镀锌层的结晶花纹，普通薄钢板应厚度均匀，无严重的锈蚀、裂纹、结疤等缺陷。

3. 不锈钢板厚度应均匀，表面光洁，板面不得有划痕、刮伤、锈斑和凹穴等缺陷，加工和堆放避免与锈蚀的碳素钢材料接触。

4. 当设计无规定时，铝板的厚度不得小于表20-2的规定。铝板表面应光泽度良好，无明显的磨损及划伤。

表 20-2 中、低压系统铝板风管板材厚度　　　　　　　　mm

风管直径或长边尺寸 b	铝 板 厚 度	风管直径或长边尺寸 b	铝 板 厚 度
b≤320	1.0	630<b≤2000	2.0
320<b≤630	1.5	2000<b≤4000	按设计

5. 塑料复合钢板的表面喷涂层应均匀，无起皮、分层或部分涂层脱落等现象。

6. 硬聚氯乙烯板材表面平整，厚度均匀，不得有气泡、裂缝、分层等现象。板材的四角应成90°，并不得有扭曲翘角现象。

7. 复合风管的覆面材料必须为不燃材料，内部的绝热材料应为不燃或难燃 B₁ 级，且对人体无害。

8. 净化空调工程的风管应选用优质镀锌钢板。钢板厚度较大时，应选用冷轧薄板，不得采用热轧薄板。风管工作环境有腐蚀性时，宜采用不锈钢板。

20.1.2 质量要求

1. 风管法兰制作应表面平整，制作尺寸允许偏差为1～3mm，平整度允许偏差为2mm，矩形法兰两条对角线的允许偏差为3mm，以保证风管的制作质量。

2. 制作的成品风管，咬口缝宽度应均匀，纵向接缝应相互错开。法兰翻边宽度应一致，翻边宽度不得小于6mm。

3. 制作完整的不锈钢或铝板成品风管应分类进行堆放，不得与碳钢材质的材料混放在一起，防止发生电化学腐蚀。

20.1.3 工艺流程

工艺流程见图 20-1。

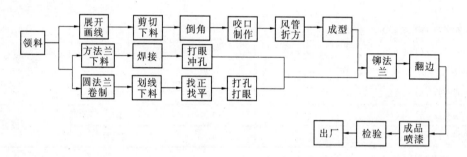

图 20-1 风管加工制作工艺流程图

20.1.4 金属风管操作工艺要点

表 20-3、表 20-4 为风管规格。

表 20-3 圆形风管规格
单位：mm

风管直径 D					
基本系列	辅助系列	基本系列	辅助系列	基本系列	辅助系列
100	80	280	260	800	750
	90	320	300	900	850
120	110	360	340	1000	950
140	130	400	380	1120	1060
160	150	450	420	1250	1180
180	170	500	480	1400	1320
200	190	560	530	1600	1500
220	210	630	600	1800	1700
250	240	700	670	2000	1900

表 20-4　矩形风管规格　　　　　　　　　　　　　　　　　　单位：mm

风管边长 b				
120	300	800	2000	4000
160	400	1000	2500	
200	500	1250	3000	
250	630	1600	3500	

1. 首先核定风管尺寸，并标明系统工程风量、风压测孔的位置。

2. 按照风管施工图将风管的表面形状按实际大小铺在板材上。

3. 复核无误后进行剪切。

4. 板材下料后，压口之前需进行倒角，如图 20-2 所示为板材的倒角形状。

图 20-2　倒角形状示意图

5. 板材的拼接和圆形风管采用闭合咬口或采用单咬口；矩形风管或配件的四角组合可采用转角咬口、联合角咬口、按扣式咬口，圆形弯管的组合可采用立咬口。如图 20-3、图 20-4 所示为咬口形式。咬口宽度见表 20-5。

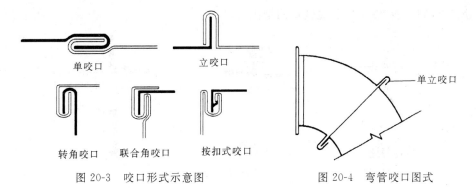

图 20-3　咬口形式示意图　　　　　　　　图 20-4　弯管咬口图式

表 20-5　咬口宽度　　　　　　　　　　　　　　　　　　单位：mm

咬口形式	板　厚		
	0.5～0.7	0.7～0.9	1.0～1.2
单　咬　口	6～8	8～10	10～12
立　咬　口	5～6	6～7	7～8
转角咬口	6～7	7～8	8～9
联合角咬口	3～9	9～10	10～11
按扣式咬口	12	12	12

表 20-6 为金属风管的咬接或焊接界限。图 20-5 为金属风管的焊接方法。

表 20-6　金属风管的咬接或焊接界限

板 厚 δ /mm	材　质		
	钢　板 （不包括镀锌钢板）	不锈钢板	铝　板
$\delta \leqslant 1.0$	咬　接	咬　接	咬　接
$1.0 < \delta \leqslant 1.2$ $1.2 < \delta \leqslant 1.5$ $\delta > 1.5$	焊　接 （电焊）	焊　接 （氩弧焊及电焊）	焊　接 （气焊或氩弧焊）

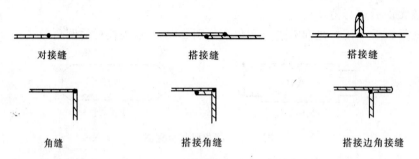

对接缝　　　　搭接缝　　　　搭接缝

角缝　　　搭接角缝　　　搭接边角接缝

图 20-5　金属风管的焊接方法

6. 风管折方或卷圆。

7. 手工缝合钢板。

8. 风管加固。图 20-6 为金属风管的加固方法。

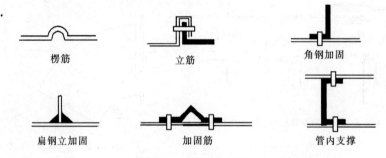

楞筋　　　　立筋　　　　角钢加固

扁钢立加固　　　加固筋　　　管内支撑

图 20-6　风管加固形式

9. 加工法兰。表 20-7 为法兰用料规格。

表 20-7　法兰用料规格　　　　　　　　　　　单位：mm

钢　制　法　兰				不锈钢和铝制圆形、矩形法兰			
圆法兰	规　格	方法兰 （长边 b）	规　格	法　兰	规　格		
					不锈钢	铝	
$D \leqslant 140$	-20×4	$b \leqslant 630$	L25×3	D 或 L_{max} $\leqslant 280$	-25×4	-30×6	L30×4
$140 < D$ $\leqslant 280$	-25×4	$630 < b$ $\leqslant 1500$	L30×3	D 或 L_{max} $320 \sim 560$	-30×4	-35×8	L35×4

钢 制 法 兰				不锈钢和铝制圆形、矩形法兰		
$280 < D$ ≤ 630	L25×3	$1500 < b$ ≤ 2500	L40×4	D 或 L_{max} 630~1000	−35×6	−40×10
$630 < D$ ≤ 1250	L30×4	$2500 < b$ ≤ 4000	L50×5	D 或 L_{max} 1120~2000	−40×8	−40×12
$1250 < D$ ≤ 2000	L40×4					

10. 风管与法兰的连接。

(1) 用铆钉铆接风管与法兰

(2) 风管无法兰连接，见表 20-8、表 20-9。

表 20-8　矩形风管无法兰连接形式

无法兰连接形式		附件板厚 /mm	使 用 范 围
S 形插条	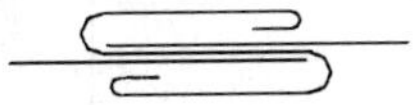	≥0.7	低压风管单独使用连接处必须有固定措施
C 形插条		≥0.7	中、低压风管
立插条	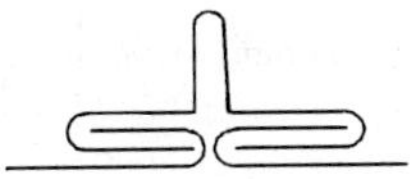	≥0.7	中、低压风管
立咬口	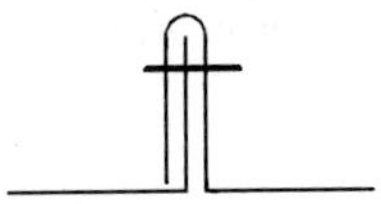	≥0.7	中、低压风管
包边立咬口	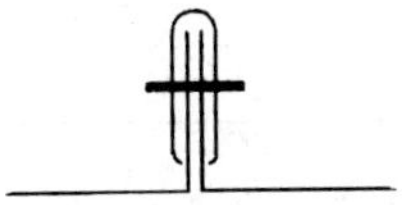	≥0.7	中、低压风管
薄钢板法兰插条	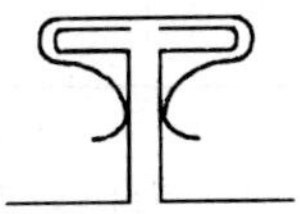	≥1.0	中、低压风管
薄钢板法兰弹簧夹		≥1.0	中、低压风管

无法兰连接形式		附件板厚 /mm	使用范围
直角形平插条		≥0.7	低压风管
立联合角形插条		≥0.8	低压风管

注：薄钢板法兰风管也可采用铆接法兰条连接的方法。

表 20-9　圆形风管无法兰连接形式

无法兰连接形式		附件板厚 /mm	接口要求	使用范围
承插连接		—	插入深度≥30mm，有密封要求	低压风管直径<700mm
带加强筋承插		—	插入深度≥20mm，有密封要求	中、低压风管
角钢加固承插		—	插入深度≥20mm，有密封要求	中、低压风管
芯管连接		≥管板厚	插入深度≥20mm，有密封要求	中、低压风管
立筋抱箍连接		≥管板厚	翻边与楞筋匹配一致，紧固严密	中、低压风管
抱箍连接		≥管板厚	对口尽量靠近不重叠，抱箍应居中	中、低压风管宽度≥100mm

另外，金属风管与法兰还可以采用焊接连接。图 20-7 为风管与法兰的连接。

翻边　　　　　铆接　　　　　焊接

图 20-7　法兰与风管的连接

20.2 风管系统安装

20.2.1 技术要求

1. 风管支、吊架的设置应根据现场情况和标准图集选用，尽量设置在混凝土墙、楼板和柱等部位。

2. 支、吊架安装前，根据风管设计的安装位置，弹出风管中心线，并依线确定各个支吊架的具体安装位置。

20.2.2 质量要求

1. 防火阀、排烟阀（口）的安装应符合设计要求，其安装方向、位置应正确。

2. 同一区域安装多个风口时，在不影响使用功能的条件下，尽量布置均匀、合理、美观。

3. 风管的固定支架和防晃支架的设置应按图纸设计要求进行，其位置应正确、安装应牢固。

4. 对于有坡度要求的风管，其安装坡度应符合设计要求。

20.2.3 工艺流程

工艺流程见图 20-8。

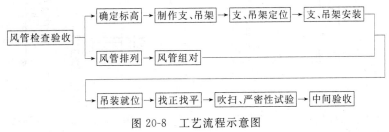

图 20-8 工艺流程示意图

20.2.4 安装要点

1. 管道支、吊架

通风管道支、吊架多采用沿墙、柱敷设的托架和吊架形式，如图 20-9 所示。

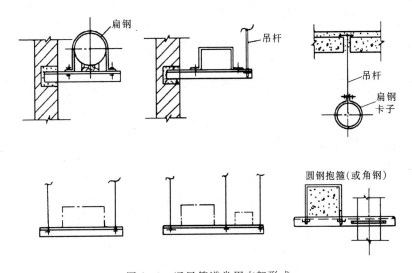

图 20-9 通风管道常用支架形式

采用托架时,埋入墙体的部分不宜小于墙体厚度的 2/3,且孔洞不宜小于 150mm×150mm。

采用吊架时,与楼板或梁等的固定多采用如图 20-10 所示的方式。

2.通风管道

图 20-11 为金属风管穿越楼板做法。

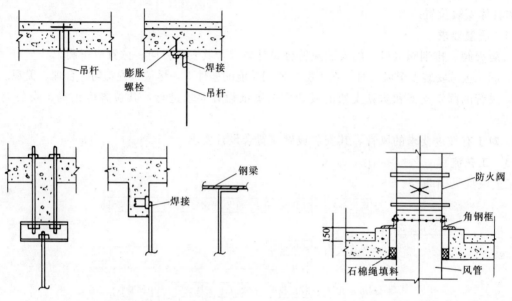

图 20-10 风管吊杆与楼板固定形式   图 20-11 金属风管穿楼板做法

当风管穿越重要房间或火灾危险性较大的房间时,应设置防火阀。

图 20-12 为水平风管穿墙做法。当风管穿越沉降缝时,沉降缝的两侧必须加防火阀。

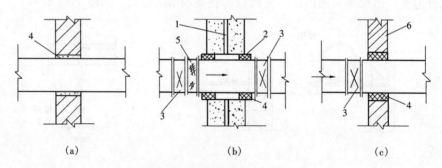

(a)   (b)   (c)

图 20-12 水平风管穿墙做法

(a)风管穿普通墙体;(b)风管穿沉降缝;(c)风管穿防火墙

1—沉降缝;2—镀锌钢板套管($\delta=1mm$);3—防火阀;

4—石棉绳;5—软管接头;6—防火墙

图 20-13 为排风帽屋面安装及风管穿越屋面和外墙的防雨防漏示意。

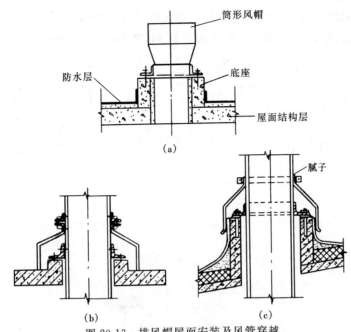

（a）

（b）　　　　　（c）

图 20-13　排风帽屋面安装及风管穿越
屋面和外墙的防雨防漏示意

（a）排风帽屋面安装；（b）风管穿越外墙；（c）风管穿越屋面

图 20-14～图 20-16 为土建风道与金属风管接头的做法。

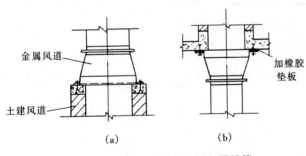

（a）　　　　　（b）

图 20-14　垂直土建风道连接金属风管

（a）土建风道上接风管；（b）土建风道下接风管

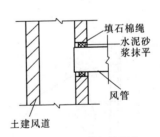

图 20-15　土建竖风道与
水平风道连接

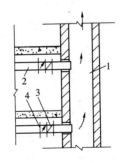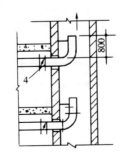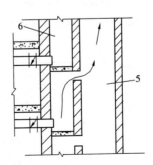

图 20-16　垂直排风管道防回流做法

1—土建垂直风道；2—金属水平风管；3—防回流阀；
4—蝶阀；5—主竖风道；6—支竖风道

3. 通风管道中的主要管件

通风管道的直管段与管件组成风管系统，系统中主要的管件有弯头、三通、变径管、天圆地方、四通等，如图 20-17～图 20-22 所示。表 20-10 为圆形弯管角度及分节表。

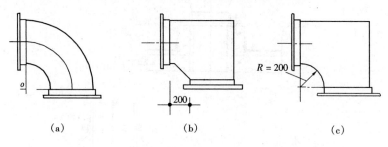

图 20-17 矩形弯头形式

(a) 内外弧形弯头；(b) 内斜线外矩形弯头；(c) 内弧线外矩形弯头

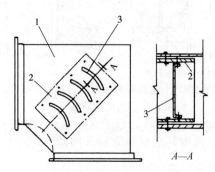

图 20-18 带导流片矩形弯头

1—弯头；2—连接板；3—导流片

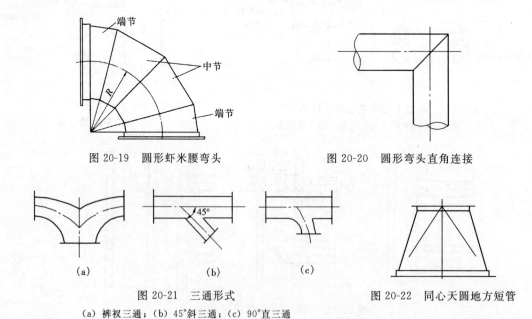

图 20-19 圆形虾米腰弯头   图 20-20 圆形弯头直角连接

图 20-21 三通形式   图 20-22 同心天圆地方短管

(a) 裤衩三通；(b) 45°斜三通；(c) 90°直三通

表 20-10　圆形弯管角度及分节表

弯管直径 D /mm	弯曲角度及最少节数							
	90°		60°		45°		30°	
	中节	端节	中节	端节	中节	端节	中节	端节
<220	2	2	1	2	1	2		2
220~450	3	2	2	2	1	2		2
450~800	4	2	2	2	1	2	1	2
800~1400	5	2	3	2	2	2	1	2
1400~2000	8	2	5	2	3	2	2	2

注：表中弯头的弯曲半径 $R=(1\sim1.5)D$，当弯曲半径 $R>1.5D$ 时，应增加中节数量。

当风管改变断面图形或与设备连接时，用天圆地方管件作为过渡管件。天圆地方可做成偏心或同心形状。

习　题

1. 建筑给水系统的管道安装顺序是什么？材料进场时有何质量要求？给排水干管应选用何种材料？
2. 采暖安装与主体结构施工如何协调？对进场材料有何质量要求？
3. 你在生活中见过哪种安装工具？说出其名称。

参考文献

[1] 龚延风. 建筑设备 [M]. 天津：科学技术出版社，1997.

[2] 高明远. 建筑设备技术 [M]. 北京：中国建筑工业出版社，1998.

[3] 李金星. 给水排水工程识图与施工 [M]. 安徽：科学技术出版社，1999.

[4] 卫生工学会. 给水 [M]. 北京：科学技术出版社，2002.

[5] 徐正廷，凌代俭. 建筑装饰设备 [M]. 北京：中国建筑工业出版社，2000.

[6] 刘金言. 给排水暖通空调百问 [M]. 北京：中国建筑工业出版社，2001.

[7] 潘金祥. 怎样当好水暖工长 [M]. 北京：中国建筑工业出版社，2002.

[8] 李峥嵘. 空调通风工程识图与施工 [M]. 安徽：科学技术出版社，1999.

[9] 区世强. 建筑设备 [M]. 北京：中国建筑工业出版社，2002.

[10] 建筑用管材标准汇编 [M]. 北京：中国标准出版社，2000.

[11] 王学谦，岳庚吉. 建筑消防百问 [M]. 北京：中国建筑工业出版社，2001.

[12] 中国建筑工程总公司. 给排水与采暖工程施工工艺标准 [M]. 北京：中国建筑工业出版社，2003.

[13] 中国建筑工程总公司. 通风空调工程施工工艺标准 [M]. 北京：中国建筑工业出版社，2003.

[14] 许玉望. 流体力学泵与风机 [M]. 北京：中国建筑工业出版社，2002.

[15] 张辉，邢同春，吴俊奇. 建筑安装工程施工图集 [M]. 北京：中国建筑工业出版社，2007.

[16] 建筑工程常用数据系列手册编写组. 给水排水常用数据手册 [M]. 北京：中国建筑工业出版社，2001.

[17] 姜湘山. 怎样看懂建筑设备图 [M]. 北京：机械工业出版社，2003.

[18] 姜湘山. 建筑小区给水排水及直饮水供应工艺 [M]. 北京：化学工业出版社，2003.

[19] 建筑工程施工与质量验收系列实用手册编委会. 建筑给水排水及采暖工程施工与质量验收实用手册 [M]. 北京：中国建材工业出版社，2004.

[20] 通风空调工程施工与质量验收实用手册编委会. 通风空调工程施工与质量验收实用手册 [M]. 北京：中国建材工业出版社，2004.